L'ART

DE PRODUIRE LA SOIE

(LA SÉTIFÈRE),

DE CULTIVER LES MURIERS

(LA MORIQUE),

D'ÉLEVER LES VERS A SOIE

(LA BIGATTIQUE),

ET

DE TIRER LA SOIE DES COCONS

(LA SÉTIFICE).

ON TROUVE CET OUVRAGE

EN FRANCE :

AIX, Aubin.
AMIENS, Allô.
AVIGNON, Laty.
BESANÇON, Boillot et Compagnie.
BORDEAUX, Charles Lawalle.
BOURGES, Vermeil.
CLERMONT-FERRAND, Auguste Veyssel.
DIJON, Victor Lagier.
GRENOBLE, Prudhomme.
HAVRE (le), Chapelle
LILLE, Bronner Bauwens.
LYON, L. Babeuf.
MARSEILLE, Camoin, Allegre fils.

MÉTZ, Hosson frères.
MONTAUBAN, Rethoré l'aîné.
MONTPELLIER, Pomathio - Durville et Compagnie.
NANCY, L. Vincenot et Vidar.
NANTES, Buroleau.
NISMES, Pouchon.
PERPIGNAN, Lasserre, Mlle A. Tastu.
RENNES, Duchesne.
ROUEN, Jullien.
STRASBOURG, Février, Lagier.
TOULON, Belue.
TOULOUSE, Vieusseux père et fils.

A L'ÉTRANGER :

BOLOGNE, J.-B. Guidotti.
FLORENCE, J. Piatti.
GÊNES, Yves Gravier, Ponthenier et fils.
GENÈVE, Barberat et Delarue.
LIVOURNE, Glaucus Masi, J. Gamba.
MILAN, Charles Bocca.

NAPLES, Borel et Compagnie.
NICE, Brasseur, directeur de la Société typographique.
PALERME, J.-B. Ferrari, C. Beuf.
PARME, J. Blanchon.
TURIN, Bocca, Pic.

J. TASTU, IMPRIMEUR-ÉDITEUR,
RUE DE VAUGIRARD, N. 36.

Al D.r Ant. PITARO.

Fervido e probo, agli egri sempre intento
Esemplo d'amistà, dell'Equo i voti.
Ama 'l pensante, e dell'Iddio 'l Portento
Cole al mondo e 'l saver D'Italia è pregio!

C. Bossi

LA SCIENCE

DE

LA SÉTIFÈRE

OU

L'ART DE PRODUIRE LA SOIE

AVEC AVANTAGE ET SURETÉ,

COMPRENANT

LA MORIQUE, OU L'ART DE CULTIVER LES MURIERS; LA BIGATTIQUE, OU L'ART
D'ÉLEVER LES VERS A SOIE; ET LA SÉTIFICE, OU L'ART DE TIRER
LA SOIE DES COCONS ET D'EN COMPOSER TOUTES
ESPÈCES ET QUALITÉS DE FIL DE SOIE.

OUVRAGE THÉORICO-PRATIQUE, COMPOSÉ EN 1818

PAR LE DOCTEUR ANTOINE PITARO,

DES ÉCOLES DE NAPLES, DE SALERNE ET DE PARIS, MÉDECIN LÉGISTE
A LA COUR ROYALE DE PARIS;

Membre de l'Institut royal des Sciences naturelles de Naples, et de l'Académie royale des Sciences
ou Borbonica de la même ville; de l'Académie royale d'Agriculture de la Seine; des
Sociétés médicale d'émulation, galvanique, des Sciences physiques,
de médecine-pratique et de la morale chrétienne de Paris; des
Sociétés royales de Médecine de Westminster et de la
Propagation du vaccin de Londres, etc.

Ancien Professeur de physique, de chimie, de matière médicale et de pharmacie à l'hôpital du
corps royal d'artillerie et du génie de Naples, et ancien membre du corps royal
médical consultant des hôpitaux militaires de campagne dans
le royaume des Deux-Siciles.

*

Più dolce e vago vince ogn' altro amore
L'amor del patrio ciel! Qual sia piacere
Vano si fa ed aviene estranco al core
Di ch' ama 'l natio lito rivedere!

*

PARIS

J.-P. RORET, LIBRAIRE,

QUAI DES AUGUSTINS, N. 17 BIS.

*

MAI 1828·

AVERTISSEMENT

DE L'AUTEUR.

LES soins multipliés qu'exigent les objets composant l'important traité que nous publions, et les expériences nécessaires à l'établissement des faits qui doivent servir à développer la science de la *Sétifère*, prirent naissance, en 1817, dans le repos et la tranquillité; ils furent suspendus dans le cours des derniers troubles politiques de 1820. Nous étant toujours tenu éloigné de ces orages dangereux, et particulièrement livré à l'exercice de la médecine, nous n'avons pas cependant négligé le sujet intéressant que nous méditions: nous avons cherché à lui donner de nouveaux développemens et à l'enrichir de raisons déterminantes et de faits irrécusables. Ce travail a duré jusqu'à la fin de l'année 1826.

Notre ouvrage ayant été porté au degré de perfection que nous pouvions lui donner, et pensant qu'il répondra au but auquel nous l'avons destiné, nous l'offrons avec plaisir, dans ces temps de paix et de prospérité, aux hommes de tous les pays qui cultivent cette industrie, et nous les engageons à travailler sur nouveaux frais, si par hasard notre ouvrage ne les satisfaisait point.

Tout occupé de connaissances rurales et industrielles qui ont rapport à notre Sétifère, nous nous sommes trouvé insensiblement à même de créer un poëme didactique, composé de trois parties : la première qui enseigne la culture des mûriers; la seconde, la manière d'élever les vers à soie avec sûreté et profit, et la troisième qui décrit la sétifice. Ce poëme sera publié à part.

OUVRAGES DE L'AUTEUR.

1. Esposizione delle soffanze costituenti la cenere vulcanica del Vesuvio. Napoli, 1794.

2. Lettera analitico-chimica sul carbon fossile di Gifuni, vicino Salerno. Napoli, 1796.

3. Discorso igieno per l'esercito delle Due-Sicilie. Napoli, 1796.

4. Descrizione è spiega d'una bolide comparsa sull' orizonte di Napoli, e dello scoppio e sollevamento della mattonata avvenuto sul pavimento della chiesa di san Gaudioso. Napoli, 1797.

5. Contemplazioni di materia medica su cento e più materie medica mentose di traveduta natura, azione ed effetto. Napoli, 1798.

6. Théorie de la vie, traduction d'Andria. Paris, 1805.

7. Mémoires physiologico-physico-chimiques de Pitaro. Paris, 1806.

8. Considérations et expériences sur la tarentule de la Pouille. Paris, 1807.

9. Rapport d'une grossesse extra-utérine observée par Taddei, et considérée par le chevalier Andria. Paris, 1809.

10. Lettres physiques et phylologiques. Paris, 1812. Etc., etc.

RAPPORT

Des poids italiques de Naples avec les poids métriques de France.

Une livre napolitaine, 321 grammes métriques.
Une livre de 12 onces, 360 trapesi. 7200 grains.

POIDS DE COMMERCE.

Un rotolo, 35 onces 1/3. 9 rotoli, 25 livres.

POIDS DE NAPLES dont on s'est servi dans cet ouvrage.	VALEUR DES POIDS MÉTRIQUES DE FRANCE.					
	Hectogramme.	Décagramme.	Gramme.	Décigramme.	Centigramme.	Milligramme.
Grain.					5	5 7/80
Scrupule de 20 grains.			1	1	1	4 7/12
Gros de 3 scrupules			3	3	4	3 3/4
Once de 8 gros.		2	6	7	5	0
Livre de 12 onces.	3	2	1	0	0	0

MOTIFS DE L'OUVRAGE.

L'Institut royal d'encouragement de Naples,
dans le Programme des questions à traiter pour le
concours de 1818, avait proposé le sujet suivant :
« Indiquer dans un Mémoire, par des expé-
» riences démonstratives, les principales maladies
» auxquelles sont sujets les vers à soie; quelles en
» sont les causes ordinaires; quels moyens on
» emploie, ou l'on pourrait employer pour les
» guérir ou les prévenir; quelles sont les méthodes
» que l'on a mises en usage, ou que l'on pourrait
» suivre, pour obtenir une récolte plus abondante
» et plus choisie de cocons. Description de dif-
» férentes magnaneries. »

C'est en méditant sur cette question si importante pour la branche d'industrie de la soie et des
soieries de notre mère patrie, que nous fûmes
frappé de l'intérêt majeur que le sujet offrait, non-
seulement sous le rapport de l'éducation du ver à
soie et de l'amélioration des soieries, mais encore
sous celui de l'économie rurale.

Nous osàmes joindre nos efforts à ceux des agronomes distingués qui ont écrit sur cette matière.
Nous nous décidàmes à rédiger les observations
que nous avions faites, dès notre première jeu-

nesse, à Borgia (dans la Calabre ultérieure), sous le
toit paternel, observations que nous continuâmes
dans tous les pays où nous avons voyagé, soit en
Calabre, en Sicile, dans le royaume de Naples,
soit dans le Piémont et dans la France. Ce travail
nous a paru d'autant plus facile, que toujours nous
avons eu l'attention d'écrire des notes recueillies
pendant nos voyages. Malgré nos efforts, pressé
par le temps, nous ne pûmes envoyer au concours
l'ouvrage expérimental et théorique que nous avions
préparé avec soin.

En effet, un traité sur les vers à soie exige les
plus exactes observations sur la nourriture de cet
insecte, et par conséquent sur les soins indispensables, selon nous, à la culture des mûriers entièrement négligée dans les Deux — Siciles, afin
que leurs feuilles puissent produire l'aliment nécessaire au ver, dans la plus grande pureté; car
lorsqu'il n'a pas les qualités requises, il est une
des causes les plus fréquentes des maladies auxquelles ils sont sujets.

Les expériences multipliées que nous fûmes obligé
de faire pour l'étude spéciale de ce végétal nous
retardèrent pour le concours; mais notre travail
avait acquis un développement d'une telle importance, que nous crûmes devoir abandonner les
questions proposées, et traiter notre sujet d'une
manière plus générale et plus vaste. C'est ainsi
qu'après avoir décrit à fond la *morique*, ou la
culture du mûrier, nous exposâmes l'ensemble

et le plan d'une magnanerie bien distribuée et bien fournie, et nous détaillâmes l'art de bien gouverner les vers, et la méthode que l'expérience nous démontra la plus avantageuse pour obtenir un plus grand nombre de cocons; nous traitâmes enfin l'art de filer la soie.

Tel est l'ensemble du plan que nous avons suivi; et si nous détaillons nos expériences, c'est pour mériter la bienveillance de nos concitoyens en répondant aux questions proposées par l'Institut de Naples.

L'ensemble de cet ouvrage est formé de trois parties. Après en avoir attentivement examiné et réfléchi le plan, nous crûmes qu'il méritait un nom particulier, propre à indiquer le but des notions qui y sont rassemblées, l'enchainement des faits et les résultats qu'ils présentent. En effet, d'après cette considération, il nous a paru nécessaire de donner un titre convenable à chacune des parties qui le composent. La première partie étant destinée à enseigner la culture des mûriers, nous avons jugé à propos de l'appeler Morique, du mot *moro*, mûrier. La deuxième ayant pour objet l'éducation du ver à soie, nous lui avons donné le nom de Bigattique, du nom *bigatto*, ver à soie; et comme la troisième partie traite de l'art de dévider les cocons, et en même temps de la composition des fils de soie, nous l'avons appelée Sétifice, du mot italien *setificio*. Or, comme ces trois parties tendent au même but, c'est-à-dire à la production de la soie, nous avons cru devoir nommer leur coopération mutuelle SCIENCE DE LA SÉTIFÈRE, du mot italien *setifero*, titre vraiment complet, comme le seul capable d'exprimer l'idée de l'art qu'il enseigne.

En parcourant notre traité, le lecteur instruit trouvera quelques répétitions nécessaires à l'explication des faits et à la clarté de nos idées; elles étaient indispensables pour éviter la multiplicité des notes, et prévenir les erreurs dans lesquelles pourrait tomber celui qui voudra adopter nos opinions ou se charger de mettre en pratique les théories que nous proposons. Ce ne sont point les savans qui se chargent des travaux de l'agriculture-pratique, mais seulement l'homme des champs dont les connaissances ne sont pas ordinairement étendues : il faut cependant l'aider en lui indiquant les moyens utiles et indispensables pour le succès de l'entreprise.

Nous craignons que la faiblesse de nos moyens ne trahisse notre bonne volonté; mais quelque chose qui arrive, nous serons récompensé par la certitude d'avoir rempli nos devoirs envers le beau pays qui nous a vu naître, quoique nous en soyons éloigné, et que nous ayons choisi un autre séjour; et nous nous trouverons heureux, si nos travaux peuvent acquitter la dette de la reconnaissance envers la nouvelle patrie que nous avons adoptée et qui nous protège !

CORRESPONDANCE

ENTRE

LE D PITARO, LE C V. DANDOLO,

ET SON FILS T. DANDOLO.

LETTRE PREMIÈRE.

AU TRÈS-HONORÉ COMTE VINCENT DANDOLO,

A MILAN.

Paris, ce 28 avril 1818.

MONSIEUR LE COMTE,

Demander conseil aux hommes que leur mérite a fait proclamer vrais savans dans le monde instruit, c'est non-seulement remplir le plus louable et le plus utile des devoirs, mais encore, si les avis que l'on obtient sont sincères, c'est marcher d'un pas ferme dans le sentier de la vérité, et combattre l'erreur sous l'égide de la sagesse.

Pénétré des résultats avantageux de cette manière d'agir, je m'adresse à vous, dans l'espoir que vous me critiquerez en ami ; mon travail sur l'art de faire de la soie, que j'ai rédigé en 1817, à la suite d'un cours très-sévère d'expériences, ne saurait être sanctionné par une autorité plus respectable. Je l'ai envoyé en conséquence au naturaliste *Scipion Breislak*, de Milan, pour qu'il vous le fasse parvenir, et je vous prie d'en prendre connaissance.

Si vous ne dédaignez pas de me lire, peut-être trouverez-vous mon ouvrage passable, assez succinct, si je ne me trompe, pour qu'il ne vous cause pas trop d'ennui, et pour vous intéresser au point de parcourir sans fatigue ma *rustique* compilation. Dites-m'en franchement votre sentiment, et communiquez-moi les idées qui pourront ajouter du prix à mon livre en l'améliorant, vous qui savez si bien apprécier les prodiges de la nature et exploiter ses mystères au profit de la société éclairée.

La critique me sera aussi chère que la louange, puisqu'elle me viendra d'un savant justement célèbre, et d'une plume applaudie, dirigée par la sagacité et la facilité de vos observations économico-rurales et chimico-physiques. Elle a enrichi et enrichira encore notre pays d'ouvrages qui vous rendront de plus en plus grand parmi les hommes utiles et bienfaisans.

Connaissant enfin votre amour pour la patrie, je me suis flatté de la douce espérance que votre obligeance se rendra à mes desirs, et plein d'une juste confiance, je suis,

Monsieur le comte, etc.

Signé PITARO.

LETTRE DEUXIEME.

AU DOCTEUR ANTOINE PITARO,

A PARIS.

Milan, ce 20 juin 1818.

Monsieur,

Vous m'avez envoyé le 28 avril de la présente année le manuscrit de l'ouvrage que vous avez composé d'après de nombreuses expériences, et qui a pour titre l'Art de faire la soie; je l'ai reçu le 10 mai dernier, avec la lettre du naturaliste S. Breislak.

C'est avec bien du plaisir qu'en méditant sur le plan de votre traité, j'ai remarqué l'excellente conception de son ensemble, la justesse et la bonne partition de vos raisonnemens, et ce n'est pas sans surprise que j'ai découvert :

1°. Que les idées que je considérais comme problématiques à l'analyse, lorsque je composais mon travail sur les vers à soie, sont devenues de la dernière évidence sous votre plume, d'après la dextérité de vos expériences.

2°. Que vos observations sur le régime de la précieuse larve à soie ont fait apercevoir, on ne peut mieux, les erreurs que mon inexpérience n'a pu écarter.

3°. Et enfin, que vous avez fait disparaître un grand nombre de lacunes plus que nuisibles à la prospérité de l'industrie du magnanier.

Que vous êtes heureux! vous qui, habile et laborieux, avez saisi l'affaire des vers à soie, et exposé avec intelligence la théorie de votre art par l'appui de vos expériences. Bien dif-

férent de ce Père napolitain, qui, plein d'orgueil et vide
de science, crut faire un livre sur les vers à soie, et dire du
nouveau, tandis que, pour son malheur, son griffonnage n'é-
tait que des sottises.

Le titre de votre ouvrage est très-fondé et bien adapté à
l'industrie dont vous vous occupez. Les trois parties dont vous
avez formé la division de votre livre me semblent bien connexes,
bien senties et bien nommées. Enfin, le voilà devenu science,
l'art de faire la soie, grâce à votre plume et à la mienne, à
vos expériences et aux miennes! Félicitons-nous d'en avoir
établi les règles infaillibles, et d'avoir mis en état notre fertile
Italie de produire de grandes masses d'excellente soie, et des
mûriers aussi beaux que partout ailleurs.

C'est encore une de vos heureuses idées que d'avoir préféré
la partie que vous nommez si bien *morifère* [1], à l'art du magnanier, ou, en d'autres termes, le traité de la culture des mûriers, à l'éducation des vers à soie. C'est aussi une heureuse
pensée que d'avoir joint à vos deux premières parties celle de
la filature, ou l'art de composer la soie pour le commerce et
le tisserand; j'approuve le fourneau à vapeur, par lequel, en
facilitant le passage de la soie entre les doigts du fileur, on
peut donner au volume de fil la qualité et la consistance que
l'on demandait. C'est par ces trois parties bien nommées que
vous avez donné une physionomie à votre art de faire la soie.

Je vous souhaite, mon cher Monsieur, de longs jours et
une bonne santé, afin que vous puissiez offrir à l'agriculteur
de tous les pays un traité aussi précieux, et que vous puissiez
vous rendre, par de nouvelles entreprises, de plus en plus
utile à vos semblables.

Content de vous, je ne dédaigne pas, au contraire je m'ho-
nore de vous appeler bon et vrai Italien, et je ne négligerai
pas enfin de vous rendre de bien sincères actions de grâce
pour la confiance que vous avez eue en moi, en me faisant
lire votre ouvrage sur votre manuscrit, avant de l'avoir fait

---

[1] Morique.

imprimer ; je l'ai remis intact à notre ami M. Tarchini, secrétaire de M. le comte de Marescalchi, qui, en ma présence, l'a expédié, bien conditionné, pour Paris, où vous ne tarderez pas à le publier.

La culture que vous proposez pour les mûriers est le résultat d'expériences assidument répétées ; elle est simplifiée au point que chacun pourra les élever, les multiplier et en retirer en peu de temps un feuillage utile. J'en suis convaincu, à cause de l'analogie qui se trouve entre vos expériences et les miennes. J'en reprendrai le travail que j'ai commencé depuis plusieurs années, si les infirmités de ma vieillesse me le permettent. Je m'occuperai des mûriers, et je vous ferai part de mes opérations rurales à ce sujet. Mais je crains que, malgré la force morale qui m'encourage, l'affaiblissement continuel de mes forces physiques ne m'empêche de mener à fin cette entreprise avec autant de zèle qu'elle le mérite. Cependant je ferai mon possible pour continuer mon travail, afin de me ménager une agréable distraction. Soyez heureux, et permettez-moi de me dire, etc.

Signé DANDOLO.

LETTRE TROISIEME.

A MONSIEUR LE COMTE VINCENT DANDOLO,

A MILAN.

Paris, ce 12 juillet 1818.

TRÈS-HONORÉ COMTE,

Je ne saurais vous dépeindre la satisfaction que j'ai éprouvée en lisant le jugement avantageux que vous portez sur mon ouvrage dans la lettre que vous avez eu l'amabilité de m'écrire le 20 juin dernier.

D'un côté, la régularité que j'ai mise dans mes compilations, de l'autre, l'assiduité et le soin avec lesquels j'ai recherché le fil analytique des faits, me prédisaient un pareil encouragement de votre part ; car je me reposais sur le travail synthétique de mon ouvrage ; cependant je pouvais me flatter vainement d'obtenir l'assentiment du connaisseur profond dans les sciences physiques, agronomes et rurales. Mais toutes les fois que la vérité paraît à l'œil impartial du vrai philosophe, loin d'être repoussée, elle est accueillie avec égard : c'est ainsi que vous avez traité mon faible travail, et votre sanction m'a comblé de plaisir, et m'a inspiré la plus vive reconnaissance pour le recommandable protecteur de tout homme qui cultive la philosophie utile.

Le jugement que vous avec porté sur mon ouvrage m'engage à vous prier, Monsieur le comte, de me permettre de publier votre lettre, afin de donner le plus de poids à ma Sétifère aux yeux de l'homme instruit et du public, et de la présenter, avec votre sanction, à ceux qui cultivent cet art.

L'exécution des dessins nécessaires pour l'intelligence des

machines, des instrumens météorologiques, des ustensiles et autres objets appartenant à l'art de faire la soie, m'empêche de mettre de suite mon ouvrage sous presse; mais le retard ne sera pas long, puisque les lithographies sont faites en grande partie. J'espère que le ciel sera propice et vous permettra de vous livrer aux expériences que vous avez commencéés sur la culture des mûriers, et dont les résultats ne pourront ressembler qu'à ceux que vous avez obtenus avec tant de succès sur les vers à soie.

Agréez, Monsieur le comte, l'hommage de ma reconnaissance et mes remerciemens pour l'opinion que vous m'avez communiquée avec autant de sincérité que d'impartialité. Adieu.

Signé PITARO.

LETTRE QUATRIEME.

AU DOCTEUR ANTOINE PITARO,

A PARIS.

Milan, au Varèse, le 29 août 1818.

La noble et touchante reconnaissance que vous me témoignez pour les sentimens que je vous porte et pour l'opinion que j'ai émise sur votre Sétifère, et qu'elle mérite à tous égards, excite encore en moi les plus douces pensées, et m'engage à vous assurer de nouveau de la satisfaction que j'ai éprouvée en lisant votre intéressant manuscrit, vos expériences si ingénieusement conduites, et les raisons que vous en déduisez pour la culture des mûriers, l'éducation des vers à soie, l'art de tirer la soie des cocons, de composer et filer leur produit suivant les besoins des manufacturiers et des soieries, ouvrage que vous avez dédié à l'Italie et au gouvernement paternel du pays où vous êtes né.

Le consentement que vous me demandez dans votre lettre du 12 juillet, présente année, de publier la première lettre que je vous ai écrite, je ne saurais vous le refuser; je vous en donne la faculté pleine et entière; je désire même que toutes mes lettres soient publiées, quoique je sois persuadé qu'elles seront d'un mince intérêt auprès des expériences que contient votre travail, et qui pourront être facilement vérifiées, même par des personnes peu versées dans ces matières. J'adhère d'autant plus volontiers à votre désir, relativement à mes lettres, que je les ai écrites comme devant publier ostensiblement mon opinion sur votre Sétifère, ce qui ne me procurera pas un petit honneur, lorsqu'on me verra applaudir à votre ouvrage, satisfait des nouvelles lumières que vous avez portées dans la partie de la science rurale que vous avez perfectionnée.

L'état actuel de ma santé, plus énergique qu'il ne l'était dans le dernier mois de juin, me fait espérer que mes forces physiques s'améliorant, mes forces morales pourront s'occuper des studieuses recherches que je désire faire pour terminer l'ouvrage de la culture générale des mûriers ; mais je m'afflige souvent en considérant combien mon physique est sujet à quelque événement funeste et à des surprises violentes [1]. Espérons cependant que je pourrai achever ce travail avant de terminer ma carrière, et en vous renouvelant les sentimens sincères de mon estime et de ma considération,

Je suis, etc.

Signé C. V. DANDOLO.

[1] En effet, l'affaiblissement du physique de l'illustre Dandolo fut tellement progressif, qu'une violente apoplexie l'emporta le 12 décembre 1819. Il ne put donner aucun soin aux expériences qu'il projetait de faire pour le délassement de ses vieux ans, ni élever une mûreraie expérimentale dans sa campagne, appelée *Varèse*, limitrophe de la Suisse et de l'État de la Lombardie.

LETTRE CINQUIÈME.

A L'ILLUSTRE COMTE V. DANDOLO,

A MILAN.

Paris, le 15 septembre 1818.

Aimant toujours de plus en plus à encourager les hommes laborieux qui se dévouent à l'utilité publique et nationale, vous n'avez pas hésité à me permettre de publier la lettre qui contient l'opinion bien motivée que vous portez sur mon ouvrage. Ainsi, les idées qui composent ma science de la Sétifère se trouvent corroborées et sanctionnées à jamais par votre jugement. Vous me permettez encore de rendre publique votre dernière lettre du 29 août dernier.

La grandeur d'ame que je reconnais en vous me fait le plus grand plaisir. Agréez, Monsieur le comte, les protestations réitérées de ma sincère reconnaissance, et croyez‑moi un de vos plus fermes admirateurs.

Signé Pitaro.

LETTRE SIXIÈME.

A M. LE COMTE T. DANDOLO,

A MILAN.

Paris, le 14 février 1826.

MONSIEUR LE COMTE,

Amateur de l'étude de la nature et des progrès de la *philosophie utile*, j'ai composé, indépendamment d'un ouvrage prosaïque sur la Sétifère, une poésie didactique aussi sur la culture des mûriers, l'éducation des vers à soie, et sur l'art de tirer la soie des cocons et de la composer. J'ai, dans ce poëme, rempli un devoir sacré, et au gré de mes désirs, envers le mérite, c'est-à-dire celui d'avoir consacré un nombre de strophes au savoir de l'illustre *comte Vincent Dandolo*, votre père, dont le génie créateur produisit, en fait de connaissances, soit dans l'art de gouverner, en économie politique, domestique et rurale, soit dans la science physique et dans la chimie, des trésors à l'avantage de la société et à l'honneur de l'Italie.

Ayant mérité en l'année 1818 son approbation par une lettre de lui, du 20 juin, sur mon ouvrage rural en prose, que je composai, lui ayant envoyé ce manuscrit, il daigna le lire, et non-seulement m'encouragea, mais m'engagea même à le faire imprimer et publier de suite. Il me promit en même temps [1] de me faire part des résultats des expériences qu'il allait entreprendre sur la culture des mûriers dans le territoire

---

[1] *Voyez* la seconde lettre de cette correspondance, en réponse à la première que nous lui avons envoyée le 28 avril 1818.

*b**

de *Varèse*, sur les terres qui lui appartenaient. J'aimerai savoir, Monsieur le comte, si ses soins auront le résultat qu'il s'en promettait, afin que je puisse ajouter quelques autres idées honorables à mon travail, à la louange de votre estimable père.

Les moindres détails que vous pourriez me transmettre sur l'exécution de ses projets, l'interruption ou le nou-commencement de ses expériences sur les mûriers, me seraient infiniment agréables : quelque puisse être le résultat, il pourra toujours me fournir des notions intéressantes sur le cultivateur des connaissances humaines et de la philosophie utile qui nous a été enlevé.

Persuadé, Monsieur le comte, que vous voudrez bien me complaire et satisfaire à ma question dictée par un sentiment d'utilité sociale, j'ai l'honneur d'être avec toute l'estime,

Votre très-humble et très-dévoué, etc.

Signé PITARO.

LETTRE SEPTIÈME.

A M. LE DOCTEUR PITARO,

A PARIS.

Ce 20 mars 1826.

TRÈS-RESPECTABLE MONSIEUR,

Je réponds avec plaisir à votre aimable lettre qui, quoique d'une date assez ancienne, ne m'est parvenue qu'aujourd'hui par l'intermédiaire de M. le chevalier Cobianchi, de Milan, actuellement à Paris. Un sentiment de reconnaissance filiale me fait apprécier l'objet de vos recherches et de votre lettre. Je regrette cependant de ne pouvoir vous donner les détails que vous désirez, parce que mon père avait fait beaucoup d'expériences sur les mûriers, mais il n'avait rien écrit. Dans l'ouvrage posthume que j'ai fait imprimer sous mes yeux, et qui est intitulé : *Sur les causes du bas prix de nos grains et sur l'industrie agraire réparatrice des pertes qui en résultent*, vous trouverez quelques détails sur les mûriers et sur l'agriculture en général, à laquelle mon père portait tant d'amour, ainsi qu'une courte notice sur sa vie, écrite avec beaucoup d'élégance.

Je saisis cette occasion pour me déclarer avec toute l'estime,

Votre très-humble, etc.

Signé T. DANDOLO.

PRÉFACE.

L'ART d'élever les vers à soie, source de richesse pour les pays où ce précieux animal peut vivre et trouver à se nourrir, est du plus haut intérêt pour le midi de l'Europe, et cependant cet art n'est pas encore bien connu, quoiqu'il soit depuis long-temps en usage chez les nations industrieuses qui tirent un si grand parti de la soie pour une multitude d'usages domestiques.

Tandis que les années en s'écoulant ont su faire marcher vers la perfection l'art des soieries, comme on a pu s'en convaincre à la riche exposition des produits de l'industrie, l'art d'élever les vers à soie est resté bien en arrière ; nous voulons parler de cet art qui apprend à bien diriger la fécondation du papillon, à conserver les œufs intacts, à obtenir autant de vers qu'il y a d'œufs incubés, à les entretenir en bonne santé jusqu'à la fin de leur carrière, à obtenir autant de cocons qu'il y a de vers et à produire toujours de la soie d'une qualité supérieure.

Ce que l'on a écrit jusqu'à présent sur cet art est erroné et contradictoire ; ce n'est pas le produit de l'expérience, mais le résultat d'idées conjecturales réunies ensemble par des rédacteurs peu instruits.

L'unique traité sur cette matière est, on peut hardiment le dire, l'ouvrage du comte Dandolo de Venise, que ses travaux en économie rurale ont rendu cher à sa patrie, et recommandable aux nations industrieuses. Mais que de choses il a laissé à désirer, malgré la multitude de ses recherches, la sagacité de ses observations et la justesse plus que scrupuleuse de ses expériences! Ses calculs synthétiques et analytiques sur l'accroissement et le décroissement de la vie du ver à soie, et sur ses produits respectifs, quoique un peu minutieux, sont d'une vérité et d'une précision incroyables ; ils ont été très-utiles pour le perfectionnement de l'art d'élever cet insecte.

Les lacunes qu'à notre grande surprise nous avons découvertes dans l'ouvrage de Dandolo [1] se rencontrent dans le mode de préparer la semence adoptée par lui pour l'incubation qui

[1] Dandolo, *Vers à soie*, édition de Sonzogna, 1815 ; édition de Milan, 1818.

fait perdre un tiers environ des œufs; dans
la manière dont il dirige l'incubation même,
qui fait perdre un quart des vers nés; dans
l'hygiène qu'il propose pour ces insectes; dans
la préparation du feuillage qui en altère et en
dégrade la substance nutritive au détriment
de l'élaboration et du produit de la soie;
dans la distribution de la nourriture administrée à longs intervalles; dans la méthode
dont il se sert pour changer les claies, qui est
fastidieuse et qui ne peut que déranger les
vers; dans la disposition du ramage; dans
l'histoire peu précise des maladies accidentelles
de la larve; dans la conduite du papillon;
dans son accouplement; dans la séparation
du mâle; dans la ponte et enfin dans la manière
de recueillir et de conserver les œufs, qui est
irrégulière et nuisible à la prospérité de l'insecte à naître. Malgré cela, l'ouvrage de Dandolo peut être considéré, selon nous, comme
la base de l'art du magnanier. Les autres
ouvrages publiés sur ce sujet, excepté le petit
traité de Raynaud, qui brille seulement sous
le point de vue économique, n'offrent qu'une
continuelle et imparfaite répétition des recherches légèrement et irrégulièrement faites
par Massuccio, par Vida (dont le poëme

latin sur les vers à soie fait tant d'honneur à
l'Italie), et par l'abbé Bossier des Sauvages.
Ces auteurs furent sans doute très-entendus
dans cet art pour le temps où ils vivaient, mais
ils n'en sont pas pour cela plus judicieux dans
leurs observations et plus exacts dans leurs
expériences. Il n'en est pas de même du célèbre abbé Rosier qui, dans son Traité d'agriculture, présente sur cette branche des principes et des observations d'un grand intérêt.

Parmi les méthodes que l'on suit en Europe
pour élever les vers à soie, on a préféré, jusqu'à
présent en Italie, celles du Piémont, de la
Toscane, de la Calabre et de la Sicile; Dandolo a introduit la sienne avec succès dans la
Haute-Italie. En France, on considère la méthode des Cévennes comme la meilleure, et elle
est d'un usage presque général. Mais, comme
tout le monde le sait, elle est fautive quoique
moins dispendieuse que toutes celles dont
on se sert en France, ainsi que l'observe le
manufacturier Raynaud. Dans les Espagnes
jusqu'au promontoire occidental de cette pé-
ninsule, l'art d'élever le ver à soie n'est qu'une
routine.

Quant à nous, des résultats toujours les mêmes, toujours satisfaisans, nous ont convaincu

de l'utilité de nos expériences, non-seulement
par rapport à l'excellence du produit, mais encore par rapport à la santé toujours prospère
de la vie du ver; ces expériences sont fon-
dées sur la vraie hygiène propre à conserver
l'existence aussi courte que précieuse de cet
insecte comme herbivore, ou tisserand, ou
mort en apparence, c'est-à-dire en métamorphose, ou enfin comme ovipare. Plein de nos
idées, nous avons toujours eu en vue, dans
nos recherches, de noter les préjugés qui em-
barrassent l'éducation des vers à soie, et de
recueillir les faits basés sur l'expérience relative
à ce sujet, afin de mettre en évidence la série
des erreurs et de démontrer la vraie théorie
qu'il faut suivre pour élever le ver à soie et
simplifier la pratique à employer pour le gouverner. Nous avons cherché à faire coopérer
ce double moyen aux progrès de l'art, à la
prospérité de la vie et du produit de la larve, à
l'accroissement du poids du cocon, à la conservation du nombre des vers, à la production
d'un nombre égal de cocons, à l'approvisionne-
ment des soieries, à la perfection du fil et à
la forme de ses tissus. C'est faire coopérer par
conséquent nos recherches au bien public et
privé : car une industrie aussi précieuse, aussi

lucrative, qui ne demande que peu de peine et peu de temps, et n'occupe presque pas, peut se joindre aux autres travaux de l'agriculteur. C'est dans l'intention de l'éclairer de notre expérience que nous avons écrit ce traité de l'art de faire la soie, ou plutôt de l'art d'élever le ver et de cultiver les mûriers, moyen unique de produire la soie.

L'ensemble de nos recherches et de nos méditations sur cet art roule sur trois points, la *Morique*, la *Bigattique* ou *Magnanerie*[1], et la *Sétifice* ou filature de la soie. Ces trois parties forment les divisions de notre ouvrage ; la première traite de la culture des mûriers, comme aliment essentiel et exclusif du ver à soie ; la seconde parle des conditions requises pour l'architecture rurale propre aux constructions des magnaneries, du choix, de la forme, et de la disposition du ramage où doivent se former les cocons ; elle traite aussi de l'histoire des maladies auxquelles le ver est sujet dès sa naissance, et des soins qu'il demande à toutes les époques de sa vie. Enfin la troisième partie est consacrée au dévidage des cocons, à la

---

[1] Nos pères appelaient magnanier ce que nous appelons bigattière, celui qui prenait soin des vers à soie, et magnanerie le lieu où on les élevait, que nous appelons bigatterie.

composition du fil, à l'appareil à vapeur propre au dévidage et au dévidoir.

C'est ainsi qu'en suivant les traces de la raison et la marche naturelle, mais féconde en résultats, nous commençons l'art de faire la soie par la culture du mûrier. Nous exposons dans cette première partie : 1° l'histoire de cet arbre et son histoire naturelle ; 2° la manière de le perpétuer par la propagation et la semaille dans la pépinière pratiquée sur un terrain bien adapté et bien exposé pour former la pépinière, et par la transplantation dans le pourretier, et du pourretier dans la mûreraie, ou simplement de la pépinière dans la mûreraie, et les lois de proportion à observer dans la formation de la mûreraie ; 3° les soins qu'il faut donner à la greffe, et comment on peut la conserver ; 4° les règles à observer pour la récolte du feuillage, pour son transport, son placement, sa préparation et sa conservation.

Dans la seconde partie, nous décrivons : 1° le plan et les dimensions de la magnanerie et de ses dépendances ; 2° les différentes habitations nécessaires au ver depuis sa naissance jusqu'à la fin de sa carrière ; 3° la structure et les dimensions des échafaudages et des claies ;

4° le choix, la récolte, la préparation, la figure et la disposition des ramages; 5° les ustensiles de la magnanerie, les instrumens météorologiques, les poêles, et nous parlons des assistans; 6° nous traitons de l'histoire du ver à soie et de son histoire naturelle, et nous disons deux mots de son anatomie; 7° nous parlons de l'hygiène de la larve et de ses maladies; 8° de la structure du couvoir et de l'incubation; 9° de la naissance du ver, et de ses progrès en rapport avec les observations météorologiques de chaque jour que nous avons faites lors d'une couvée abondante que nous citons en exemple; 10° de la chambre de l'enfance et de sa disposition, du changement de lieu, des préparatifs, de la prévoyance qu'exige chaque époque et des soins que chacune d'elles demande; 11° des ramages, de l'opération et de la récolte des cocons; 12° du choix des cocons destinés à perpétuer l'espèce, et de ceux destinés à donner de la soie; des soins et des préparations qu'ils exigent; 13° de la chrysalide, de son anatomie, de sa métamorphose; 14° du papillon mâle et femelle, et de leur anatomie; 15° de la garde du papillon, de la chambre fécondante, de l'accouplement, de la fécondation et de la disjonction; 16° de l'anatomie de la femelle du papillon pleine, de la ponte, du choix des graines et de leur conservation pour l'incubation de l'année suivante ; 17° enfin de l'anatomie du papillon qui a pondu.

Dans la troisième partie, nous décrivons : 1° la structure des fours qui doivent donner la température et la combustion nécessaire à la vaporisation et à l'infusion qu'il faut pour le dévidage des cocons ; 2° les roues propres à tirer le fil ; 3° le fil dans sa simplicité et son état naturel ; 4° et enfin la manière de composer le fil à deux ou à plusieurs brins, suivant le besoin des soieries. C'est ainsi que nous terminons notre travail théorique et expérimental sur l'art de faire de la soie. Nous ne l'offrons pas aux amateurs comme le terme des découvertes qu'on peut faire ; quelque connaisseur éclairé en agriculture pourra en présenter de nouvelles par la suite, pour améliorer, simplifier et éclaircir cette industrie. Notre travail n'a d'autre but que de mériter l'indulgence de nos lecteurs, de nos contemporains et de tous les amis du bien public.

Il est presque démontré aux connaisseurs dans cette science qu'un poids[1] de feuilles

---

[1] Les poids que nous avons employés pour déterminer les quantités des œufs, du feuillage, des cocons et de la soie que

de mûrier produit un nombre de cocons d'un poids toujours proportionnel, et nous pouvons affirmer hardiment que, si l'administration des vers a lieu dans une magnanerie bien constituée, et que si les soins sont constans et assidus, on aura infailliblement à l'incubation autant de vers qu'il y a d'œufs choisis et fécondés, et qu'autant il y aura de vers qui vivront, autant on aura de cocons plus ou moins volumineux, selon la force de l'insecte. Il n'y a que les accidens météorologiques subits, imprévus, qui puissent faire errer dans ce résultat par les accidens qu'ils produisent. Il devient alors presque impossible d'obtenir en cocons un poids proportionné à celui des feuilles de mûrier; mais comme les recettes couvriront toujours les dépenses et les soins, l'agriculteur, loin d'être découragé en voyant le résultat fâcheux de sa négligence et de son imprévoyance, se livrera avec plus d'ardeur à de nouvelles entreprises dans cette branche de l'économie rurale qui appartient presque exclusivement à la Grèce, à l'Italie, à la France et à l'Espagne [1].

l'on en a tirée, sont les poids napolitains. Nous en avons donné le rapport avec ceux de Paris à la page viii de cet ouvrage.

[1] Dans l'Italie septentrionale, *dix livres* de bonnes feuilles

Toujours heureux dans nos expériences, nous avons constamment obtenu dix-sept et même dix-huit onces d'excellens cocons pour quinze livres de feuilles de mûrier, jamais moins de quinze ou seize. Les couvées les plus malheureuses ne nous en ont point fourni moins de douze à treize onces. D'après ces expériences souvent répétées et toujours lucratives, nous sommes persuadé, ou plutôt convaincu, que de toute manière cette industrie ne pourra jamais causer de perte au magnanier qui connaîtra bien son affaire et qui sera logé convenablement dans quelque climat et quelque pays méridional que ce soit.

Dans cet ouvrage nous avons pour but d'instruire le magnanier, de lui apprendre à bien gouverner le ver à soie, à en obtenir d'excellens cocons et un produit sûr; à en tirer et composer de bonne soie. Il n'aura qu'à

produisent ordinairement une livre de cocons, et dix livres de cocons une livre de soie. Dans l'Italie méridionale, *douze livres* d'excellentes feuilles donnent quatorze onces de cocons, et quatorze livres de beaux cocons quatorze onces et demie de soie, tandis que dans la France méridionale dix-huit livres et même vingt-quatre de feuilles produisent seulement une livre de cocons; cependant avec la même quantité de feuilles on obtient dans les environs de Marseille, Nice et Antibes, treize onces, et parfois treize onces et deux gros d'excellens cocons.

suivre des observations confirmées par des expériences souvent répétées et rendues incontestables par des résultats toujours heureux, qu'il pourra vérifier d'après la méthode que nous lui donnons. Nous nous flattons d'avoir, dans cette entreprise, réussi autant qu'il est en nous, et nous passons avec plaisir à l'exposition de nos principes.

PLAN DE LA SÉTIFÈRE

ET ENCHAINEMENT DES TROIS PARTIES QUI LA COMPOSENT,

C'EST-A-DIRE

DE LA MORIQUE, DE LA BIGATTIQUE ET DE LA SÉTIFICE.

PREMIÈRE PARTIE.

DE LA MORIQUE, ou L'ART DE CULTIVER LE MURIER.

CHAPITRE PREMIER.

CHAPITRE III.

CHAPITRE V.

CHAPITRE VI.

DEUXIÈME PARTIE.

CHAPITRE PREMIER.

CHAPITRE VII.

CHAPITRE VIII.

SECTION PREMIÈRE.

Education pratique des vers à soie.

ARTICLE PREMIER.

Incubation pratique de la graine des vers à soie.

(L)

§ Ier.

Sixième époque et sixième mue, et première dans le cocon.

§ II.

Vérification et collocation du ramage.

ARTICLE III.

Troisième période de la vie du ver ou de la chrysalide.

Septième époque et septième mue, deuxième dans le cocon.

§ Ier.

Désarmement des rameaux des étagères.

§ II.

Récolte des cocons.

§ III.

Choix des cocons régénérateurs, et séparation de ceux qu'on doit dévider.

ARTICLE IV.

Quatrième période de la vie du ver à soie ou du papillon.

Huitième époque, et troisième dans le cocon.

§ Ier.

Suffocation de la chrysalide.

Méthodes différentes.

§ II.

Soins propres aux cocons destinés à donner des papillons, et local convenable.

§ III.

Naissance des papillons et soins qu'il faut en avoir.

§ IV.

Fécondation et ovipération des papillons.

§ V.

Hivernage de la graine des vers à soie.

TROISIÈME PARTIE.

DE LA SÉTIFICE, ou L'ART DE TIRER DES COCONS LE BRIN DE SOIE ET DE LE FILER.

CHAPITRE PREMIER.

§ Ier.

Introduction.

§ II.

1°. Site et exposition d'une filature.

2°. Plan de la filature.

3°. Plan des fours, d'après les différentes méthodes, pour tirer la soie.

4°. Plan du four simple.

5°. Plan du four vaporifère.

6°. Forme, dimension et matière des chaudières et des bassines.

7°. Des roues, de leur forme, de leur dimension et des bois propres à leur construction.

Du combustible.

§ III.

1°. Du bois.

2°. Du charbon végétal.

3°. Du charbon fossile.

§ IV.

1°. Des fileuses.

2°. De la préparation des brins de soie.

3°. De la pêcheuse des chrysalides et des cocons flasques ou troués.

CHAPITRE II.

Choix des cocons préparés et destinés à être dévidés.

DE
LA SÉTIFÈRE,

OU

L'ART DE PRODUIRE LA SOIE.

PREMIÈRE PARTIE.

*

DE
LA MORIQUE,

OU

L'ART DE CULTIVER LE MURIER.

CHAPITRE PREMIER.

PRÉLIMINAIRES.

LE débouché constant et facile des produits de l'industrie engage les hommes à des entreprises pénibles, difficiles, souvent même impossibles ; cependant, malgré leurs secours, ils ne seraient pas certains d'un débit prompt et lucratif, surtout pour les objets de luxe, si la beauté et la qualité supérieure de ces produits n'attiraient pas les regards et ne contentaient pas ceux qui, par leur position sociale, font un usage habituel de ces produits, entretiennent le luxe, et par-là donnent la vie aux manufactures. C'est par lui seulement que l'usage de certains objets manufacturés se généralise, se popularise et se soutient parmi les nations; c'est par lui qu'une foule d'individus sont utilement occupés, et que les arts, se prêtant un secours mutuel, font prospérer les entreprises en les perfectionnant toutes dans l'intérêt commun. Mais si l'auxiliaire universel de toute industrie, de toute manufacture, de toute fabrique, l'agriculture, ne venait au secours de ces entreprises, elles languiraient et s'anéantiraient enfin.

Par exemple, à quoi se réduirait l'usage des soies, des étoffes de diverses couleurs qu'elle fournit, et les nombreuses soieries qui existent, si l'agriculture ne nourrissait pas le ver à soie? Quel aliment pourrait-on substituer sans inconvénient aux feuilles de mûrier, nourriture unique que la nature a accordée à cette larve précieuse [1]? Certainement aucun ne saurait, comme le mûrier, le mettre en état de prospérer, de produire son cocon et de parcourir facilement la courte période de sa vie [2].

Cependant ce végétal, quoique naturalisé en Europe, ne saurait y vivre sans les soins assidus de l'agriculteur. Les avantages que sa culture présente ont engagé les gouvernemens à favoriser les

[1] Quelques personnes croient que l'*acer tartaricum* est propre à nourrir le ver à soie avec ses feuilles !

[2] *Sterler* de *Munich* croit avoir trouvé un meilleur aliment pour le ver à soie; mais il en fait un mystère, moyen assez commode et qui doit faire apprécier à sa juste valeur sa séduisante découverte.

progrès de cette culture par des récompenses, et ont fixé l'attention des économistes et des fabricans.

PREMIÈRE SECTION.

ARTICLE PREMIER.

Histoire du mûrier.

Indigène seulement en Chine, le mûrier passa du sud de cette province aux Indes, à la Perse, et bientôt de là dans les îles de l'Archipel, d'où l'empereur Justinien le transporta en Grèce vers la fin du sixième siècle. Les habitans des Deux-Siciles commencèrent à le cultiver avec tant de succès, que la culture s'en étendit peu à peu dans toute l'Italie, puis en Arabie et en Espagne; enfin, en France sous le règne de Charles VIII. Les Mémoires du temps nous apprennent qu'à cette époque on en conservait quelques pieds comme objet de rareté et d'agrément.

Cette culture se répandit peu à peu; mais ce ne fut que sous Louis XIV que Colbert, en l'encourageant, la rendit générale dans tout le midi de la France. Ce ministre était, plus que Sully, protecteur du commerce; il en connaissait tous les avantages.

Négligée après lui, la culture du mûrier éprouva des privations diverses. Les Français cultivent généralement le mûrier; ce végétal est même une branche de commerce très-lucrative pour les provinces méridionales.

Cet arbre précieux est actuellement cultivé dans presque toute la surface du globe, et en Europe on l'a tellement entouré de soins, qu'il y est comme naturalisé dans toutes ses contrées, au point de résister aux froids des contrées septentrionales; en sorte que nous n'avons plus rien à envier à la Chine sa patrie.

Parmi les espèces connues, il n'y en a que deux qui aient été adoptées en Europe, le mûrier blanc et le mûrier noir, quoiqu'il y en ait plusieurs autres en botanique dont nous ferons mention en temps et lieu, et parmi lesquels le mûrier tartare, indigène des terres d'Azow dans la Tartarie mineure, est d'une grande importance. Nous ne parlerons cependant que du mûrier blanc et du mûrier noir, parce que ce sont ceux qui prospèrent le plus, et que, tant bien que mal, on cultive le plus généralement en Europe pour la nourriture du ver à soie.

ARTICLE II.

Histoire naturelle des mûriers.

Le mûrier blanc ou noir croît non-seulement dans son sol natal de la Chine, dans les différentes provinces de l'Afrique, de l'Amérique et du sud de l'Europe, mais encore en Prusse et en Hongrie. La Russie le cultive aussi facilement de nos jours, grâce aux trois mois de chaleur consécutive dont jouit cette froide contrée. On voit parmi ces peuples élever de petites couvées de vers à soie qui ne sont pas sans profit. Dans la petite Tartarie croît le

mûrier tartare blanc ; il naît dans les environs d'A-
zow, où il est indigène, et où l'on s'en sert avec avantage pour les vers à soie.

Le mûrier résiste fortement dans les pays où les
grands froids détruisent les arbres indigènes de la
plus forte constitution. Il se reproduit aisément
par le semis ; il paraît que lorsqu'il naît naturellement par cette méthode, il est plus vigoureux,
parce qu'il adapte son organisation aux circonstances du terrain et du climat où il prend racine.
La marcotte, le provin, la greffe, le reproduisent
aussi ; mais alors il est toujours sujet à des maladies
et à des irrégularités dans sa végétation ; les mûriers revivifiés par le moyen de ces opérations
grandissent avant le temps, tombent bientôt en
décrépitude et ne vivent pas au-delà de la vie de
l'individu à qui appartenaient les premiers principes vivifians.

Le mûrier blanc est d'une constitution forte ; il a
la fibre ligneuse, consistante, compacte et peu
humide, de manière que dans les pays froids les
rigueurs les plus fortes du Nord ne produisent sur
lui aucune gerçure, comme il arrive souvent aux
végétaux d'un tissu mou et humide qui se gercent
souvent à l'action des grandes gelées. Malgré la
forte et robuste organisation du mûrier blanc ou
noir, il n'est pas exempt des maladies causées souvent par le changement inattendu de l'atmosphère
dans un climat humide, ou par un sol mal choisi,
oit argileux, soit gras, soit visqueux, soit propres

à la poterie, soit dur, soit marécageux, soit maritime; une multitude de ces végétaux réunis dans un espace étroit se nuisent mutuellement, et sont souvent ravagés par les larves ou les scarabées, leurs ennemis. Entourés de pareilles circonstances, les mûriers sont stériles et croissent avec peine; ils vieillissent en peu de temps et deviennent bientôt décrépits, ce qu'annonce la mousse qui couvre leur écorce et leurs branches.

Les creux qui se forment à la naissance des branches principales, vers le tronc, à son sommet, retiennent dans les climats humides des matières corruptibles ou terreuses, et de l'eau pluviale : les branches s'altèrent, se pourrissent par degré, et percent le corps même du tronc, si l'on n'y prend garde; elles nuisent ainsi à son organisation, troublent l'économie végétative, et paralysent son existence.

Il est d'autres causes également nuisibles pour les mûriers : c'est la négligence dans la disposition de leurs rameaux; l'émondage mal pratiqué et propre à les blesser; les gelées subites du printemps, lorsque le bourgeon vient de s'ouvrir; la greffe mal faite; la brusque et entière récolte du feuillage; les larves terrestres qui rongent et percent les racines; les scarabées qui entament en quelques points les branches; les fractures des branches qu'on a négligées; la déperdition de la sève descendante et condescendante; l'action soudaine et trop élevée du soleil à la suite des pluies extraordinaires de l'été ; l'exposition constante du mûrier à une atmosphère toujours agitée, ce qui tord et retord le tronc, et lui fait perdre la régularité de son organisation, et enfin la transplantation mal faite et mal disposée.

Le mûrier, quand il est bien cultivé, prend racine et croît sur toute la surface du globe. Sa végétation lui donne un bel aspect et une moyenne taille ; ses branches s'entrelacent irrégulièrement ; il est couvert d'un feuillage touffu que colore un beau vert dans la partie supérieure des feuilles ; celles-ci plaisent elles-mêmes par leur forme en cœur, soit qu'elles paraissent simples ou entières, ou divisées en deux et trois lobes ou plus, à bords dentelés, plus ou moins rudes, ou peu velues ou lisses. Aussi cet arbre est-il recherché par l'agriculteur pour en décorer ses jardins et ses champs, en former des espaliers et des buissons, et en faire des points de vue de tous côtés. Le mûrier est aussi utile à la menuiserie ; on en fait quelques meubles, des tonneaux, des roues, etc.

L'écorce du mûrier blanc est grise, profondément gercée et très-épaisse. Telle n'est pas son écorce dans sa jeunesse ; alors on s'en sert comme très-filamenteuse pour en confectionner des cordes et faire des toiles grossières, etc. L'aubier de cet arbre est d'un beau jaune ; sa substance ligneuse est d'un jaune tirant sur le vert ; elle est compacte et sans tache ; les teinturiers en font usage pour teindre en jaune. Ses racines sont ramifiées ; elles sont ligneuses et jaunâtres; leur écorce verte pilée forme une pâte glutineuse.

Les agriculteurs donnent aux mûriers pour le taillis, et aux mûriers pour le feuillage destiné aux vers à soie, des dispositions différentes, d'après des règles établies, surtout pour les plantations symétriques, les espaliers, les buissons, les broussailles, les haies, les mûriers nains et les mûriers élevés.

La végétation du mûrier blanc en développe le feuillage entre avril et mai, plus ou moins, selon la précocité d'une douce température, et surtout du neuvième au dixième degré de l'échelle du thermomètre de Réaumur dans les pays chauds, et à un degré plus élevé dans les régions froides. Les bourgeons sont un peu longs; ils portent un plus grand nombre de fleurs mâles que de fleurs femelles, mais sur la même plante. Ces fleurs sont en forme d'épis ou de flocon; elles se trouvent à la naissance des feuilles attachées à la branche par un seul pédoncule qui les lie ensemble. Elles n'ont pas de pétales : les fleurs mâles ont quatre étamines dans un calice formé de quatre divisions ovales et concaves. Les femelles ont deux pistils terminés en pointes, et plantés dans un calice de quatre petites divisions obtuses et presque rondes. Ces pistils sont plats sur un ovaire ovale, qui, peu à peu, se transforme en une baie oblongue, charnue, succulente, qu'on appelle *mûre :* elle est savoureuse et plaît au goût. Cette baie, dans sa maturité, est en forme de sphère allongée comme celle C. qui est attachée à la petite branche représentée par la *fig*. 8, *pl*. V. Elle est composée d'autres petites baies réunies à des calices et à des germes tuméfiés et adhérant à un pivot commun, ce qui constitue le fruit ou la mûre du mûrier blanc qu'on sert sur les tables, surtout des agriculteurs, dans les pays méridionaux et chauds.

Le volume de cette baie est à peu près égal à celui d'une olive ordinaire; sa couleur tire sur le violet, ou bien elle est d'un rouge tendre; elle est quelquefois noirâtre, mais plus souvent blanche. Dans chacune des petites baies qui forment l'ensemble de la mûre, est renfermée une graine d'un ovale affilé. Les mûres étant sucrées et fermentescibles, sont propres à donner une légère substance vineuse qui s'aigrit facilement et tourne à la suite des changemens atmosphériques. L'usage de ce fruit n'est pas important en médecine; c'est un bon nutritif, qui est en même temps lubrifiant. Son feuillage seul est précieux pour nourrir les vers à soie.

Quoique la végétation du mûrier noir soit plus tardive, cependant, comme le mûrier blanc, il croît partout et sert d'aliment au ver à soie, mais comme dernière, il faut le dire, beaucoup plus utilement que comme première pâture. A moins que ce ne soit dans les climats méridionaux de l'Italie, de l'Espagne, de la Grèce, en Asie, en Afrique et dans l'Amérique méridionale, où on peut lui donner ses feuilles; mais dans les pays du Nord, en France, leur suc trop épais nuirait à l'enfance du ver en le lubrifiant. Cet inconvénient est presque nul dans les dernières époques de sa vie alimentaire ; alors l'insecte est plus robuste, et les feuilles du végétal, plus développées et plus élaborées par une température élevée et par l'influence prolongée du soleil, s'adaptent plus facilement à sa nourriture dans nos climats et nos pays méridionaux ; mais il est toujours d'un moindre profit que le mûrier blanc, et presque entièrement inutile dans le Nord.

Nous le répétons, la végétation du mûrier noir est lente ; ses bourgeons courts et entassés ne se développent qu'aux premiers jours de mai, à la température élevée de dix à quinze degrés Réaumur ; mais il devient très-touffu en feuillage. On voit ensuite succéder ses fleurs mâles soutenues par un seul pédoncule, et les femelles par plusieurs, et quelquefois même les fleurs mâles et femelles croissent sur le même pied.

Les feuilles du mûrier noir sont figurées en forme de cœur, colorées d'un vert gai et luisant ; elles sont âpres et nerveuses, consistantes et pleines de suc ; elles sont deux fois et quelquefois trois fois plus grandes que les feuilles du mûrier blanc ; souvent elles sont divisées en cinq lobes, ou, comme on le voit *fig.* 1 , *pl.* V, aux feuilles *b*, *c*, leur périmètre est dentelé. Elles sont placées alternativement sur les branches, et sont toujours plus resserrées vers la cime des rameaux.

Ses fruits sont sphéroïdes, plus longs et d'un plus fort volume que ceux du mûrier blanc. Ainsi qu'on l'observe à la baie *e*, *fig.* 1, *pl.* V, ils sont cramoisis ou d'un rouge foncé, ou noirs. Ils sont pulpeux, remplis d'un suc acidulé, agréable au goût. On en fait usage sur nos tables ; ils sont très-fermentescibles et plus propres que ceux du mûrier blanc à produire, par la fermentation, un liquide vineux un peu après, et moins susceptible de s'aigrir et de se putréfier aussi vite ; on peut aussi en tirer de l'alcool, mais en très-petite quantité.

La taille du mûrier noir est à peu près celle de l'amandier ; il n'est pas très-branchu, et ses branches sont noueuses. (Voy. la branche *a*, *fig.* 1, *pl.* V.) Il vit plus long-temps que le mûrier blanc, et résiste mieux aux intempéries ; son écorce est noire, âpre, ridée et à écailles profondément fendues et moins consistantes ; son aubier est blanchâtre, son bois est tendre à la coupe, faible en consistance et en adhérence fibreuse ; il est d'une couleur rougeâtre plus foncée vers le centre. Il a de longues racines bien compactes et bien tenaces.

Parmi les autres espèces de mûriers, celui des Indes est propre à nourrir le ver à soie, mais il végète faiblement en Europe : il croit dans les pays méridionaux des Deux – Siciles, de la Grèce et de l'Espagne avec tant de difficulté, qu'il ne vaut pas la peine d'en parler davantage. Le mûrier tartare d'Azow convient seul aux climats d'Europe ; on pourrait le planter utilement en Grèce, en Italie, en Espagne et dans le sud de la France. Son feuillage est recherché avec avidité par le ver, et le semis que l'on en ferait en suivant le procédé et les précautions exigés pour le mûrier blanc, pourrait nous faire jouir de son utile feuillage. Une fois qu'il aurait réussi dans nos pays, il deviendrait un arbre du climat et serait plus productif que l'indigène.

Le mûrier rose indigène de la belle Italie est plus avantageux que toute autre variété. Son origine est sauvage; ses feuilles, semblables à celles du rosier, sont très-bonnes pour le ver à soie, qui s'en nourrit avec avidité et profit.

DEUXIÈME SECTION.

Description botanique des mûriers.

PREMIÈRE ESPÈCE.

Description du mûrier blanc.

Le mûrier blanc, *morus alba*, de la Monoécie Tétrandrie de Linné, *morus fructu albo* des Amentacées de Tournefort, de la famille des Urticées de Jussieu, est un arbre lactescent à feuilles stipulées, alternes, rarement opposées, à pétioles simples, obliques, cordiformes, souvent irrégulièrement lobées et dentées, à fleurs solitaires et axillaires; fleurs mâles, calice à quatre divisions sans corolle; fleurs femelles, calice à quatre folioles sans corolle; deux styles; calice en baie; une semence. Les fleurs mâles tombent aussitôt après la fécondation; les femelles, après la maturité du fruit. Cet arbre, comme nous l'avons dit, développe sa végétation entre avril et mai, du neuvième au dixième degré du thermomètre de l'échelle de Réaumur dans les pays chauds, et à un degré plus élevé dans les climats froids. Ses bourgeons sont un peu allongés, et ses fleurs mâles sont en plus grand nombre que les femelles; mais elles naissent sur la même plante. Les deux styles terminés en pointe, et placés dans un calice de quatre petites feuilles presque rondes et obtuses, sortent d'un embryon ovale qui se transforme graduellement en une baie oblongue, charnue et succulente qu'on appelle mûre. Cette baie est donc le fruit du mûrier blanc; sa figure est une sphère allongée; c'est un agrégat d'autres petites baies, une réunion de calices et de germes tuméfiés, adhérens à un pivot commun. Son volume est approchant celui de l'olive; sa couleur est blanchâtre; il renferme dans chacun de ses petits globes une semence ovale aiguë; les couleurs diverses dont se peignent ces baies lorsqu'elles sont mûres, forment un beau coupd'œil parmi les feuilles que soutient un léger pétale assez long. Les feuilles sont simples, entières, cordiformes, obliques, variées en grandeur et en forme dans leurs lobes qui sont souvent au nombre de deux, trois et plus. Leur contour est dentelé; elles sont rudes et souvent lisses au toucher, ou très-peu velues et d'un vert tendre dans leurs parties supérieures. L'arbre du mûrier blanc prend une taille moyenne; il y étend des branches entrelacées et irrégulières; il est recouvert d'une écorce grise, profondément crevassée, bien épaisse et rude au toucher. L'aubier est d'un jaune de paille, tandis que le bois est d'un jaune tirant sur le vert, qui devient plus foncé vers le centre; il est alors sans tache; exposé à l'air, il brunit; il est compacte et de longue durée; un pied cube de ce bois pèse environ *quarante-cinq livres quatorze onces*. Dans les climats chauds et arides, et dans les climats froids et humides, il ne pèse que *quarante-trois livres quatorze onces et deux gros*.

La racine est ligneuse; elle est jaune et très-ramifiée.

Voilà le mûrier blanc tel que la nature le présente en état sauvage; mais la différence des climats, du sol, de la culture, de la transplantation, de l'émondage, de la récolte du feuillage, de l'âge, et les accidens météorologiques, produisent diverses modifications qui leur font donner des noms différens et constituer un grand nombre de variétés, parmi lesquelles il importe, selon nous, de distinguer les plus utiles et les plus employées, et par conséquent celles qu'on doit préférer.

Ces variétés se réduisent à quatre; deux baies blanches; une baie pourprée, et une par rapport aux baies noires.

A l'égard du feuillage, on n'en distingue que deux, celui dont les feuilles ont plusieurs lobes, et celui dont les feuilles n'en ont que peu.

La première variété comprend en France et en Italie le mûrier rose. Ses feuilles sont rondelettes; elles ressemblent à celles du rosier, quoiqu'un peu plus grandes : son fruit est petit, blanc et insipide.

La seconde variété comprend le mûrier à feuilles dorées, luisantes, allongées, à partir du milieu de leur longueur; son fruit est petit, pourpré et de bon goût.

La troisième variété comprend le mûrier bâtard, dont les feuilles sont deux fois plus grandes que les feuilles dorées. Le contour en est dentelé, et la dent de l'extrémité supérieure est plus allongée; son fruit est noir et aigrelet.

La quatrième variété renferme le mûrier vul-gairement appelé femelle : cet arbre est épineux; il développe son fruit avant ses feuilles, qui sont en forme de trèfle (voy. *fig.* 9, *pl.* V). Ces mêmes variétés de mûrier sauvage, soumises à la greffe, subissent différentes variations et en produisent de nouvelles dont la première, qu'on nomme *reine* en France, a les feuilles luisantes et plus grandes que celles du mûrier sauvage. Son fruit est cendré. La seconde, qu'on appelle *grande reine*, a les feuilles d'un vert foncé et le fruit noir. La troisième, appe-lée *espagnole*, produit de très-grandes feuilles grossières et épaisses; son fruit est blanc et très-long. La quatrième, dite *à flocons*, donne des feuilles d'un vert aussi foncé que celui de l'espagnole; mais elles sont moins longues; elles se développent par bouquets sur les rejetons. Cet arbre porte un grand nombre de fruits blancs qui ne mûrissent pas dans les climats froids.

DEUXIÈME ESPÈCE.

Description du mûrier noir.

Le mûrier noir, *morus nigra* de Linné, ou *morus fructu nigro* de Tournefort, est plus souvent dioïque que monoïque ; il diffère de la première espèce en ce qu'il est très-touffu, que ses bourgeons sont plus courts, plus entassés, et que le développement de ses nombreuses feuilles est plus tardif, ainsi que celui de ses fleurs. Il ne fleurit que lorsque la température de l'atmosphère commune marque 13 et quelquefois 15 degrés du thermomètre de Réaumur, surtout dans les climats dont la température est basse et humide. Parmi ces fleurs, les mâles sont portées par un seul pédoncule, les femelles par plusieurs ; quelquefois les fleurs mâles et femelles naissent sur le même pied.

Les fruits du mûrier noir sont plus volumineux que ceux du mûrier blanc ; ils sont plus longs, leur forme est sphéroïde ; les baies de ce mûrier sont pleines d'un jus sucré, dont la couleur est un rouge vif ; quand elles sont mûres, elles sont d'un cramoisi foncé et même presque noir, au moins à l'extérieur.

Les feuilles sont cordiformes ; elles sont d'un beau vert noir et luisant qui pâlit facilement ; elles sont rudes, nerveuses, consistantes, succulentes, plus grandes quelquefois du triple que celles du mûrier blanc ; elles sont souvent divisées en cinq

lobes, ou elles n'en ont qu'un seul. Leur bord est
dentelé; elles sont alternes et plus nombreuses vers
le sommet des branches.

L'arbre est plus grand que celui du mûrier blanc;
il est un peu plus grand, de la taille de l'amandier;
ses nombreuses branches s'étendent au loin, mais ses
petits rameaux sont noueux et courts, irréguliers
dans leur disposition et touffus. Sa végétation est
tardive, surtout dans les régions septentrionales.
Il vit plus long-temps que le mûrier blanc. Il résiste mieux à une température rigoureuse, excepté
dans sa jeunesse où la gelée trouble sa végétation.
Ses fruits sont précoces et en grand nombre; ils
sont si agréables, que les bestiaux et les oiseaux
même les recherchent avec avidité.

Il est couvert d'une écorce rude, écailleuse, peu
épaisse, peu consistante et crevassée. Son aubier
est blanchâtre; il couvre un bois tendre, faible et
léger en consistance, en densité et en adhérence
fibreuse. Un pied cube de ce bois pèse, à peu de
différence près, *quarante-trois livres quatorze onces six gros* dans les climats chauds et secs de l'Europe, et dans les climats froids et humides, *qua-
rante-une livres douze onces sept gros.* La couleur
est rougeâtre; elle est plus foncée vers le centre. Sa
racine est bien compacte et tenace.

On ne connaît qu'une seule variété de cette espèce; le fruit en est violet et souvent noirâtre, sans
intérêt pour l'économie rurale.

TROISIÈME ESPÈCE.

Description du mûrier rouge de Virginie.

Le mûrier rouge de Virginie, ou *morus nigra* de Linné, est un arbre qui s'élève à quarante pieds environ, surtout dans l'Amérique septentrionale; il est d'un bel aspect, très-branchu et très-touffu. Ses feuilles cordiformes sont couvertes d'un léger duvet en dessous; elles sont blanchâtres de ce côté, et noirâtres par dessus; elles sont grandes, rudes au toucher, palmées et divisées, mais rarement en deux ou trois lobes; elles ne sont d'aucune utilité pour le ver à soie. Ce mûrier est tantôt dioïque et tantôt monoïque; ses fleurs mâles sont cylindriques; ses fruits sont de forme ovale et de couleur rouge; ils sont acides, mais agréables; fermentescibles et propres à produire un liquide vineux âpre. Cet arbre est très-rameux; l'écorce qui le couvre est noirâtre, dure et dense. Le bois en est compacte et régulier; de sorte qu'il est très-utile aux menuisiers. Ce végétal résiste aux plus grands froids des États-Unis d'Amérique. Son élévation, son élégance, l'agrément de son feuillage en font un des plus beaux ornemens des jardins et paysages artificiels.

QUATRIÈME ESPÈCE.

Description du mûrier papyrifère.

Le mûrier papyrifère, ou *morus papyrifera* de

Linné, est originaire du Japon. C'est un arbre très-petit en comparaison des espèces que nous avons décrites jusqu'à présent. Quelques botanistes ont voulu, mais vainement, en faire un genre particulier; ce végétal ne présente pas des différences assez marquées. Ses feuilles sont palmées et différemment figurées; les unes sont entières, les autres sont à trois lobes, d'autres à cinq, et quelques-unes sont digitées. Elles sont couvertes d'un duvet, et elles sont si rudes, que le ver à soie ne peut les attaquer. Les fruits sont également velus, mais ils naissent en si grande quantité, que dans le pays où le commerce de cochons a lieu, on cultive cet arbre avec succès pour la nourriture de ces animaux. L'*écorce* en est grossière et velue jusqu'au bourgeon. Les Chinois et les Japonais préparent cette écorce et en font du papier qui est très-inférieur à celui qu'on fabrique avec du lin, du chanvre, de la mauve, du coton et autres végétaux. Ses racines sont très-rameuses et serpentent tellement, que les habitans des Hautes-Alpes en font des plantations le long des rivières pour arrêter le sable entraîné par les alluvions; les rejetons de ce végétal étant très-flexibles, cèdent à l'impétuosité des eaux, et coopèrent à amonceler les terres arrachées par les inondations.

Le mâle et la femelle de cette espèce sont élevés dans le Jardin des Plantes à Paris.

CINQUIÈME ESPÈCE.

Description du mûrier des Indes.

Le mûrier des Indes, *morus Indica Linnei*, est indigène de la Cochinchine et de la Chine. Il croît sur les bords des fleuves. Cet arbre, lorsqu'il est livré à lui-même, prend la forme d'un buisson et ne s'élève qu'à six ou sept pieds ; mais lorsqu'on a soin de l'émonder et de retrancher les premières branches, il acquiert un tronc très-gros et parvient à une grande hauteur. Ses rameaux sont longs, flexibles et garnis de fleurs solitaires axillaires, quelquefois réunies deux ensemble sur le même point d'insertion ; ses feuilles sont ovales, oblongues, aiguës, inégalement dentées, fréquemment entières, quelques-unes divisées en lobes, glabrées, légèrement pétiolées, alternes. Les habitans de la Chine choisissent ces feuilles de préférence à celles des autres espèces pour nourrir les vers à soie, et ils mangent les jeunes feuilles comme plantes potagères. Le fruit, ou baie, est solitaire, axillaire, quelquefois il y en a deux réunis sur un même pédoncule, ou deux baies sur deux pédoncules, ayant le même point d'insertion. Ce fruit est petit, oblong, légèrement velu, d'un rouge noirâtre, monosperme ; il est agréable et sain ; on le mange dans ce pays. Le bois est d'un blanc sale et compacte ; son écorce est d'une couleur noire cendrée et épaisse. Il en découle par incision une substance glutineuse qui peut servir de colle. L'aubier est d'un jaune fort tendre et visqueux.

Ses racines sont très-déliées, ramifiées, tenaces et couvertes d'une écorce visqueuse, au point que, recueillie et pilée dans un mortier, elle se réduit en une pâte glutineuse rougeâtre, propre à servir de mastic.

Cette espèce de mûrier qui végète bien difficilement dans les contrées septentrionales de l'Europe, croît dans les terres méridionales de l'Italie, de l'Espagne et de la Grèce, où on pourrait le cultiver avec succès.

SIXIÈME ESPÈCE.

Description du mûrier tartare.

Le mûrier tartare, *morus tartarica* de Linné, passe pour être très-avantageux pour les vers à soie. Il végète facilement dans les terres d'Azow en Tartarie. La culture de ce mûrier pourrait réussir dans les régions méridionales de l'Europe. Le ver à soie se nourrit avec avidité de ses feuilles qui sont ovales et oblongues d'une extrémité à l'autre. Elles sont à bord denté en scie et à longs pétioles. Les fleurs sont allongées et attachées à des pédoncules; le fruit ressemble entièrement à celui du mûrier noir. L'écorce en est ridée et légèrement crevassée; elle est grise, rude et compacte. L'aubier est blanc; le bois est dur, et sa couleur est d'un brun rougeâtre.

SEPTIÈME ESPÈCE.

Description du mûrier des teinturiers.

Le mûrier des teinturiers, *morus tinctoria* de Linné, est étranger à notre sujet; il n'est bon que pour la teinture.

C'est un arbre d'un aspect agréable et d'une taille élevée. Son bois est connu des teinturiers sous le nom de *fustique*. Il y a une variété de ce végétal; c'est un arbuste dit *morus zanthoxylum*. Ces deux individus croissent à la Jamaïque.

Mûrier rose.

Il nous semble important de dire quelques mots du mûrier d'Italie que les Français appellent mûrier espagnol ou mûrier rose, et de répéter qu'il n'est qu'une variété, et qu'il ne végète utilement que dans les provinces d'Italie, surtout dans les Deux-Siciles; il croît aussi en Espagne. La Toscane et le Piémont le cultivent, ainsi que la France.

Les feuilles de cette espèce ont la même forme que celles des rosiers; elles sont d'une si bonne qualité, que le ver à soie les recherche particulièrement, et les ronge avec avidité, et sans aucun inconvénient, pendant tout le cours de sa vie, ainsi que tout observateur véridique en conviendra, comme nous l'avons prouvé.

CHAPITRE II.

Du climat, de l'exposition du terroir qui conviennent
au mûrier.

PREMIÈRE SECTION.

ARTICLE PREMIER.

Du climat qui convient aux mûriers.

Le principal emploi qu'on fait du mûrier est
d'en former des plantations, et de retirer de son
feuillage un aliment assuré pour le ver à soie.
Ses feuilles contiennent la nourriture exclusive
de cet insecte, et la nature alimentaire de leur
substance constitue la matière première de la
soie. Aussi le feuillage dont la qualité est la plus
favorable à la prospérité de la larve présente des
caractères essentiels et bien distincts, qui fixent
l'attention de l'agriculteur économe et du vigilant
magnanier; il ne faut pas qu'ils se laissent séduire
par le premier coup-d'œil, et ils doivent bien se
garder de choisir les feuilles d'après la vivacité de
leur verdure, la quantité de leur jus et d'après
leur épaisseur. Ces caractères sont trompeurs, ils
charment l'œil, mais bien loin d'être utiles à l'insecte, souvent ils lui sont contraires et nuisibles.
L'acheteur doit donc se familiariser avec les caractères qui indiquent une qualité de feuilles dont le

ver à soie se nourrit facilement, et qui, l'entretenant toujours en bonne santé pendant toute sa vie,
n'interrompt pas l'élaboration de la soie. Ces propriétés se rencontrent dans la feuille dont la substance n'est ni trop dense ni trop aqueuse, dont la
complexion n'est pas altérée, dont le tissu végétal
n'est ni grossier ni rude, et dont l'épaisseur ne le
rapproche pas de la consistance du bois.

Une température moyenne et presque toujours
constante, un air sec et n'éprouvant pas des variations, sont les conditions nécessaires pour que les
mûriers produisent des feuilles qui présentent les
caractères et les propriétés demandés. Il faut que le
soleil puisse bien le gouverner, que le brouillard
n'y séjourne pas, et que le mouvement de l'atmosphère soit plutôt fréquent que rare, mais régulier
et modéré. Un tel climat est très-favorable à la végétation du mûrier. Cet arbre y croît sans efforts
et sans obstacles; il donne ordinairement un excellent feuillage, toujours d'un développement bien
proportionné en dimension, en intensité et en suc.

ARTICLE II.

De l'exposition du mûrier.

Si les moyens indiqués dans l'article précédent
contribuent à faire prospérer la végétation du
mûrier, et à lui faire produire un bon feuillage,
son exposition bien entendue l'entretient de plus
en plus en santé, le fait vivre long-temps, et coo-

père également à donner à ses feuilles les qualités requises. Lorsqu'il végète sur des collines ou des côteaux exposés au sud et à l'est, ou sur le sommet de petites montagnes défendues des rigueurs du nord par des montagnes contiguës plus élevées, il y jouit toujours de l'influence du soleil, et il végète avec facilité ; alors son feuillage a toutes les qualités exigées pour la prospérité du ver et le volume de son produit.

Il n'en est pas de même lorsque le mûrier est exposé au nord, lorsqu'on le plante dans de vastes plaines, dans des vallées, dans des terres marécageuses, ou enfin lorsqu'il se trouve auprès de courans d'eau, de lacs ou de côtes maritimes, surtout d'une mer ordinairement trop agitée ou trop calme. Environné de ces circonstances, le mûrier, quelque bien placé qu'il soit d'ailleurs, végète mal et ne produit que peu de mauvaises feuilles. La transpiration de l'arbre ne peut être que troublée dans une atmosphère humide ; les feuilles alors deviennent denses et juteuses ou rouillées ; leur propre substance se gâte et s'altère ; elles deviennent dures et rudes au toucher, et d'une saveur fade.

Ces accidens se manifestent ordinairement sur les mûriers plantés dans les vallées où l'action du soleil, n'étant pas toujours égale, trouble les fonctions de la végétation. L'atmosphère maritime ne lui est pas moins contraire, à cause de l'évaporation des eaux de la mer ; les vapeurs salines qui s'exha-

lent, altèrent le goût et la substance de ces feuilles à tel point que le ver ne les attaque pas.

ARTICLE III.

Du sol et du terrain qui conviennent au mûrier.

Pour que le mûrier puisse bien réussir, végéter
avec facilité, vivre long-temps et produire un
feuillage dont le suc alimentaire convienne au ver,
il est très-important de réunir au climat et à l'exposition convenables un terrain propre à seconder
sa végétation et surtout à aider la ramification de
ses racines.

Les terres calcaires, sablonneuses, graveleuses,
s'adaptent très-bien à la végétation du mûrier; là
il vit très-bien, il croît régulièrement, il devient
robuste, il étend avec facilité ses propres racines,
il végète avec succès, il s'élève sans efforts à sa
taille ordinaire, il étend pittoresquement ses
branches, il développe d'excellens bourgeons et
un très-bon feuillage, plein d'une substance alimentaire, agréable et utile. C'est dans ces terrains
que prospèrent également les pépinières, les
pourretiers et les mûreraies.

On tirerait un plus grand profit pour le mûrier
des terrains âpres ou glutineux, et des terrains ferrugineux. Il y croît très-bien et produit de très-
bon feuillage, mais en petite quantité; à moins
que l'on ne mêle à ces terres un tiers de celles dont
nous venons de parler. Ce mélange est d'une grande
utilité. Les terres ainsi mélangées doivent être pré-

férées à toutes les autres; alors le feuillage est exquis.

Les terres grasses, argileuses, les terres à poterie lui sont contraires; elles le vieillissent de suite à cause des difficultés que les racines trouvent à se développer et à se ramifier. Le sol aquatique, marécageux ou humide, seconde bien la végétation, mais il produit un feuillage tellement grossier et juteux, qu'il boursouffle le corps du ver, le rend malade, le dévoie et le tue enfin.

Ainsi pour le prudent agriculteur choisir son terrain d'après les conditions que nous venons de détailler, c'est assurer le résultat de son entreprise. Son attention doit doubler pour les pépinières et les pourretiers des mûriers; nous exposerons la méthode qu'il faut suivre à ce sujet, après que nous aurons appris comment il faut choisir et préparer la graine.

DEUXIÈME SECTION.

Du choix de la graine du mûrier, du semis, de la transplantation du mûrier de la pépinière dans le pourretier, et du pourretier dans la mûreraie.

ARTICLE PREMIER.

Du choix de la graine du mûrier blanc ou noir.

Si l'on désire de très-bons plants de mûriers pour établir en toute sûreté une mûreraie aussi lucrative qu'utile, il est nécessaire et même indispensable de bien choisir la graine et de ne cueillir la mûre que dans sa parfaite maturité. A cet effet il faut choisir parmi les mûriers établis dans un bon terrain, bien exposés, d'après les conditions établies dans la section précédente, article 11; il faut choisir un individu qui donne régulièrement un excellent feuillage et un fruit exquis; il doit être robuste, d'un âge moyen, d'un bel aspect, n'avoir point de carie, et n'être point endommagé. Son feuillage ne doit être ni chiffonné, ni irrégulier, ni consistant, ni trop rare, ni trop petit, mais il ne faut en aucun cas que le mûrier dont on veut exploiter les graines soit privé de ses feuilles. Elles sont essentielles à sa végétation, au développement de la floraison, au perfectionnement de la fructification et à la maturité des baies et des graines régénératrices.

Lorsque le fruit a atteint ce point de maturité, n'ayant plus besoin de s'alimenter, il se détache peu à peu du pédoncule qui le tient, et tombe fourni d'autant de graines qu'il y a de globules qui composent l'agrégé de chaque baie.

Si tels sont les fruits qui s'offrent à l'œil de l'agriculteur, il peut les récolter; on les choisit sur les branches même, et on les dépose dans des corbeilles ou nattes amples et plates de manière que les mûres ne soient pas en contact entre elles. Ensuite on les expose à l'ombre dans un lieu aéré, pour les faire sécher et faire durcir la chair qui enveloppe la graine. Aussitôt qu'elles sont sèches,

il faut en avoir un grand soin, les défendre de tout
contact d'air humide et les garantir de l'invasion
des insectes. Pour y parvenir il est nécessaire
d'apprêter un sable bien pur et bien sec, d'y jeter
les baies qu'on a fait sécher, et de mêler le tout
dans un vase d'argile, ou de porcelaine, ou de
verre, que l'on couvrira bien ; ainsi on défendra la
graine de toute humidité jusqu'à l'époque des semailles qui se feront l'été suivant d'après la méthode que nous allons indiquer.

ARTICLE II.

Des semailles de la graine de mûrier.

FORMATION DE LA PÉPINIÈRE.

L'époque la plus propre pour former des pépinières et faire les semailles du mûrier, est le mois
de mai dans les pays chauds, le mois de juin dans
les pays tempérés et plus tard encore dans les pays
froids. Alors on prend les baies qui sont entassées
dans le sable, et on les frotte entre les doigts, pour
séparer les graines de leur enveloppe : une fois
qu'elles seront extraites, on les déposera, pendant
qu'on prépare le terrain pour les semer, dans un
vase convenable, où l'on versera de l'eau en proportion, si elles sont trop arides, ou si la saison
est trop chaude, et on les y laissera plongées pendant une dizaine d'heures et plus, afin de les faire
imbiber et d'exciter la germination.

Pendant ce temps, ou même auparavant, on a
soin de choisir un terrain excellent pour le site,

le climat et l'exposition; on y pratique un fossé régulier de seize à vingt pouces de profondeur, aussi long[1] et aussi large qu'on le désire. Il faut ensuite enlever la terre qui provient de la fouille et combler le fossé de terreau propre à la germination qui est tout-à-fait différent de la terre commune[2]. Il est nécessaire d'élever le terreau à trois et quatre pouces au-dessus du niveau du sol. Lorsque le fossé sera ainsi rempli, on égalisera la surface du terreau sans le comprimer, on l'inclinera du côté de l'est ou du sud, pour qu'il soit plus exposé à l'influence solaire, et sur cette inclinaison on pratiquera des rigoles parallèles, éloignées au moins de sept pouces les unes des autres, et on les dirigera dans le sens le plus convenable. Cependant, pour éviter l'inondation dans les temps pluvieux, il faudra les diriger diagonalement de haut en bas, et sur les dos-d'ânes qui se trouveront formés entre les rigoles, on formera, par le moyen d'une cheville semblable à la *fig.* 11, *planche* V, mais plus émoussée vers sa pointe, des trous d'un pouce et demi de profondeur, ou environ, et distans entre eux de deux pouces et demi. On enterrera dans ces trous deux graines de mû-

[1] Si l'on veut économiser l'opération du pourretier, il est nécessaire de bêcher le fond du fossé destiné à la pépinière, pour faciliter ainsi la ramification des racines des jeunes plants qui doivent y demeurer trois années de suite.

[2] Mélange d'excellente terre végétale avec un tiers de fumier.

rier ou plus, et on les couvrira encore de terreau, sans les comprimer.

C'est ainsi qu'on forme les pépinières par les semailles. On les arrosera soigneusement et également sur toute la surface avec un arrosoir fait exprès, dont les trous seront très-petits, afin d'arroser légèrement la terre ensemencée et ne pas la remuer. On renouvellera ces arrosemens de la même manière matin et soir au moins pendant deux ou trois jours de suite, et on laissera ensuite le tout en repos. On mêlera cependant du fumier dans un grand bassin d'eau, qu'on battra bien tous les jours, afin de produire un liquide propre à favoriser la germination. On en arrosera les pépinières lorsque les germes commenceront à paraître; dans ce cas l'arrosement devra être fait avec beaucoup de précaution et d'adresse une fois par jour seulement, et avec un arrosoir à bec, afin que les germes développés ne soient pas mouillés, car leurs tendres feuilles pourraient être lésées par l'influence de ce liquide, si elles en étaient atteintes.

Il importe de défendre la pépinière de toute intempérie, des ouragans et de la grêle, par le moyen de nasses de paille ou d'autres végétaux secs; de la préserver des herbivores par le moyen de claies d'osier bien fixées, et enfin de la délivrer des plantes étrangères et parasites, qui ne peuvent qu'appauvrir le terrain, et nuire à l'organisme du mûrier en l'enveloppant et en troublant son économie. Ces plantes doivent être arrachées au fur et à mesure qu'elles paraissent. C'est par ces soins et cette surveillance continuelle que les jeunes mûriers s'élèveront bientôt régulièrement, et qu'ils se présenteront bien constitués et propres à la formation du pourretier ou des plantations régulières de mûriers d'après les règles que nous allons exposer.

ARTICLE III.

Formation du pourretier.

Transplantation des mûriers de la pépinière dans le pourretier.

1°. FORMATION DU POURRETIER.

Après que les mûriers seront restés deux ans et plus dans la pépinière, si l'on remarque qu'ils sont forts et robustes, et que leur tronc a au moins six lignes de diamètre, on pourra les enlever, à moins qu'on ne préfère qu'ils continuent à rester dans la pépinière [1], que l'on ne cherche à économiser l'opération dispendieuse du pourretier, et à éviter les causes des maladies qui résultent, dans la trans-

---

[1] Nous avons constamment observé qu'en faisant végéter ces jeunes plants dans la pépinière, ils deviennent assez forts pour subir la transplantation immédiate dans les plantations régulières du mûrier : par ce moyen on économisera non-seulement l'opération du pourretier, et on laissera reposer plus long-temps les mûriers, mais on les préservera encore de toute lésion, et on les rendra plus robustes.

plantation, de plaies accidentelles et d'autres circonstances.

L'agronomie assigne deux époques utiles pour
la réussite de l'opération du pourretier, ainsi que
pour les plantations régulières du mûrier; la
première en novembre et la seconde en janvier. Mais il est plus sûr de faire cette opération entre décembre et janvier dans les pays
chauds, entre novembre et décembre dans les
pays tempérés et au commencement de novembre
dans les pays froids. Il importe de choisir d'abord
le pays, puis le terrain, le site, le climat et l'exposition. Quand ce choix est fait on explore le sol
avec des sondes ou trépans longs et forts, pour connaitre la nature des couches inférieures. Si le terrain est favorable, on tracera la circonférence du
fossé destiné au pourretier, et on le creusera. Si
la transplantation doit être faite en novembre, on
fera le fossé en juin, et si elle doit avoir lieu en
janvier, on la fera en septembre. Ceci s'observera
non — seulement pour le pourretier, mais encore
pour les plantations régulières de mûrier, quand
on veut les former avec de jeunes plants.

Il faut donner au fossé deux pieds de profondeur
quelles que soient sa largeur et sa longueur, et répandre sur ses bords la terre qu'on en retire, pour
la soumettre aux influences atmosphériques, et surtout à celles du soleil. Lorsque le fossé sera fait, on
en bêchera le bas-fond à la profondeur de six pouces
et plus pour en détruire la ténacité, qui pourrait

nuire au développement et à la ramification des racines des jeunes plants. Ensuite on s'occupera sur-le-champ de la préparation du terreau [*] propre à la plantation ; il doit être bien mêlé et bien broyé. On le jettera dans le fossé, on le fera monter à quatre pouces au-dessus de ses bords, en inclinant sa superficie vers l'est ou le sud, sans le comprimer.

Après cette opération on pratiquera sur cette élévation des rigoles parallèles entre elles dans la disposition la plus convenable, toujours de haut en bas, diagonalement et à la distance de sept à huit pouces les unes des autres ; elles doivent avoir un pied et demi de profondeur. On laissera ensuite le pourretier en repos ; pendant ce temps l'agriculteur préparera tout ce qui est nécessaire pour enlever les jeunes mûriers qu'on destine aux plantations régulières d'après la méthode suivante.

2°. EXTIRPATION DES JEUNES MURIERS.

Avant d'entreprendre l'extirpation des jeunes mûriers, il faut visiter la pépinière, inspecter les plants et vérifier si leur complexion permet la transplantation, si leur feuillage est tombé ou non, et s'ils sont intacts ; il faut encore distinguer ceux qui sont réguliers et bien disposés de ceux qui sont irréguliers. Après cette vérification, on détermi-

[*] Composé d'un tiers de terre extraite du fossé, d'un tiers de terre végétale grasse, et d'un tiers de bon fumier.

nera un des longs côtés extérieurs de la pépinière, et l'on pratiquera d'une extrémité à l'autre un fossé large d'un pied et profond de trois
pieds, et plus si c'est nécessaire pour pouvoir parvenir sans effort jusqu'à la dernière extrémité du
pivot radical des plants, et faciliter l'opération de
l'extirpation sans léser en aucune manière le végétal.

Après avoir creusé ce fossé oblong, on commencera le déracinement avec soin, on enlèvera
adroitement la terre qui enveloppe les racines avec
des instrumens qui ne seront ni pointus, ni tranchans, et même avec la main pour ne pas offenser
le moindre fil, et surtout *le pivot radical*. Au fur
et à mesure que l'on arrachera les jeunes mûriers,
on les déposera dans un lieu ombragé et à l'abri
du vent, pour les protéger de toute altération ac-
cidentelle jusqu'à ce qu'on ait terminé petit à petit
l'extirpation de la totalité. On procédera ensuite
sans désemparer au choix des meilleurs plants pour
le pourretier, et de ceux qui sont irréguliers, pour
en faire des espaliers, des buissons, des mûriers
naïfs ou des touffes de mûrier, si l'on désire effectuer cette opération en même temps. Dans le cas
contraire on pourra se contenter d'arracher les
plus beaux plants, et on laissera les plants irréguliers végéter encore sur le sol natal, et on ne les
arrachera que lorsqu'il en sera besoin.

Quand le choix des jeunes plants aura été fait,
on les couvrira avec de la paille un peu humide

pour les conserver, et l'on passera au pourretier,
où l'on formera à la partie inférieure et moyenne
des rigoles, des trous de cinq à six pouces de profondeur avec une cheville de deux pouces de diamètre, et d'une longueur convenable. Ces trous
seront à la distance de huit pouces les uns des
autres. On prendra ensuite les plants sans en am-
puter la moindre racine, et on les placera adroitement un à un dans les trous, en se gardant bien
de forcer ou de courber le pivot radical d'aucun
d'eux. En même temps on élèvera le plant verticalement, et on le consolidera en comblant le trou
où il est placé avec du terreau de la même espèce
que celui dont on s'est servi pour le pourretier, et
on aura toujours soin de ne pas gêner la disposition
naturelle des racines. On procédera toujours de
la même manière jusqu'à ce qu'on ait terminé la
plantation de tout le pourretier.

De même que la pépinière, cette plantation demande à être arrosée avec soin et adresse une ou
deux fois par jour pendant dix jours de suite. On
n'emploiera d'abord que de l'eau simple pour
humecter le terrain, rapprocher la terre sur les
racines du végétal, le consolider, épaissir la superficie du pourretier, alimenter l'organisme des
jeunes mûriers, et soutenir par-là le progrès de la
végétation ; mais ensuite on continuera les arrosemens avec le liquide ' employé pour arroser la

---

' *Voyez* page 31, ligne 11.

pépinière, et on ne les effectuera qu'une ou deux fois par semaine, afin d'aider l'accroissement des végétaux.

De même que la pépinière, ou plutôt bien plus que la pépinière, le pourretier doit être préservé des herbivores par des buissons, ou par des broussailles, ou par des claies en bois. Il faut aussi le défendre de la grêle, des pluies violentes, des ouragans, et des gelées d'hiver et d'été, par le moyen d'enveloppes de paille dont on couvrira chaque plant, jusqu'à sa base; on les y laissera pendant tout l'hiver, dans les climats froids, pour les protéger et conserver jusqu'au printemps. A cette époque il est nécessaire d'apprêter du terreau pareil à celui qu'on a employé lors de la formation du pourretier, pour combler le creux de chaque rigole garnie de mûriers, et égaliser ainsi toute la superficie du pourretier, afin d'opposer à l'action solaire pendant l'été un obstacle assez grand pour économiser le liquide nécessaire à la végétation.

On visitera souvent le pourretier comme la pépinière pour arracher les herbes étrangères et parasites, pour l'arroser deux fois par semaine dans les lieux secs et plus souvent pendant l'été, surtout dans les lieux trop exposés au soleil, pour redresser la mauvaise disposition des tiges et des branches, et couper celles qui sont trop grandes pour la forme et pour la nutrition individuelle, opération qui ne doit avoir lieu qu'après la chute naturelle des feuilles. On examinera encore et l'on détruira la cause de la végétation lente ou faible de quelques plants rongés par des larves; on supprimera les plants susceptibles, chiffonnés et de mauvaise végétation; on coupera les tiges multipliées pour ne conserver que la meilleure, si l'on ne préfère pas en faire des touffes; on taillera même le tronc des plants faibles trois pouces environ au-dessous du niveau de la terre, s'ils sont trop chétifs, afin de leur faire produire une nouvelle tige plus forte et plus solide. On abaissera les troncs trop élevés, en les coupant à un pied et demi au-dessus de leur base, s'ils sont trop faibles, sinon à deux pieds d'élévation; on laissera intacts les mûriers qui viennent bien. On remuera légèrement la terre du pourretier une fois par mois dans les beaux jours, et une fois tous les deux mois en été, sans employer des instrumens aigus et tranchans. On répandra sur le terrain ainsi remué une petite quantité de fumier plus souvent en hiver qu'en été; on arrosera le pourretier avec un liquide fécondant [*] pendant l'hiver, et avec de l'eau seulement dans les grandes chaleurs; enfin on redressera les plants qui ne croîtraient pas verticalement.

En suivant un pareil régime, le pourretier végétera avec un tel succès que dans le cours de trois ans, on pourra en former des mûreraies, et

---

[*] Composé de trois quarts d'eau, un quart d'urine humaine et une grande cuillerée à bouche de chaux bien battue plusieurs fois par jour.

pratiquer même l'opération de la greffe, si l'on a de la répugnance à exécuter ces mûreraies, ou plantations régulières de mûrier, avec des plants simples et sauvages, quoique la réussite en soit toujours plus assurée et l'économie plus grande.

ARTICLE IV.

De la transplantation des mûriers du pourretier dans la mûreraie.

1°. FORMATION DE LA MURERAIE.

J'ai observé, en parlant de l'extirpation de la pépinière, que l'on pourrait en appliquer immédiatement les jeunes plants à la formation de la mûreraie : 1 parce qu'on économise l'opération du pourretier où ils doivent séjourner long-temps ; 2° parce qu'on évite l'inconvénient d'une seconde extirpation qui en déchirant les tendres racines est souvent nuisible à la vie du végétal ; 3° parce que les jeunes mûriers étant plus espacés peuvent mieux recevoir l'influence de l'atmosphère et du soleil ; 4° et parce qu'étant plantés dans une superficie plus étendue, ils végètent mieux et nourrissent leurs racines respectives sans obstacle. Alors celles-ci peuvent avec plus de facilité se ramifier, se développer, remplir leur fonction de l'absorption, alimenter l'arbuste et le renforcer de manière à l'utiliser en peu de temps. Cela est si vrai qu'en suivant cette méthode, des mûriers sont parvenus à donner un feuillage parfait même avant la sixième année, et je suis persuadé que la raison en est que leur végétation s'est reposée long-temps, que l'opération organique du végétal, surtout l'opération de l'absorption des racines, n'a pas été interrompue, et qu'enfin l'influence suivie de l'air et de la lumière donnant sur une plus vaste étendue, les a rendus plus précoces, en leur faisant développer leur feuillage sans effort. Si l'agriculteur trouve plus commode le pourretier, parce qu'il peut gouverner sur un petit espace un grand nombre de mûriers, dont la surveillance devient fastidieuse lorsqu'ils sont plantés dans un grand champ, d'un côté il sera satisfait de voir le prompt développement des mûriers dans la mûreraie, et d'un autre côté leur verdure hâtive lui fera espérer d'excellens fruits en peu de temps.

Lorsque l'on a déterminé l'endroit où l'on désire établir la mûreraie, qu'elle est dans un bon climat et dans une bonne exposition, il faut d'abord explorer avec une longue sonde le terrain et surtout les différens points du fond désigné pour la plantation. Si l'on découvre que la nature des couches inférieures consiste en matières nuisibles comme la craie, l'argile gypseuse, la terre à poterie ou la pierre, il faut l'abandonner; si elle consiste au contraire en matières favorables, comme si c'était des terres graveleuses, calcaires, caillouteuses, ferrugineuses, ou si elles étaient un mélange de ces différens élémens; on pourra établir la mûreraie.

Dans ce cas on pourra déterminer tout à la fois

et l'extension et la configuration de la superficie qu'occupera la mûreraie, et l'on s'appliquera de suite à régulariser la surface du terrain choisi pour faciliter les opérations de la plantation. A cet effet il faut remuer la terre à une profondeur égale sur tous les points de la superficie, soit avec la pioche ou la bêche, ou avec la charrue en avril. Après l'avoir régularisée avec soin, on détruira tout germe végétal et toute racine stérile pour la mieux disposer à l'influence météorologique de l'atmosphère, et à celle du soleil et de la pluie. Il faut ensuite l'engraisser avec du fumier.

2°. RÈGLES DE PROPORTION POUR LA PLANTATION RÉGULIÈRE DE LA MURERAIE.

Lorsque cette opération sera terminée, il importe de fixer le nombre de mûriers qu'un plant ainsi préparé pourra recevoir : l'expérience et les principes agronomiques ont découvert et fixé qu'un mûrier a besoin d'une circonférence libre de six toises dans un bon terrain, pour bien végéter et donner un produit excellent ; que dans un terrain médiocre il n'a besoin que d'une circonférence de quatre toises, et d'une circonférence de trois toises seulement dans les mauvais terrains, ainsi que nous allons le prouver.

En effet, trente-six mûriers blancs ou noirs peuvent occuper un carré de vingt-quatre toises dans un bon fonds. Ils y végéteront bien, ils deviendront volumineux, vigoureux et touffus, au point d'étendre et de ramifier leurs racines sur un espace de terre de cette dimension.

Le même nombre d'individus dans un fond médiocre n'occupera qu'un carré de seize toises, parce qu'étant mal nourris, ces arbres ne seront ni volumineux, ni rameux, ni touffus, ni riches en racines, et parce qu'ils ne produiront que peu de feuillage.

Dans un mauvais fonds le même nombre de plants n'occupera qu'un carré de douze toises, parce qu'ils végètent mal et que leur produit est presque nul.

La même expérience assure, d'après les préceptes de l'agronomie, que le haut mûrier doit être entouré, dans un terrain pauvre, d'une circonférence libre de trois toises; que le bas mûrier n'en demande qu'une de deux toises, et le mûrier nain une d'une toise et demie. Ainsi, dans des terres stériles, trente-six hauts mûriers occuperont un carré de douze toises; trente-six bas mûriers ne demanderont qu'un carré de huit toises, et trente-six mûriers nains n'en demanderont qu'un de six toises.

Si ces règles de proportion établies par l'expérience la plus scrupuleuse servent de guide à l'agriculteur pour former sa mûreraie, elles ne trahiront pas son espoir et ses peines, et le succès couronnera ses plantations.

Lorsque d'après les principes et les règles proposées on veut réaliser la plantation d'une mûreraie, il faut qu'elle ait lieu suivant les lois agronomiques, aux mêmes époques que l'on observe pour la formation du pourretier, et, soit à la première [1] ou à la seconde de ces époques, il faut toujours commencer par préparer le terrain qu'on a choisi, préparation qu'il est nécessaire de répéter trois fois à chaque époque, avant de planter les mûriers; c'est à la troisième préparation de la première comme de la seconde époque qu'il faut pratiquer les fossés destinés à recevoir le nombre fixé de plants qui doivent composer la mûreraie.

A cet effet, les agronomes et l'expérience conseillent d'exécuter le premier travail pour la première époque en avril, le second en mai, et le troisième en juin, et de creuser les fossés en même temps que cette dernière. Les préparations pour la seconde époque doivent avoir lieu, la première en septembre, la seconde en octobre, et la troisième se fera en novembre, en même temps que les fossés. Ainsi, à chacune de ces époques, c'est toujours à la dernière préparation qu'il faut creuser les fossés. Chacun d'eux doit avoir deux pieds de profondeur sur trois pieds de largeur; il faut répandre la terre que l'on en retire tout autour de sa circonférence, afin de l'exposer pleinement à l'influence du soleil et de l'atmosphère terrestre. Quels que soient les événemens météorologiques, on laisse le tout en repos jusqu'au moment de la plantation.

Lorsque ce moment sera arrivé, on apportera

---

[1] *Voy.* page 33, article III.

auprès de chaque fossé un volume de terre végétale grasse suffisante pour pouvoir le remplir d'un
tiers au moins. On s'occupera ensuite du déracinement des plus beaux pieds du pourretier, suivant la
méthode indiquée, pour arracher ceux de la pépinière; on laissera végéter les plants irréguliers,
faibles et destinés à d'autres plantations; on continuera l'extirpation des mûriers choisis, et l'on en
déposera un auprès de chaque fossé.

Une fois qu'on aura terminé l'extirpation et la
distribution du nombre convenu de végétaux, on
remuera la terre du bas-fond de chaque fossé, en
la bêchant à la profondeur de six pouces pour en
détruire la dureté et pour procéder avec facilité à
la plantation. On se procurera une cheville semblable à celle de la *fig.* 11, *pl.* V, mais dont la grosseur aura un pouce et demi de diamètre, et on en
formera un trou au centre de chaque fossé, assez
profond pour pouvoir recevoir, sans le moindre
effort, un tiers au moins de la longueur du pivot
radical [1] de la plante. On y introduira la principale
racine de l'arbuste, on le consolidera en comblant le trou d'abord avec de la terre végétale, et
on le fera tenir droit par le moyen d'un mince écha-
las qu'on disposera de manière à lui faire soutenir
bien verticalement le jeune mûrier qui y sera appuyé, et que l'on y liera légèrement.

Ceci étant fait, on comblera le tiers de la pro-

---

[1] Et même plus, si l'on persiste à vouloir opérer la greffe.

fondeur du fossé avec de la terre végétale qu'on a déposée d'avance auprès, mais sans la comprimer et en la jetant de manière que la moindre racine du mûrier puisse conserver sa disposition naturelle. On comblera de suite les deux autres tiers du fossé avec de la terre de la fouille qui se trouve répandue sur les bords. On l'élèvera coniquement, de sorte que la tige de l'arbuste sortira du sommet comme un drapeau. Cette élévation aura au moins quatre pouces au-dessus du niveau du sol ; on l'égalisera, on l'arrosera convenablement, et on la couvrira d'un lit de paille épais et serré, que l'on recouvrira de terre, afin de le fixer sur le pied du mûrier, et le lui faire abriter contre une action solaire trop forte, contre la dégradation des terres et contre les pluies trop abondantes qui nuisent aux racines du végétal ; enfin, il servira à économiser l'humidité essentielle à la végétation en été.

On suivra la même méthode pour chaque fossé, et lorsque toute la plantation sera terminée, on aura soin de l'environner de haies composées d'arbustes bien entrelacés, ou de pieux bien rapprochés, ou de claies bien solides, afin de la défendre de l'avidité des herbivores et de tout piétinement. Malgré ces précautions, il faut creuser un fossé tout autour et à l'extérieur de la haie, pour en éloigner le gros bétail et l'empêcher de la dégrader.

De même que la pépinière et le pourretier, la mûreraie demande à être surveillée pour détruire les végétaux étrangers qui se manifesteront dans l'enceinte de chaque plant, pour pourvoir la plantation d'humidité, au besoin, pendant les longues sécheresses de l'été et même de l'hiver. Alors il faut aider la végétation par l'arrosement exécuté une ou deux fois par jour, seulement autour de chaque pied de mûrier, et tant soit peu sur l'aire qui l'environne. Il importe d'envelopper d'herbes sèches ou de paille les jeunes branches de chaque mûrier pour les défendre de chaleurs trop fortes ou de froids trop intenses, dont l'influence pourrait griller leur tendre feuillage et le tégument essentiel à leur conservation pendant leur enfance, sans quoi leur existence péricliterait, et ils pourraient mourir. Les visites réitérées de l'agriculteur auront surtout pour but de venir au secours du végétal en cas de maladie, et de détruire les larves qui en rongent souvent les racines.

ARTICLE V.

De la formation des espaliers, des haies de mûriers blancs ou noirs.

Nous nous sommes suffisamment entretenus de la plantation du bas et du haut mûrier; nous allons parler des espaliers et des haies qu'on forme avec ces végétaux. Leur utilité est reconnue en agriculture, parce qu'elles donnent un excellent feuillage pour l'enfance des vers à soie, et que c'est alors l'époque la plus difficile pour se procurer des feuilles

tendres, bien développées, peu volumineuses, souples, lisses, peu épaisses, et dont le suc n'étant
ni trop aqueux, ni trop dense, ni trop acerbe, leur
présente une nourriture convenable. Ces considérations donnent à l'article que nous traitons un
grand intérêt, et nous décident à exposer avec soin
tout ce qui se rapporte à l'établissement des espaliers et des haies que l'on peut former sans inconvénient avec des mûriers faibles et irréguliers
qu'on a laissés sur le sol natal ou dans le pourretier.

Cette plantation demande les mêmes précautions que la mûreraie, quant au climat, à l'exposition, au site et au terrain, si l'on veut que la végétation prospère et que son feuillage soit de bonne
qualité; mais on suit une méthode tout-à-fait différente. En effet, quand on veut établir des espaliers, il suffit de creuser, aux mêmes époques que
pour les mûreraies, des fossés de telle longueur
qu'on veut, suivant le plan qu'on s'est formé; ils
peuvent être suivis dans toute leur étendue, ou
interrompus par de grands ou de petits intervalles; mais ils ne doivent avoir que deux pieds de
largeur et de profondeur. On en bêchera le fond
comme celui de la mûreraie pour détruire la densité du sol qui nuirait à l'extension et à la ramification des racines des mûriers; on en arrachera
encore les racines étrangères.

On forme ensuite au milieu du fossé, dans toute
sa longueur, des trous, par le moyen d'une che-

ville, à la distance d'un pied et demi l'un de l'autre. On introduira dans chacun d'eux le pivot
radical d'un mûrier, quoiqu'il soit ou chiffonné, ou
irrégulier, ou faible : il suffit qu'il ne soit pas malade ni mutilé. On le placera de manière qu'il
puisse se tenir verticalement. On comblera le tiers
du fossé avec de la terre végétale grasse, et le reste
avec de la terre tirée de la fouille, que l'on élèvera
de quatre pouces au-dessus du bord du fossé, et
on l'arrosera pour humecter et rapprocher la terre
des racines.

On laissera reposer ensuite la plantation, et on
l'inspectionnera, afin d'examiner l'état de la végétation des mûriers. Lorsqu'on aura reconnu qu'ils
sont raffermis, forts et vigoureux, et que leurs racines ont bien pris, on pourra les couper à la hauteur de quatre pieds au-dessus de leur propre
base, à l'époque que nous assignerons pour la greffe
dont nous parlerons bientôt, soit qu'on veuille les
greffer ou non. Cette opération a pour but de les
régulariser et de les exciter à produire le nombre
de branches nécessaires, non-seulement pour remplir les vides entre les plants, mais encore pour les
entrelacer [1]. On oindra avec du goudron les parties
coupées, aussitôt après la taille, pour les défendre
des influences nuisibles de l'intempérie. On réunira

____

[1] Il faut disposer le premier ordre des ramifications de manière qu'il reste entre elles et le sol deux pieds pour les abriter de l'humidité et de la poussière.

ensuite les branches et on les tressera selon le besoin, la disposition et la structure rurale, et à mesure qu'elles grossiront on ne négligera pas de continuer à les entrelacer.

On suivra la méthode d'après laquelle on a formé les espaliers pour établir les haies de mûrier. Elles sont aussi avantageuses pour le ver à soie, qu'utiles à des opérations agricoles qui ont pour but de clorre les plantations. Pour leur établissement, il ne faut que creuser, autour d'une plantation ou ailleurs, un fossé dans les mêmes dimensions que celui qu'on creuse pour les espaliers; on en bêchera également le fond non-seulement pour remuer la terre et en détruire la densité, mais encore pour arracher les germes et les racines étrangères qui nuiraient à la végétation progressive des mûriers.

Ensuite on formera au milieu du fossé, dans toute sa longueur, des trous, par le moyen d'une cheville. Ils seront éloignés les uns des autres de deux pieds : c'est dans ces trous qu'on plantera le pivot radical de chaque mûrier avec toutes les précautions que nous avons indiquées pour le pourretier et la mûreraie, ne les mutilant en aucune manière dans leurs moindres parties ; on les fixera verticalement avec de la terre végétale ; on comblera ensuite le tiers au moins du fossé avec cette même terre, et le reste avec de la terre adjacente, qu'on élèvera, de même que pour les espaliers, à trois pouces au-dessus du bord du fossé ;

enfin on arrosera le tout convenablement pour humecter et rapprocher la terre.

De même que les espaliers, les haies de mûriers demandent à rester en repos après ces opérations. Lorsque le temps aura démontré que ces végétaux ont bien pris et qu'ils sont assez développés, on pourra les tailler, mais à la même époque que pour la greffe ; on pourra même, si on le veut, trancher leur tige à quatre pieds d'élévation. On aura soin d'oindre avec du goudron la superficie de chaque taille, afin de les préserver de l'influence météorologique. Dans le cas où l'on ne pratiquerait pas la greffe, on ne les amputera pas, et on liera de suite les rameaux d'un plant avec ceux d'un autre plant ; on les entrelacera le mieux qu'il sera possible pour les rendre propres à la destination qu'on leur désigne. Il faut leur donner le même soin qu'aux espaliers pour les conserver et les utiliser ; mais les claies protectrices sont indispensables pour leur conservation, si on désire en retirer le feuillage nécessaire pour l'enfance des vers à soie.

CHAPITRE III.

Des maladies des mûriers et des moyens de les prévenir.

APRÈS avoir développé les méthodes qu'il faut suivre pour la formation des pépinières et autres plantations de mûriers, l'ordre des matières nous conduit à l'histoire des maladies auxquelles ces végétaux sont sujets, ce qui complètera leur éducation et mettra le cultivateur à même de diriger leur végétation, d'entretenir leur santé, d'obtenir tous les ans, pour prix de ses peines, un excellent feuillage, et de les conserver pendant toute leur vie en état de contribuer à la prospérité des vers à soie. Nous allons donc exposer ces maladies sous le nom d'altération, et consacrer à chacune d'elles un des paragraphes suivans.

§ Ier.

Première altération.

La manière de gouverner les mûriers, adoptée généralement par le commun des agriculteurs, n'est qu'une suite d'erreurs et de négligence, variée dans son application ; de sorte que, sans parler de l'absurdité des principes sur lesquels ils s'appuient, elle est le comble de l'erreur et offre une des sour-

ces principales de maladie à la raison agricole de
nos temps. En effet, la plupart des cultivateurs ne
se proposent, dans la transplantation des mûriers,
que la croissance accélérée du végétal, afin d'en
tirer plus tôt parti ; de sorte qu'en hâtant la végétation, ils forcent les facultés de l'organisme, ils
les détournent du cours régulier de la nature, ils
en entravent les fonctions, et par cette interruption ils amènent l'individu à un malaise général
qui abrége sa vie et détériore son feuillage.

§ II.

Seconde altération produite par l'usage des terreaux nuisibles.

Les cultivateurs ont coutume, dans leurs travaux
agricoles, d'employer, pour les différentes plantations de mûriers, des terreaux composés de terres
calcaires ou alcalines, de gypse, de sels, d'urine,
de fumier d'étable, et surtout celui de vache, de
brebis ou de chèvre, ou de bourbe d'égoûts, dans
des proportions arbitraires. Ces terreaux, échauffant les germes, altèrent l'écorce des racines, en
troublent les vaisseaux absorbans, et les dessèchent
au point de causer leur mort ; s'ils résistent, leurs
fonctions organiques sont tellement accélérées,
que leur constitution s'affaiblit insensiblement ; ils
deviennent stériles et ne vivent qu'avec peine.

§ III.

*Troisième altération produite par la mutilation
du pivot radical.*

Dans la transplantation des jeunes mûriers,
quelques agriculteurs ont l'habitude de mutiler le
pivot radical plus ou moins, ainsi qu'on le voit à
la planche VI, *fig.* 24, extrémités *o o* et *p*, et quelquefois jusqu'au point *n*; ils sont guidés dans cette
opération par le motif erroné et hypothétique qu'en
poussant au dehors de la terre et vers le tronc l'impulsion végétative, l'arbre s'élèvera et étendra ses
branches plus facilement, tandis que par cette
méthode préjudiciable ils coupent la principale
racine, ils interrompent les rapports organiques
de l'individu, ils brisent l'équilibre des fonctions
propres des jeunes plants, et les privent en grande
partie de l'absorption des sucs nécessaires à la végétation de leur plus fort soutien; ils en retardent
le développement et ouvrent des plaies inguéris-
sables par où se perdent les sucs nutritifs. C'est
ainsi que l'économie du jeune mûrier étant lésée,
il est tardif, il traîne, il vit avec peine; car il a
besoin, pour croître, de se créer un nouveau pivot
radical.

§ IV.

*Quatrième altération produite par la mutilation
des branches pendant la greffe.*

La quatrième altération est causée lors de la

greffe en privant le tronc de ses branches coronales respectives, ce qui intervertit la marche naturelle de la circulation des humeurs, égare l'opération mécanique de l'organisme, cause le reflux
des sucs végétaux et un engorgement qui produit
souvent des cancers dangereux par où se perdent
les humeurs essentielles ; de sorte que si d'un
côté la greffe, selon quelques auteurs, renouvelle
et perpétue d'utiles variétés, de l'autre elle les
rend susceptibles de maladies qu'elles font naître
souvent, comme le prouve l'expérience.

§ V.

*Cinquième altération causée par la récolte intem-
pestive et peu soignée du feuillage.*

La cinquième altération est causée par l'incurie
coupable de certains ouvriers pendant la récolte
du feuillage. Ils le cumulent aveuglément, ils ef-
feuillent tout l'arbre, ils le blessent dangereusement en le privant entièrement de cet organe
essentiel à leur respiration ; de sorte que, si les bourgeons qui restent, ainsi que de faibles et d'imperceptibles ramifications, n'ouvraient pas de suite une
prompte issue au reflux immense des sucs végétaux, comme il arrive en pareille circonstance,
l'organisme de la plante serait gravement engorgé,
et son économie organique étant interrompue, son
existence péricliterait.

§ VI.

Sixième altération causée par un ébranchement exagéré, irrégulier et prématuré.

La sixième altération est produite par un ébranchement exagéré, exécuté irrégulièrement avant la chute totale des feuilles, tandis qu'il ne devrait avoir lieu que le huitième ou tout au plus le dixième jour après. Cet ébranchement démesuré blesse l'arbre, et lui donne un grand nombre d'émonctoires propres à dissiper les sucs nutritifs de la végétation; mais ce qui est pire encore, et ce qui est extrêmement nuisible, c'est l'ébranchement peu soigné ou imparfait relativement à la taille dans les circonférences respectives des amputations, des éperons et éclats, comme au point c de la branche c κ, *fig.* 25, planche VI. Ils se fendent à l'action du soleil ou du froid, se trempent d'humidité dans les temps nébuleux et pluvieux et tombent en pourriture; ils nuisent ainsi aux fibres ligneuses vivantes auxquelles ils adhèrent, et attaquent par degré le centre des branches principales et même du tronc. Il est également dangereux de laisser des coupes à découvert et exposées à l'action immédiate de l'air qui les détériore plus ou moins. Il faut donc, pour empêcher l'influence météorologique sur la partie coupée et cicatriser l'écorce en cet endroit, l'oindre avec des substances résineuses comme de la colophane, du goudron, de la térébenthine, de l'huile épaisse de semence de lin, ou avec une mixture égale de cire et d'une des substances résineuses que nous venons de nommer.

De semblables impéritics troublent entièrement les sucs végétaux dont le reflux engendre les plus grands désordres dans l'économie de l'arbre, comme par exemple l'engorgement de plusieurs de ses parties où se forment des cancers qui, en s'ouvrant, épanchent une humeur sanieuse provenant des humeurs naturelles qu'ils décomposent. Cette dépense exténue l'arbre petit à petit et le détruit enfin, si on n'a pas soin de laver souvent l'ulcère, de l'essuyer avec des tampons de paille ou d'autres végétaux secs et de cautériser la partie ulcérée avec un fer rouge; après quoi il importe de vernir l'endroit opéré avec les substances ci-dessus indiquées ou seulement avec de la colophane fondue, et répéter cette opération autant de fois que l'intérêt de la conservation de l'arbre demandera la destruction de ce nuisible émonctoire.

§ VII.

Septième altération produite par des vents froids, véhémens, tumultueux et secs.

La septième altération a pour cause primitive celle qui fait jaunir tout-à-coup toutes les feuilles de l'arbre. C'est dans l'été qu'un pareil accident a lieu, c'est alors que dominent des vents froids trèsvéhémens, très-tumultueux et très-secs, que les tourbillons et la grêle causent de très-grands maux en tordant les arbres, en brisant leurs branches, en chiffonnant et en déchirant le feuillage, surtout celui des petits arbres. Un tel désastre est très-nuisible au printemps, époque où l'on voit souvent mourir le végétal en peu de temps, et où l'on découvre ses racines appauvries.

Ce mal n'a point d'autre cause que l'influence de l'intempérie; le froid imprévu sèche et resserre l'extérieur de l'arbre et de la terre, il supprime l'absorption dans les racines qui, en s'engorgeant, troublent la fonction des feuilles comme organe respiratoire; il arrête tout-à-coup la circulation des sucs et introduit un tel dégorgement que les feuilles jaunissent, pâlissent et se crispent : l'arbre lui-même languit et meurt quelquefois. Cet accident est tellement rapide qu'on peut à peine, et souvent en vain, recourir au préservatif des incisions très-inclinées et très-courtes ou longitudinales opérées sur l'écorce du tronc, et à l'arrosement par jets d'eau lancé sur toutes les parties de l'individu au moyen de pompes foulantes et syphons de campagne.

§ VIII.

Huitième altération causée par des brouillards humides et chauds.

La huitième altération est produite par l'action

nuisible des brouillards humides et âcres qui lèsent l'épiderme du feuillage et le font engorger; car si les feuilles, étant ainsi arrosées de gouttes de rosée âcre, sont saisies par l'action solaire, vive et cuisante, elles s'altèrent surtout vers le bord qui est plus arrosé et aux endroits où les gouttes acidules sont demeurées; alors l'évaporation subite cuit partiellement la substance végétale de la feuille, la dessèche et la détruit. Le tissu en reste maculé, il se rouille et devient inutile, parce qu'il est privé du suc essentiel à la nourriture du ver à soie, mais il ne lui fait aucun mal.

§ IX.

Neuvième altération causée par les larves qui rongent les racines du mûrier.

La neuvième altération a lieu lorsque le pivot radical et les racines secondaires sont rongées par des larves, surtout par celle du *scarabeus melolontha* de Linné, ou *melolontha* de Fabricius, semblable à celui de la *fig.* 23, *pl.* VI, dont la larve est à la *fig.* 14, *pl.* V. Ces insectes vivent plusieurs années sous terre, ils dévorent d'une manière terrible les racines et produisent des émonctoires très-dispendieux, des humeurs végétales, au point de léser, non-seulement la vie des arbres, mais de les faire mourir, et malgré les recherches faites sur les racines, la destruction des larves, l'arrosement de mixtures alcalines et acidules, au pied de chaque arbre, les lotions partielles faites avec ces liquides, l'application du feu et de la colophane, il arrive que ces individus sont tellement endommagés qu'ils ne peuvent plus subsister.

§ X.

Dixième altération causée par la prolongation des racines vers une couche contraire.

La dixième altération est très-préjudiciable ; elle peut faire languir le végétal sans ressource et même le faire périr. Elle a lieu sans remède lorsque les racines, outrepassant la profondeur du sol qu'on a trouvé leur convenir lors de la plantation, arrivent avec le temps à une couche de craie ou de tuf, ou d'argile, ou d'autres matériaux compactes, durs, salins ou mélangés de toutes ces matières. Outre ces obstacles, les racines y trouvent souvent des amas d'eau où elles se pourrissent ordinairement, si l'agriculteur attentif ne pratique pas dans les points les plus bas de chaque terrain des fossés ou des aqueducs d'une profondeur convenable, afin de faire écouler les eaux.

§ XI.

Onzième altération produite par l'entrelacement et la multiplication des racines.

La onzième altération est la plus extraordinaire ; elle se fait remarquer dans les vieux mûriers qui portent des feuilles en moindre quantité et en moins bonne qualité, et qui meurent bien souvent à cause de l'entrelacement énorme et de la multiplication de leurs racines qui tiennent à un très-grand nombre de mûriers établis dans une aire mal proportionnée. On ne peut obvier à cet inconvénient qu'en détruisant en temps convenable un arbre entre deux dans toute l'étendue de la mûreraie.

Quoique cet expédient ne soit pas toujours d'un succès certain, il peut seul retarder la destruction des mûriers et les conserver, si leur âge n'est pas celui de la décrépitude : on pourra, après cette opération, remuer avec attention la terre de la mûreraie et la recouvrir de terres nouvelles et de nouveaux engrais formés de fumier, pour animer la végétation et augmenter l'humidité nécessaire et qui manque à la nourriture des racines.

La hache enfin étant appliquée par un homme intelligent pourra, par la diminution du volume de chaque mûrier, opérée par la taille des rameaux superflus, économiser les liquides végétaux et les réduire de manière que, ne devant plus parcourir de longs espaces, ils alimenteront mieux les fonctions de chaque individu et prolongeront la durée de son existence.

§ XII.

Douzième altération causée par la plantation in-considérée du mûrier opérée dans des terres qui lui sont contraires, dans un climat variable et dans une atmosphère orageuse.

La douzième altération a lieu dans les mûreraies dont la plantation a été mal exécutée, dans des terrains stériles, dans des climats variables et dans une atmosphère orageuse, avec des plants mal con-formés, malsains, mal dirigés et mal cultivés. Ces arbres végètent irrégulièrement, ils deviennent tortus et faibles, et produisent toujours un très-mauvais feuillage. Le remède à ce mal est la ha-che, l'extirpation ou le délaissement.

§ XIII.

Treizième altération causée par les lésions qui attaquent l'arbre et pénètrent le centre ligneux du tronc.

La treizième altération se remarque lorsqu'à la naissance des branches et surtout des branches coronales, il se forme des cavités vers la par-tie supérieure de leur insertion, qui amassent des matières putrides ou terreuses et propres à détériorer la substance de l'écorce dans la cavité même, de la pourrir petit à petit et d'y laisser pénétrer ainsi jusqu'au centre ligneux du tronc des

matières nuisibles et humides, qui altèrent le mécanisme organique de l'arbre, le rendent malade
et appellent le scarabée dit *scarabeus lucanus pa-
rallelipipedus* de Fabricius, *fig.* 26, *pl.* VI, qui
vit sur les arbres pourris et décrépits.

C'est ici que nous croyons devoir terminer l'exposition de la série des accidens qui causent les
maladies auxquelles sont fréquemment sujets les
mûriers. Ainsi, après avoir donné en même temps
les règles qui peuvent prévenir ou arrêter ces accidens malfaisans et fournir un antidote utile à la
conservation de la santé du mûrier blanc ou noir,
nous pouvons continuer le fil des opérations agricoles relatives à l'éducation des mûriers. Pour achever le cours de cette partie de notre ouvrage, nous
réunirons les raisons pour et contre la greffe des
mûriers et leur ébranchement, opérations qu'on
peut appeler mortelles, quoique la première soit
pratiquée par les personnes peu versées dans l'é-
tude de l'agriculture qui ont en vue de renouveler
et perpétuer les bonnes espèces, et que la seconde
soit pratiquée par les mêmes personnes pour économiser les humeurs végétales, émonder les rameaux stériles et les rajeunir par ce moyen.

CHAPITRE IV.

Greffe des mûriers.

ARTICLE PREMIER.

Introduction.

Le mûrier soit noir ou blanc tiré de la pépinière est le vrai mûrier naturel : c'est pour cela qu'il est appelé sauvage ; cependant il est, selon moi, préférable au mûrier qu'on greffe ou qu'on provigne, ou qu'on plante par crosettes. En effet, c'est en conservant la semence immaculée que le germe organique primitif est parfait, qu'il se développe régulièrement et intégralement dans toute ses parties, qu'il végète plus facilement, exempt bien souvent de toute maladie, qu'il devient vigoureux, que son bois est plus compacte, ses racines plus tenaces, son organisme mieux adapté, et son feuillage plus uniforme en qualité et plus homogène à la substance de la soie ; tandis que les mûriers greffés, ou provignés, ou plantés par crosettes, doivent croître avec une structure faussée, une nature dépravée et un âge aussi avancé que celui d'où l'on a tiré le bourgeon, ou la crosette, ou le provin. C'est un fait sans réplique ; car les mûriers formés par la greffe, les crosettes et les provins, ne vivent ordinairement qu'autant que les arbres d'où ces objets sont tirés.

Si les plantations par provin ou par crosette sont soumises à la greffe et à l'amputation, il arrive que leur végétation est interrompue et retardée, leur organisme troublé, le suc végétatif dépensé, et différentes parties de l'arbre, surtout les racines, engorgées, de sorte qu'ils atteignent bientôt à l'âge mûr, vieillissent, tombent malades et deviennent décrépits. Quoi qu'il en soit de semblables opinions, il est certain que, si en général l'inoculation n'est pas bonne, elle peut être utile aux plantations dont le feuillage est aride, rude et d'une consistance presque ligneuse, parce qu'en leur ôtant leur premier état de rudesse, elle leur procure un meilleur suc. Il résulte de-là que le mûrier sauvage, étant d'un feuillage moins juteux, peut végéter avec succès dans les pays, les climats et les contrées humides et *vice versâ*; le feuillage du mûrier greffé, provigné, ou planté par crosette, étant plus juteux, son arbre pourra végéter utilement dans les pays, les climats et les positions arides. D'après ces données il est convenable de greffer un tiers au moins de la mûreraie, afin de pouvoir y avoir recours au besoin et cueillir son feuillage dans les temps chauds. De semblables motifs nous engagent à exposer de suite les moyens, les différentes espèces et les règles de la greffe la plus simple et la plus sûre, afin de faciliter une opération qui est réduite de nos temps à la plus grande simplicité.

Les agronomes conseillent de pratiquer la greffe sur le mûrier du pourretier, parce que dans cette position, ils sont plus propres à s'emparer du germe qu'on leur inocule et à s'identifier réciproquement l'un avec l'autre. Ils pensent qu'on peut même greffer le mûrier de la pépinière, ainsi qu'un grand nombre d'agriculteurs l'affirment. Mais des expériences souvent renouvelées dans ce genre nous ont convaincu que la greffe se pratique plus commodément et avec plus de succès sur les individus adultes de la mûreraie, que sur les jeunes plants de la pépinière et du pourretier :

1°. Parce que la plante étant devenue plus robuste dans la mûreraie, et ses racines s'étant mieux affermies, elle peut mieux supporter la greffe.

2°. Parce que les sucs végétatifs étant mieux élaborés circulent plus facilement dans leur propre organisme, et par conséquent arroseront plus régulièrement et plus doucement le bourgeon inoculé et en combineront mieux les organes avec le nouveau tronc.

3°. Parce que la structure du bourgeon et son âge se rapprochent davantage de la nature et de l'âge de l'individu auquel il s'attache; par-là il s'y établit et s'y identifie plus facilement. Ainsi de toutes manières la greffe convient mieux à la mûreraie qu'au pourretier et surtout à la pépinière, malgré l'énergie vitale de la jeunesse de ces derniers. Mais, pour bien y réussir, il est nécessaire de cultiver avec soin les jeunes plants de la mûreraie avant de les greffer, et de les surveiller pendant trois années consécutives et même plus si leur végétation l'exige pour les affermir entièrement et les exempter de tout trouble organique.

ARTICLE II.

Préparation de la greffe.

Lorsqu'on aura reconnu que les mûriers sont en état de supporter la taille pour la greffe, on parcourra la mûreraie pour inspecter le nombre de plants destinés à l'inoculation, et l'on vérifiera les conditions suivantes qui sont toutes essentielles :

1°. Que le diamètre du tronc de chacun soit de quatre pouces au moins, afin qu'il ait assez de force pour soutenir le poids des ramifications futures.

2°. Qu'il ait au moins neuf pieds de hauteur, afin qu'on puisse supposer que son organisme est bien développé et propre à supporter la taille, et que son fût permette de pratiquer à l'endroit et à l'élévation convenables l'opération de la greffe.

3°. Que la hauteur fixée pour placer la greffe soit telle que les branches futures, en se développant et en s'étendant, puissent s'agrandir sans nuire à leur propre conservation et sans graviter hors de leur centre, aux risques et périls des mûriers adjacens, en s'ombrageant réciproquement et en se privant de la lumière solaire si utile à la végétation; raisons très-fortes et propres à faire préférer le mûrier haut au mûrier bas, quoique ce dernier soit plus précoce à se couvrir de feuilles et à se garnir d'un feuillage beaucoup plus épais, mais moins propre cependant à la prospérité du ver à soie et de son produit.

Enfin, lorsqu'on aura choisi les plants ainsi caractérisés, il importe de connaître et de déterminer les endroits et la hauteur où il faut tronquer le fût de la plante et établir la greffe.

Les hauteurs que l'expérience nous a démontrées d'un succès certain ne sont pas celles que les agronomes adoptent pour couper le fût du mûrier destiné à la greffe, c'est-à-dire de le tailler au-dessus du sol à la hauteur :

D'un pied et demi ou de deux pieds, ou de trois pieds et demi, afin d'enfermer le bourgeon à sept ou même à huit pouces au-dessus du sol sur un tronc d'un pied et demi ;

A dix-huit pouces sur un tronc de deux pieds, et à trois pieds sur un tronc de trois pieds et demi ; persuadés qu'ils sont, que la greffe ne subit aucune lésion ou engorgement d'après ces mesures. Nous, au contraire, nous proposons de pratiquer la greffe :

A trois pieds et demi au-dessus du niveau de la terre sur un tronc de quatre pieds ; et à quatre pieds sur un tronc de cinq pieds ; car nous avons constamment observé que l'inoculation végétale est d'autant moins susceptible qu'on l'applique plus haut avec discernement, qu'elle est certaine lorsque la greffe a lieu sur les branches coronales tronquées à quinze pouces de hauteur, au-dessus de leur naissance comme sur les brau-

5.

ches coronales *a b c* de la *fig.* 24, *pl.* V, qui sont coupées, la première à la distance du point d'insertion *e* au point *a*, la seconde du point *d* au point *b*, et la troisième du point *d* au point *c*. Lorsque les branches coronales seront ainsi taillées, on recherchera sur la même hauteur les places propres à lier le bourgeon et à établir l'inoculation qui doit être faite à huit ou neuf pouces au plus au-dessus de leur insertion avec le tronc, précisément aux points *f g h* de la *fig.* 24, *pl.* VI [1]. Cette mesure est non-seulement certaine, mais encore profitable; car le tronc restant intact dans ses dispositions organiques jusqu'à la ramification coronale, porte plus facilement et distribue sans excès ses sucs végétaux aux bourgeons greffés; il ne s'engorge jamais, parce que la masse des sucs végétaux se divisant en autant de courans qu'il y a de branches coronales, qui sont ordinairement au nombre de trois, comme les branches *a b c* des *fig.* 22, 24 et 25, *pl.* VI, qui partent du point *e* du

---

[1] Si l'on veut profiter des avantages de la méthode que nous proposons, il faut planter les mûriers dans des mûreraies primitives, de manière à ce que les branches coronales de chaque plant se détachent du tronc à la hauteur précise de cinq pieds et demi au-dessus de la base du tronc sur le sol, à l'époque de la greffe, pour les rendre commodes à cette opération, et pouvoir monter dessus facilement au moment de la récolte du feuillage : s'ils étaient plus élevés, non-seulement ils seraient incommodes, mais ils pourraient s'incliner facilement.

tronc, chaque branche peut alimenter avec un juste équilibre, ni trop abondamment, ni avec peine, la greffe qu'on lui a confiée, elle aide la végétation et la conduit à sa perfection sans accidens morbifiques. En effet, les liquides n'y affluent point avec excès comme à de moindres élévations, et ce n'est qu'alors qu'ils affluent en abondance et refluent avec dégât.

Outre les avantages que nous venons d'indiquer, cette opération rurale épargne non-seulement l'arbre, mais encore les branches coronales qui sont très-essentielles à l'entière élaboration du végétal; elle défend chaque individu des ravages des herbivores, et l'utilise en peu de temps; ce qu'on n'obtient pas par les moyens que nous avons indiqués plus haut qui ne font que retarder l'accroissement de la végétation (puisque l'individu doit se recréer un tronc et des branches) et troubler les dispositions organiques du végétal : ce qui l'expose à des maladies et à la dent du bétail.

Il est encore essentiel : 1°. De rechercher à la hauteur déterminée pour la greffe, une aire de circonférence ou zone corticale, entièrement intacte et à l'est ou au sud, comme l'indique la flèche E O de la *fig.* 25, *pl.* VI, de la distinguer et de la destiner à l'opération de la greffe; comme par exemple les aires des bourgeons d, f, g, h, afin que le bourgeon lié puisse bien s'alimenter et s'identifier avec facilité et sans interruption, à l'abri des chaleurs du sud et des froids du nord.

2°. De se procurer des tiges propres à enlever les bourgeons pour la greffe, le jour même de l'i-noculation, pour qu'ils soient bien vivans et bien disposés; de les placer avec du sable humide dans un seau ou boîte convenable déposé dans un lieu tempéré et abrité pour les conserver dans leur in-tégrité.

3°. De rechercher sur l'arbre les tiges de mûrier qui sont exposées au levant ou au midi comme étant plus robustes; de choisir entre autres celles qui ont des bourgeons bien formés, doubles et tri-ples, comme les bourgeons *g*, *h*, *fig.* 25, *pl.* VI. Ils sont plus propres à donner plus de bran-ches pour chacun d'eux et ont plus de facilité et d'énergie pour végéter et s'identifier.

4°. De cueillir des tiges nées l'année précédente et garnies de bourgeons bien prononcés, comme plus analogues à se soutenir sur le nouveau tronc et à se mettre avec lui en rapport organique, à identifier et à confondre leur existence l'un avec l'autre.

5°. De choisir les tiges sur des mûriers jeunes et bien vigoureux, aussi éloignés de la langueur que de la décrépitude; de les couper avec régularité sur les branches d'où elles sont tirées sans endom-mager les bourgeons.

6°. De prendre sur chaque petit rameau les bour-geons du corps de la tige, même mieux développ-pés, mieux constitués, semblables aux bourgeons *f*, *g*, et non pas ceux de la cime *a*, *c*, *d*, *e*, ni ceux de la base *h*, *b* de la même tige *a*, *b*, *fig.* 21, *pl.* VI, qui sont ordinairement moins développés et plus susceptibles.

7°. Il est de la dernière importance de donner de grands soins et une grande attention pour détacher chaque bourgeon en même temps que son pédoncule, comme seul et unique germe, ainsi qu'on le voit sur le disque *d*, *d*, *fig.* 18, *pl.* VI, précisément à la ligne *f*, *f*, qui correspond à l'aire elliptique *e*, *e*, et à la ligne *g*, *g*, sur lequel s'euracine le pied du germe *f*, *f*, dans l'intérieur du bourgeon *n*, *n*, du disque *m*, *m*, de la tige *a*, *b*, *c* de la même figure. Il est encore important de conserver intact l'aubier qui tient au pédoncule extirpé, avec le bourgeon, du diamètre de celui du disque *d*, *d*, dont l'écorce *o*, *o*, garde l'aubier *i*, *i*, adhérent au germe *f*, *f*, et détaché de l'aire *e*, *e*, sans quoi la greffe manquerait, et tous les soins qu'on aurait pris seraient infructueux.

Lorsque tout est ainsi préparé, il est nécessaire de choisir et d'indiquer la méthode qui assure plus tôt la réussite de la greffe, et dont l'exécution est moins susceptible d'accident.

L'expérience agricole nous a constamment démontré que la méthode préférable est la greffe à œil. Les agronomes la recommandent, et les agriculteurs l'ont généralement adoptée. Elle est comme choisie d'avance, nous pouvons donc la présenter comme telle et assurer qu'elle est d'une exécution et d'une réussite toujours heureuse et durable, et qu'elle est en état de résister aux mouvemens tumultueux de l'atmosphère.

Après avoir déduit les prémices de la greffe et en avoir même choisi la méthode qu'il faut suivre, il convient encore de parler des instrumens nécessaires à cette opération pour les tenir prêts à la rendre plus commode; c'est pour cela qu'il faut :

Une scie à sabre et à petites dents très-rapprochées comme celle de la *fig.* 3, *pl.* VI, pour couper le mûrier à la hauteur indiquée, sans endommager la fibre ligneuse, pour en effectuer la taille avec facilité et la rendre égale sur toutes les parties de l'aire.

Un couteau recourbé et tranchant du côté recourbé, semblable à celui de la *fig.* 2, *pl.* VI, pour couper les petites branches qui doivent fournir les bourgeons.

Un emporte-pièce de la même forme que celui de la *fig.* 7, *pl.* V, fait à la main de l'ouvrier, pour s'imprimer tout autour du bourgeon, et en tailler circulairement la profondeur où il est placé, de manière à le détacher pour la greffe.

Un ciseau d'os propre à servir de levier pour détacher petit à petit l'écorce dans laquelle se trouve placé le bourgeon, comme celui de la *fig.* 8, *pl.* VII.

Différens morceaux de linge de lin bien fort et bien serré, de figure oblongue, comme celui de la *fig.* 15, *pl.* VI, et chacun d'un pouce et demi de long sur un pouce de large; ils doivent être trempés dans de la cire jaune et percés au centre, comme au point *b*, et entaillés vers le point *a*, afin de recouvrir toute l'étendue de la circonférence de la greffe.

De la filasse de lin ou de chanvre, ou de toute autre matière filamenteuse, pour bander et comprimer la greffe, la défendre des intempéries, de la poussière, des insectes, comme des fourmis et d'autres larves nuisibles, qui pourraient s'introduire entre les jointures, dépenser les humeurs végétales, les altérer et nuire à l'accouplement de la greffe.

Un mélange de parties égales de goudron et de colophane fondue, pour recouvrir immédiatement avec le pinceau la superficie de chaque taille, empêcher l'extravasion immédiate des sucs végétaux, la défendre des intempéries, et éviter les lésions et les plaies capables de former des émonctoires qui dépenseraient peu à peu toute la sève pendant le cours de la vie de l'arbre.

ARTICLE III.

Époques pour l'opération de la greffe.

Dans toute l'année il n'y a que deux époques propices pour pratiquer l'inoculation végétale avec succès, le printemps et l'automne. Dans ces deux saisons les arbres abondent en sève; ils jouissent de tout ce qui est propre à la réussite de la greffe, et sont ordinairement secondés par la température de l'atmosphère. Cependant, comme il n'est pas rare de voir les intempéries météorologiques rendre ces saisons pluvieuses et ruiner la greffe, et que l'inoculation et les soins de l'agriculteur deviendraient inutiles, il est urgent dans ce cas de remettre l'opération et d'épier le moment où, l'intempérie ayant cessé, les sucs végétaux sont moins aqueux.

C'est pourquoi, lorsque le ciel sera redevenu serein, on coupera quelques rejetons, et l'on examinera si leur écorce se détache facilement ou non, et si l'humeur végétale est visqueuse au toucher, ou ne l'est pas. Dans le premier cas, l'écorce cédant au moindre effort, et le suc ayant la viscosité requise, il faut pratiquer de suite la greffe. Le succès est assuré; autrement il faut attendre et saisir le temps favorable qui réunisse les conditions essentielles que nous venons de mentionner.

La greffe est exposée à des inconvéniens au printemps comme en automne, mais beaucoup moins dans la première que dans la seconde saison. Le sommeil des plantes pendant l'hiver repose l'organisme de l'individu végétal, et le rend vigoureux; de sorte que, se réveillant à la lumière vivifiante du soleil du printemps sous l'influence salutaire de l'atmosphère d'une si douce saison, elles remplissent facilement et régulièrement les fonctions de la végétation; le jeu de l'affinité des humeurs végétales du bourgeon et du nouveau tronc se fait avec plus d'aisance, et tout enfin étant rajeuni, pour ainsi dire, coopère au succès de la greffe, et la fait croître sans effort et sans accident fâcheux du printemps à l'automne, de manière à se bien consolider et à résister à l'influence de l'hiver et à la violence des agitations atmosphériques, ou des vents tumultueux qui arrachent souvent les greffes, et surtout celles faites à œil. Si l'on veut, au contraire, pratiquer la greffe en automne, les plantes étant fatiguées par l'activité de la végétation produite par les chaleurs de l'été, les sucs végétaux étant moins abondans, les bourgeons plus arides, l'écorce plus dure, elles sont moins disposées aux conditions requises pour consolider la greffe et l'assurer contre les intempéries de l'hiver qui la menacent, et dont cette opération serait si peu éloignée.

ARTICLE IV.

De la greffe.

Des différentes méthodes employées, celle qui est le plus en usage en agriculture sera le sujet principal de notre attention, comme étant d'une exécution et d'une réussite facile. On l'appelle greffe à œil ou à écusson. Maintenant que nous sommes instruits de tout ce qui est nécessaire à cette opération, nous pouvons exposer la méthode que nous avons choisie, que nous avons simplifiée, et que nous avons pratiquée avec succès sur des mûriers aux époques indiquées, surtout au printemps, et aux hauteurs et aux endroits déterminés.

PREMIÈRE MÉTHODE.

1°. Il faut faire sur l'aire formée sur l'écorce du petit arbre, à la hauteur voulue, une incision longitudinale de vingt-sept lignes, en la tirant perpendiculairement de haut en bas. Elle doit être pratiquée[1] avec soin et adresse, de manière à ne pas pénétrer au-delà de la profondeur ou de la grosseur de l'écorce dans toute l'étendue de la ligne perpendiculaire, afin de ne pas endommager l'organisme interne de la substance ligneuse, sur la superficie de laquelle on veut appliquer l'œil.

2°. Il faut introduire le ciseau entre les lèvres de l'incision qu'on vient de faire, et, le poussant adroitement comme un levier, on élève et l'on sépare des deux côtés l'écorce qui tient au bois. Après cela on prend le rejeton et on en tire l'œil, c'est-à-dire le bourgeon qu'on veut greffer.

3°. On fait autour de ce bourgeon une incision en forme d'écusson elliptique, large de six lignes sur vingt de longueur, de manière que le bourgeon se trouve au point de rencontre ou d'intersection des deux diamètres. Ensuite on détache l'écusson

---

[1] C'est l'usage commun des agriculteurs de pratiquer une seconde incision horizontale à la partie supérieure de la première tracée perpendiculairement, en forme de T, pour faciliter l'introduction de l'œil. Considérant comme nuisible cette seconde incision, nous l'avons supprimée comme telle, et toujours avec succès ; mais nous avons constamment prolongé de quelques lignes l'incision perpendiculaire.

avec le plus de soin et de précaution possible, afin que l'origine du germe du bourgeon, c'est-à-dire le pédoncule, reste attaché à l'écusson cortical, parce qu'il est essentiel à la greffe qui, sans cela, serait manquée.

4°. On soulève la lèvre gauche de l'incision correspondant à la gauche de l'opérateur, sous laquelle il faut appliquer l'œil [1], et insinuer le côté gauche de l'écusson, de sorte qu'il soit caché jusqu'au bourgeon. Ensuite on élève également la lèvre droite de l'incision, et on y insinue le côté droit de l'écusson jusqu'au bourgeon; l'œil étant ainsi placé entre les lèvres de l'incision, on comprimera doucement les jointures avec les doigts pour effectuer l'échange de la superficie et favoriser la nouvelle adhérence et l'assimilation des sucs végétaux du bourgeon avec ceux de la nouvelle plante.

5°. Il faut recouvrir l'aire opérée avec un morceau de linge ciré de trente lignes carrées, comme celui de la *fig.* 15, *pl.* VI, ayant un trou de quatre lignes au centre *b* et l'incision *a*, afin de donner passage au bourgeon et de l'isoler du contact de l'air. Il faudra bien joindre le tout par le moyen d'une légère compression pratiquée tout autour de l'aire de l'opération.

6°. Enfin on bandera légèrement la greffe avec

---

[1] Toujours de manière que le bourgeon conserve sa position naturelle de bas en haut.

de la filasse de lin ou de chanvre, ou d'autres matières filamenteuses, pour entretenir l'adhérence
de toutes les parties, fixer l'appareil et protéger
l'opération contre les insectes, la poussière, les
pluies et l'intempérie.

7°. Si l'on veut que le succès de la greffe soit
plus assuré, il faut envelopper la circonférence des
parties greffées du jeune arbre avec de la paille,
du genêt, de la fougère, ou avec tout autre végétal propre à les défendre de la forte action du
soleil ou du froid, sans empêcher l'élévation et la
ramification du bourgeon.

Le lendemain de la greffe, ou plusieurs jours
après, on exécutera à la hauteur convenue la coupe
de l'arbre greffé, et non pas avant l'inoculation,
de peur de troubler tout-à-coup le cours des sucs
végétaux, et de les faire refluer sur les endroits
greffés. Il faut donner au bourgeon le temps et le
repos nécessaires pour le mettre en rapport au
point déterminé avec les humeurs respectives, s'y
attacher sans effort, et s'y identifier avec avantage.

Un ou deux jours après la coupe, on oindra la
partie amputée de l'arbre avec un pinceau trempé
dans une mixture résineuse [1], pour prévenir l'extravasion des humeurs et l'influence nuisible de
l'atmosphère sur la substance ligneuse.

Tel est le procédé généralement suivi pour la

____

[1] De parties égales de goudron ou de colophane, ou de
térébenthine avec de la cire.

greffe à œil, mais ce n'est certainement pas le plus facile; il en est un autre que nous avons choisi, qui se fait avec l'emporte-pièce, et dont l'exécution est plus aisée, et le succès plus certain : c'est celui que nous allons développer.

DEUXIÈME MÉTHODE.

On applique avec soin l'emporte-pièce a ', *fig.* 7, *pl.* V, sur l'aire, et à la hauteur voulue de l'arbre ; on l'imprime de manière à couper seulement la profondeur ou épaisseur de l'écorce, et décrire un cercle. On retire ensuite l'emporte-pièce pour l'appliquer avec autant de soin sur la tige ou petite branche d'où l'on veut extraire l'œil, mais de manière à ce qu'il forme un cercle comme celui $m\,m$, *fig.* 18, *pl.* VI, dont le centre reste adhérent au bourgeon $n\,n$ qui s'y trouve inscrit. Ensuite il faut retirer le disque cortical qu'on vient de former, et avoir soin d'emporter en même temps le pédoncule du bourgeon sans le détruire, comme le germe ou pédoncule $f\,f$ du disque cortical $d\,d$ détaché de l'aire $e\,e$, sur lequel on voit visiblement la ligne $g\,g$, à laquelle adhère le pied du germe $f\,f$. On le transporte ainsi à l'endroit préparé pour la greffe ; on en détachera le disque entaillé pour y substituer le bourgeon qu'on lui destine, et qui, étant coupé avec le même emporte-pièce, a le

---

' Inventé par Duparray, de Rouen, en 1818.

même diamètre et peut s'appliquer facilement sur l'aire nouvelle. Le bord circulaire de la périphérie du disque s'adaptera donc parfaitement avec celui du nouveau tronc, et l'on fera en sorte que le bourgeon qu'on placera conserve une disposition verticale et embrasse bien la superficie périphérique, ce qu'on opérera avec une légère compression. On couvrira de toile cirée l'œil à l'endroit où il sera adapté, et on le bandera avec de la filasse, comme au premier procédé et par les mêmes raisons.

On l'enveloppera avec de la paille ou avec d'autres végétaux de la même espèce, et avec des ronces, pour le défendre des grandes chaleurs, des grands froids, des agitations atmosphériques et des ravages des herbivores. Telle est la description de la première et de la seconde méthode que nous avons mises en œuvre. La seconde nous semble préférable à la première sous tous les rapports, et particulièrement parce qu'elle réussit mieux, et qu'elle peut s'opérer également sur les hauts et bas mûriers, sur les espaliers et sur les haies.

Après avoir mis fin aux préparatifs et à l'opération de la greffe, on la laisse en repos en attendant le développement de sa végétation. A cette époque on examinera le nombre des arbres greffés pour explorer leur énergie végétative, l'abondance des sucs végétaux, leur consistance et le nombre des rejetons étrangers à l'œil greffé, et qui appartiennent au tronc. Si les sucs du jeune arbre abondent, et s'ils sont trop aqueux, on conservera ces rejetons étrangers à la greffe pour donner essor par leur moyen à l'humeur végétale qui, en les nourrissant, n'affluera pas trop sur le bourgeon inoculé, ne l'engorgera pas et ne le rendra pas malade.

Lorsque ce bourgeon prospérera et qu'il marchera vers la croissance, il faudra couper petit à petit, et non pas tout-à-coup, tous les rejetons étrangers à la greffe, ras le tronc, pour qu'ils n'en absorbent pas la sève nécessaire à la végétation et à ses ramifications. Si, au contraire, les sucs végétaux du tronc n'abondent pas, et que le développement des nouvelles branches soit lent, et celui de la greffe retardé, il importe de supprimer les rejetons étrangers à l'œil, si ce n'est pas tout à la fois, du moins partiellement, pour l'aider, lui économiser par cette suppression son propre aliment, conserver la vie du jeune arbre greffé, et en favoriser l'accroissement et la ramification. Il importe encore, dans une pareille stérilité, de remuer avec précaution la terre du jeune plant, de l'engraisser avec discrétion, de l'humecter, si elle est trop aride, et d'avoir toujours soin de venir au secours de la plante.

Nous avons terminé l'exposition de la marche rurale de la jeunesse du mûrier, mais notre travail n'est pas accompli; il nous reste un sujet très-important à traiter, il concerne la prospérité de l'organe respiratoire de ce végétal, c'est-à-dire de ses feuilles, ou plutôt il traite de ce qui a rapport à l'abondance du feuillage, aliment unique du ver à soie, et par conséquent objet principal de nos recherches et des soins du vigilant agriculteur, puisqu'il doit faire la récompense et le profit du magnanier. A cette partie intégrante de notre ouvrage se joint avec autant d'intérêt la taille, et nous nous en occuperons avec non moins de zèle ; car c'est de cette opération essentielle que résultent fréquemment les maux qui font évanouir la prospérité des mûriers, et détruisent même leur existence. Mais comme il ne faut jamais appliquer la hache et entreprendre la taille, du moins, selon nous, avant la chute naturelle des feuilles du mûrier, et, selon d'autres, après la récolte du feuillage, nous commencerons à parler de cette récolte ; ensuite nous traiterons de la taille, et nous terminerons par-là la culture des mûriers, ce qui nous conduira à la seconde partie de notre travail, c'est-à-dire à la magnanerie.

CHAPITRE V.

De la récolte du feuillage du mûrier. — De la qualité des feuilles. — De l'émondage des mûriers.

ARTICLE PREMIER.

De la récolte des feuilles de mûrier.

Après trois ou quatre ans continus d'une excellente végétation, si le mûrier se présente dans la mûreraie touffu en feuilles, il annonce qu'il est en état de nourrir le ver à soie. En effet, si l'on désirait récolter son feuillage avant les trois ou quatre années de plantation dans la mûreraie, qu'il soit haut ou bas, en espalier, ou en buisson, ou en haie, la récolte des feuilles aurait lieu difficilement, car leur délicatesse et leur adhérence à la branche ne les feraient obtenir que chiffonnées ou lacérées. D'ailleurs avant cette époque elles seraient trop juteuses, elles lubrifieraient la larve et lui nuiraient par conséquent; au lieu qu'après ce temps elles sont mieux développées et moins susceptibles, parce que leur sève est mieux élaborée, la constitution même du jeune arbre est mieux consolidée; et son tronc et ses branches étant plus vigoureux, il peut mieux supporter la récolte.

Cependant il est toujours de la plus haute importance de n'entreprendre la récolte des jeunes arbres qu'avec les précautions suivantes : 1° Il faut faire usage d'une échelle double en bois de sapin ou de tout autre bois léger dans le genre de celle représentée à la *pl.* II, *fig.* 2, afin de monter, de se fixer en sûreté et de cueillir le feuillage avec facilité et sans accident, en transportant l'échelle tout autour de l'arbre. Il faut se garder de grimper dessus, autant pour n'en pas déranger les branches et n'en pas perdre le feuillage, que pour en épargner les bourgeons futurs et n'en pas briser le menu bois, ce qui ferait un grand tort à l'économie rurale et végétale.

2°. Il faut examiner l'état actuel des feuilles et observer si elles ne sont pas trop tendres, trop juteuses ou trop aqueuses et par cela indigestes. Dans ce cas il est convenable de retarder la récolte pour laisser la feuille se perfectionner, et de la remettre à l'année suivante, afin que la constitution du jeune arbre se consolide mieux et qu'il puisse mieux élaborer ses sucs et perfectionner ainsi la substance alimentaire de son feuillage.

3°. Il faut récolter les feuilles sur les rameaux ou tiges non pas en totalité, mais avec méthode afin d'épargner la dépense des feuilles et des bourgeons futurs, et d'éviter les lésions qui pourraient blesser les branches ; c'est pourquoi il importe de prendre le petit rameau sans trop le courber et sans le casser, et de commencer sa récolte en portant adroitement la main de la base au sommet pour sauver les bourgeons, comme on l'observe sur la tige a, b, où l'on a conservé les bourgeons c, d, e, f, g, h, *fig.* 21, *pl.* VI; ces bourgeons étant destinés à la future végétation des branches qui doivent, par leur développement, former la physionomie et la taille des arbres. Il est également nécessaire de conserver au sommet de chaque rameau les feuilles qui le terminent, comme au sommet de la branche, *fig.* 8, *pl.* V, et sur la cime a, i, i, de la tige a, b, *fig.* 21, *pl.* VI, pour qu'il ne soit pas entièrement mutilé et qu'il prospère utilement. Si au contraire on cherchait à effeuiller l'arbre en faisant glisser la main de la cime vers la base, on gâterait une grande quantité de feuilles, on détruirait les bourgeons reproductifs, on déchirerait même l'écorce, on blesserait l'arbre et on produirait une foule d'émonctoires qui dépenseraient les humeurs végétales, essentielles à l'économie et à la vie de l'arbre. Par les mêmes raisons il faut employer les mêmes précautions en faisant la récolte du feuillage des bas mûriers, et de ceux en buisson, en haie et en espalier.

4°. On doit se garder de récolter sur des mûriers dont le feuillage est rouillé ou jauni; car leur existence étant troublée et affaiblie, ils périraient. Dans ce cas, il faut remuer la terre, la couvrir d'excellent fumier et l'arroser si elle paraît aride; enfin il faut souvent visiter ces arbres et les secourir à propos.

5°. Il ne faut jamais priver les mûriers de toutes

leurs feuilles, pour ne pas en supprimer tout-à-
coup la fonction vitale essentielle à la respiration
du végétal ; il ne faut pas non plus soumettre ces
arbres à une récolte annuelle de leur feuillage, on
doit les laisser reposer pour prolonger leur vie et
obtenir un meilleur produit.

ARTICLE II.

1°. *Qualité du feuillage propre à nourrir le ver
à soie.*
2°. *Préparation du feuillage.*

§ Ier.

Qualité du feuillage.

Les feuilles qui ne sont pas trop amples, celles
qui sont peu épaisses, tendres, peu juteuses, d'un
beau vert délicat et lisses, sont les meilleures pour
nourrir le ver à soie. Tel est le feuillage du mûrier sauvage dans un site, un climat et une exposition convenables. Les feuilles volumineuses,
épaisses, rudes, juteuses, chiffonnées ou déchirées, sont nuisibles ; tel est le feuillage des mûriers
greffés dans des sites, des climats, des terrains et
des expositions peu convenables. Le feuillage du
mûrier sauvage est plus utile que celui du mûrier
greffé, quand même l'un et l'autre végéteraient
dans de mauvais endroits. Les feuilles du mûrier
rose ou d'Italie, ou d'Espagne, sont préférables à
celles de toute autre espèce, et le feuillage du mû-

rier blanc est préférable à tous égards à celui du mûrier noir.

2°. En récoltant les feuilles de mûrier, il faut les cueillir sans les chiffonner, ni les lacérer, afin de ne pas faire extravaser le suc fermentescible qui est sujet à s'échauffer, ni provoquer un mouvement intérieur nuisible à la substance productive de la soie.

3°. Dans les temps pluvieux il faut remettre, s'il est possible, la récolte, parce que les feuilles adhèrent alors davantage au pédoncule et s'en détachent difficilement, ce qui occasionerait des déchiremens dangereux pour l'arbre; on n'obtiendrait qu'un feuillage chiffonné et humide, qu'il faudrait faire sécher sur des filets semblables à ceux de la *fig.* 1, *pl.* III, ou sur des treillis semblables à ceux de la *fig.* 4, même planche; il faudrait encore les exposer à un courant d'air avant de les déposer dans les récipiens, qui doivent les contenir pour les transporter ailleurs sans perte de temps ni altération; autrement elles pourraient se détériorer et devenir funestes aux vers à soie.

§ II.

Préparation du feuillage.

1°. Il est de toute nécessité d'en séparer avec soin les baies pour éloigner le développement de ces fruits parce qu'elles sont nuisibles et qu'elles peuvent occasioner de l'altération et de la fermentation sur le feuillage et attirer par-là des insectes qui troubleraient le repos du ver.

2°. Lorsque l'atmosphère agitée fait voler de la poussière sur le feuillage, il faut, après l'avoir cueilli, le laver et le dessécher ensuite.

3°. Si le feuillage est recouvert d'une matière sucrée comme la manne, il faut le bien laver et le purger entièrement de cette substance lubrifiante qui nuirait aux vers; il faut ensuite le faire sécher.

4°. Il n'est pas rare que des insectes imperceptibles séjournent sur le feuillage; si on ne les en éloigne pas avec attention, ils peuvent troubler l'état du ver, le mordre, le blesser, l'inquiéter et lui causer des maladies mortelles.

5°. Les meilleurs récipiens pour transporter les feuilles sont des paniers d'osier et non pas des sacs; en les y introduisant, il ne faut pas les comprimer, de peur de les chiffonner, ou de leur causer un échauffement intérieur, ce qui, je le répète, est très-nuisible à la matière soyeuse et à la santé du ver. Mais le récipient le plus convenable est la charrette représentée *fig.* 23, *pl.* III, dans laquelle, mieux que partout ailleurs, on peut garder et transporter le feuillage.

6°. Lorsqu'on a transporté les feuilles jusqu'à la magnanerie, il faut les déposer dans une pièce souterraine et abritée, d'une température convenable; elle doit être exempte de méphitisme et d'humidité; pour que les feuilles ne se sèchent et ne s'altèrent pas, elle doit être pratiquée de manière à ce qu'on puisse l'ouvrir et y produire un mouvement atmosphérique, pour diminuer au besoin l'humidité et mitiger la chaleur, ou changer l'air renfermé et la vapeur. Il faut aussi remuer les feuilles et les éparpiller deux ou trois fois par jour et plus souvent même, afin qu'elles ne s'échauffent et ne s'altèrent pas dans la température élevée des temps humides. C'est par ces soins que l'on peut entretenir les feuilles fraîches pendant trois jours de suite.

ARTICLE III.

De l'émondage des mûriers après la récolte du feuillage.

Aussitôt après la récolte des feuilles, il faut parcourir les mûreraies et inspecter chaque mûrier pour découvrir les dégâts causés en recueillant leur feuillage, et supprimer ce qui peut leur nuire et troubler l'état régulier de leur végétation, replacer les branches détournées de leur disposition naturelle, couper avec économie, raser le tronc, les petits rameaux brisés, ainsi que les petits rameaux chiffonnés et faibles, et les chicots secs ou non, parce qu'ils sont nuisibles aux bourgeons naissans et à la disposition convenable des arbres. Il faut soigner les petites plaies qu'on peut trouver en les égalisant au niveau de l'écorce ou en les oignant avec la mixture indiquée à la page 78, pour empêcher l'influence météorologique sur leur superficie et l'extravasion des humeurs végétales qui y accourraient pour se perdre.

On peut encore à la même époque couper la cime de tout rejeton qui s'élèvera au-dessus des autres au détriment commun. On peut également, mais avec grande parcimonie, couper et enlever des rameaux peu importans du côté où la végétation sera plus énergique pour rétablir du côté languissant l'équilibre dans les sucs végétaux de tout l'organisme et dans toutes ses fonctions. On oindra les endroits coupés avec la même mixture pour les réparer et empêcher l'extravasion de la sève.

Si l'émondage des mûriers doit avoir lieu immédiatement après la récolte du feuillage et doit être fait avec autant de soin que d'économie, la taille ne devra être pratiquée qu'après la chute totale et naturelle des feuilles, aussitôt que le repos ou sommeil du végétal ou de l'organisme de l'arbre aura commencé ; alors les sucs retardés dans leur circulation, et par conséquent moins affluens, ne pourront se dépenser facilement sur les endroits taillés : mais comme cette opération demande la plus grande intelligence de la part de l'ouvrier, pour qu'il pratique les amputations avec discernement et adresse, en coupant les parties superflues de l'arbre et celles qui sont irrégulières, cariées, cancéreuses, pourries et brisées, nous allons traiter ce sujet avec détail.

CHAPITRE VI.

De la taille des mûriers

ARTICLE PREMIER.

Époque de la taille.

Il faut pour cette opération non-seulement que l'agriculteur soit prudent et expert, mais encore qu'il soit doué d'une intelligence assez étendue ; car la décision qu'il porte en développant tous les principes de la coupe, détermine la prospérité et même la conservation des arbres. Aussi, pour se déterminer à propos, d'après les caractères d'une végétation languissante ou déréglée (ce qui exige l'engrais, ou la cognée, afin d'enlever ce qui est superflu ou contraire à sa prospérité), il importe d'attendre l'époque où l'on pourra opérer la taille sans dégât et épier surtout les symptômes précurseurs du sommeil du végétal. Alors son système organique est engourdi et la circulation de ses humeurs végétales est ralentie, ce qu'indique la pâleur de son feuillage, qui jaunit par degré, se détache et tombe à la moindre secousse de l'atmosphère : c'est le moment d'apprêter tout ce qui est nécessaire pour la coupe.

La chute des feuilles se prolonge ordinairement pendant dix jours, à partir de l'instant qu'elle a commencé, à moins que quelque cause ne l'accélère. Au reste, il est toujours nécessaire de laisser le temps qu'il faut pour que l'arbre se dépouille; la prudence rurale le conseille, afin d'entamer ensuite l'opération à coup sûr. Ainsi, lorsque les mûriers seront entièrement dépouillés, que leurs sucs végétaux seront stériles, que le tronc et les branches seront engourdis, excepté les racines [1], on pourra faire usage de la cognée, mais dix jours au moins après la chute totale et spontanée des feuilles. Alors on ne craint plus le reflux de la sève, et l'on craint bien peu l'extravasion, aliment ordinaire des cancers végétaux et des caries qui sont si pernicieuses à la vie et à l'économie de la végétation. Comme il est surtout urgent de connaître la conformation sous laquelle le mûrier végète et prospère le plus long-temps, nous allons nous occuper de suite de cet objet important; nous chercherons les moyens propres à diriger cet arbre vers la disposition qui lui est favorable et à l'y conserver, afin d'employer la cognée au besoin et avec profit.

ARTICLE II.

Différence des résultats de la disposition et conformation naturelles des mûriers, de ceux d'une disposition et conformation artificielles.

Le mûrier sauvage établi et abandonné à lui-

[1] Elles restent éveillées et travaillent continuellement leurs

même en plein champ et dans un climat et une
exposition convenables, est d'une belle venue. Il
présente dans sa conformation et la disposition de
ses branches des caractères très-distincts, durant
tout le cours de sa vie. Ces caractères sont tellement importans, que les hommes versés dans les
études agricoles, les considérant comme essentiels
à l'existence du mûrier, les exposent avec soin et
en font part au prévoyant agriculteur et à l'habile
magnanier. Comme nous pensons que leurs expériences vérifiées, confirmées et clairement ex-
pliquées par les agronomes, réunissent toutes les
conditions de la prospérité de la végétation des
trois âges du mûrier, nous allons les détailler avec
toute l'exactitude possible, convaincus que nous
sommes de la réalité de ces caractères physiques,
vérifiés par nous, qui distinguent effectivement
en trois époques la végétation de notre arbre,
et mettent l'agriculteur en état de conduire et soutenir le physique du mûrier dans tout le cours de
sa vie.

En effet, la forme et la disposition de l'arbre qui
végète dans son état naturel et en plein champ,
sont différentes de celles du mûrier greffé et élevé
dans un terrain artificiel et étroit. Le mûrier sauvage qui végète en plein champ et en liberté, se ra-

sucs jusqu'aux grandes rigueurs de l'hiver ; alors elles s'en-
dorment aussi en attendant le retour du printemps ou d'une
température moins dure.

mifie dans sa jeunesse, de manière que les angles que forment les branches et le tronc sont toujours réguliers et ont constamment *dix degrés* environ. Alors l'arbre est vigoureux et d'un bel aspect ; mais à mesure qu'il croit, les branches s'éloignent du tronc, forment des angles de *trente* ou de *quarante degrés*, et l'arbre entre dans sa virilité et dans toute sa force. A mesure qu'il s'éloigne de cet âge, il commence à s'affaiblir et porte entre ses branches et son tronc des angles de *cinquante degrés* environ : sa vigueur décroît de plus en plus, et ses angles ont *soixante degrés ;* alors l'arbre est languissant. Peu à peu les angles entre les branches et le tronc obtiennent *quatre-vingts degrés* ; alors le mûrier est vieux, il marche vers sa caducité et approche de la mort. Les angles entre les branches et le tronc ont alors *quatre-vingt-treize degrés*, et quelquefois l'arbre meurt avant que les angles se soient agrandis jusque-là.

Cette division de la marche du mûrier, dans tout le cours de sa vie, n'est pas certainement un résultat imaginaire ; c'est le produit d'expériences scrupuleuses et souvent répétées ; c'est une loi naturelle et constante, vérifiée par tous les agronomes, et dont chacun peut faire l'essai sur un mûrier en plein champ, et non parmi les dispositions très-serrées des mûriers réduits en buissons, en espaliers ou en haies, ou en toute autre manière, suivant l'économie ou le caprice. Cependant il est démontré par l'expérience bien entendue des plus fameux agronomes, qu'en dirigeant les mûriers hauts ou bas, ou en toute autre position artificielle, d'après les principes que nous avons exposés, ils végéteront mieux, ils deviendront plus robustes et donneront à l'agriculture un plus ample produit, ce qui favorisera l'économie agraire.

D'après cela on comprendra facilement : 1° qu'en entretenant par le moyen de la coupe les ramifications du mûrier, dans une disposition approximative de celle de sa jeunesse, dans tout le cours de sa vie, c'est-à-dire de manière que les angles entre les branches et le tronc soient de *quarante* à *quarante-cinq degrés*, on pourra économiser avec certitude la force de l'arbre, obtenir annuellement une bonne récolte de feuilles et entretenir sans effort son existence dans un état toujours lucratif.

2°. Que si la branche verticale ou principale est bien verte et pleine de vie, c'est-à-dire, si la branche *b*, dans les branches coronales *a*, *b*, *c*, des figures *tronquées* 24 et 25, *pl.* VI, s'élevait trop au détriment des branches inférieures *e*, *d*, *fig.* 24, *i*, *k*, *fig.* 25, *pl.* VI, et attirait à elle la plus grande partie de leur aliment, il faudrait couper seulement la cime de cette branche verticale, surtout si c'est un mûrier sauvage, pour mettre en équilibre la nutrition de toutes les branches.

3°. Que les branches perpendiculaires de l'arbre, attirant facilement à elles tous les sucs nutritifs au détriment des autres branches, nuisent au mûrier sauvage comme à celui qui est en buisson, en es-

palier ou en toute autre manière, si on ne les supprime pas.

4°. Que si les ramifications prennent une direction
parallèle, elles avancent rapidement vers la vieillesse
et forment des angles de *quatre-vingts* à *quatre-
vingt-dix degrés*, premier caractère patognomi-
que de l'affaissement et de la souffrance du mûrier.
Dans cet état il se surcharge facilement de menues
branches, qui se courbent vers le sol, s'affaiblissent et produisent avec effort des feuilles chiffonnées et inutiles, comme celles de la *fig.* 9, *pl.* V. Il
pousse des jets languissans, et meurt enfin si la taille
ne remédie pas à sa disposition déréglée, en coupant les branches qui blessent la raison rurale et
sortent de la forme convenable de l'arbre.

5°. Que le mûrier à ramifications horizontales est
surchargé de branches perpendiculaires, qui sont
disposées à se concentrer peu à peu en ombrelle,
ce qui exténue l'arbre graduellement, à moins
qu'on n'enlève tout ce qui franchit la disposition
convenable des branches et qu'on ne supprime les
rameaux perpendiculaires qui nuisent trop à l'économie végétale de l'arbre.

6°. Que le mûrier dont les branches sont droi-
tes et se dirigent à peu près vers un angle de *quarante* à *cinquante degrés*, ne sera jamais surchargé de branches gourmandes, et qu'il croîtra
uniformément dans toutes ses parties, un juste
équilibre étant gardé dans la distribution de la
sève, qui lui fournira un aliment régulier et non
interrompu.

7°. Que le mûrier qui jouira de la forme graduelle et calculée d'un angle de *quarante à cinquante degrés*, entre le tronc et les branches, surpassera en élévation les mûriers à ramification parallèle et perpendiculaire ; qu'il aura un plus grand nombre de branches de premier et second ordre, et portant beaucoup plus de feuilles.

8°. Que le mûrier libre ou abandonné à lui-même s'élève et croit régulièrement ; qu'il donne un plus grand nombre de jets tous réguliers et vigoureux, et qu'il présente par conséquent une plus grande superficie et un feuillage plus abondant et plus convenable ; ce qui ne lui demande aucun effort, à cause de la régularité de son organisme et de l'excellente nature de ses humeurs.

9°. Que les avantages ci-dessus mentionnés sont plus considérables, si l'angle entre les branches et le tronc est de *quarante* ou tout au plus de *quarante-cinq degrés*, parce que l'arbre conserve la disposition de la jeunesse et en garde presque toutes les facultés dans ses fonctions.

10°. Et enfin que le parallélisme des branches coronales, nées sur la même zône ou ligne horizontale de la circonférence supérieure, à l'extrémité du tronc, produit à la naissance de chaque branche des cavités nuisibles, propres à recueillir de la poussière, des baies, et les eaux du ciel qui, s'y corrompant réciproquement, altèrent l'écorce, la consument et la pourrissent petit à petit, au point d'attaquer la substance ligneuse et même la vie de l'arbre, si, toutes les fois qu'on visitera le mûrier, on n'enlève pas les matières nuisibles qui y sont rassemblées.

Un pareil défaut n'aura pas lieu, si l'on sait diriger les branches coronales vers la partie supérieure du tronc, de manière que chacune s'élève aux hauteur et distance voulues, comme les branches coronales *a*, *b*, *c*, *fig.* 24 et 25, *pl.* VI. Lorsqu'on en trouvera qui seront mal disposées, il faudra les rapprocher le mieux qu'on pourra avec des soutiens, et détruire, en leur donnant une disposition meilleure, l'égarement des fibres ligneuses dès leur naissance.

Ce que nous avons rapporté jusqu'à présent, démontre évidemment que dans tous les cas les lois de la végétation sont les mêmes et donnent à peu près les mêmes résultats; qu'elles sont constantes et uniformes; qu'ainsi les dispositions des mûriers doivent être toujours les mêmes pour les faire réussir utilement, et qu'excepté quelques modifications accidentelles adoptées par l'usage, tout le reste est immuable.

Il est encore démontré que la ramification horizontale conduit rapidement le mûrier vers la décrépitude; qu'elle fatigue le tronc et rend stérile le sol où il croît; que le mûrier qui forme entre les branches et le tronc un angle de *quarante-cinq degrés* est robuste; qu'il résiste à tout et soutient sans une grande fatigue ses propres rameaux; qu'il ne s'en lasse jamais et qu'il ne se charge pas de

jets superflus qui nuiraient à la régularité de toute
saine végétation.

Puisque nous avons donné toutes les notions
agricoles nécessaires à la culture des mûriers, à
leur accroissement et décroissement, à leur santé
et à leurs maladies, au feuillage, à la graine, à la pépinière, au pourretier, à la mûreraie, à la transplantation de ces végétaux, à leur forme, à leur disposition et à leur taille enfin, nous sommes en état
de passer à la seconde partie de notre travail, que
nous commencerons par les différentes histoires
du ver à soie, après avoir décrit et la demeure
propre à son éducation, et son nid ou couvoir, et
le lit de sa station. Enfin nous terminerons en ex-
posant ce qui appartient particulièrement et né-
cessairement au cours de la vie éphémère de cet insecte, à sa précieuse industrie, aux maladies auxquelles le rend sujet l'insouciance du magnanier,
aux préservatifs qu'il faut lui administrer, au produit soyeux, aux métamorphoses, aux papillons et
aux graines.

C'est de là que nous passerons enfin à tout ce
qui a rapport au fil de la soie, simple ou composé; à la filature, au dévidage des cocons, à la
manière dont les ouvriers tirent la soie, à la structure économique, à l'usage des fourneaux à vapeur
et autres appareils nécessaires à cette industrie.

FIN DE LA PREMIÈRE PARTIE.

7*

SECONDE PARTIE.

DE
LA BIGATTIQUE,

ou

DE L'ART D'ÉLEVER LE VER A SOIE.

AVANT-PROPOS.

Nous l'avons déjà dit, notre but est d'exposer, avant tout, ce qui est nécessaire à une bonne administration des vers à soie. Ainsi, sans perdre de vue notre dessein, nous allons traiter d'abord de la situation de la magnanerie, de l'exposition, du climat, de la structure et de la distribution qui lui conviennent pour y gouverner la larve, depuis sa naissance jusqu'à sa mort. Nous parlerons ensuite de ce qui peut constituer une magnanerie commode, coordonnée de manière à ce qu'elle puisse offrir facilement tout ce qui est nécessaire, afin qu'on ne rencontre aucun obstacle à la marche régulière et progressive de l'entreprise, et à sa bonne disposition; puisque la réussite du ver et la richesse numérique des cocons dépendent des soins d'une administration bien suivie, que le magnanier et ses subordonnés peuvent donner à cette entreprise économico-rurale, lorsqu'ils auront sous la main tout ce dont le ver aura besoin.

Ainsi l'habitation des vers à soie attirera notre attention ; nous ferons l'énumération claire et exacte de tout ce qui doit concourir à l'établissement de cette intéressante demeure, que nous soumettrons à des considérations et à des calculs bien précis.

1°. Pour le choix du site, du climat et de l'exposition.

2°. Pour les raisons qui feront adopter certaine architecture, et qui feront exécuter cette structure avec soin.

3°. Pour les distributions et les dimensions requises.

4°. Pour les moyens qu'il faut prendre afin de mitiger et d'éloigner facilement les causes nuisibles, et surtout les causes accidentelles.

5°. Pour l'ameublement économique nécessaire à la magnanerie.

6°. Pour mitiger avec sûreté, et prévoir les excès météorologiques dangereux.

7°. Pour l'établissement de la chambre destinée à la couve, et de celle de l'enfance.

8°. Pour l'incubatoire et pour la couvée des œufs.

9°. Pour l'établissement des échafaudages propres à recevoir le nombre déterminé de claies pour les vers.

10°. Pour la distribution des corridors qui doi-

vent laisser circuler les assistans dans la magnanerie.

11°. Pour la chambre des constructions, pour
celle du feuillage et celle du bois, pour la remise,
pour l'écurie, pour l'endroit où doit être mis le
fourrage destiné aux bêtes de trait ou de somme,
et pour celle où l'on doit déposer les immondices.

12°. Pour la chambre du magnanier, pour la
demeure de ses assistans, de ses ouvriers, pour le
cabinet d'inspection, pour celui où l'on doit conserver les moyens mécaniques contre l'incendie,
ainsi que les trompes hydrauliques.

13°. Pour la galerie propre à établir les moulins
et les fours, simples ou à vapeur, destinés à extraire
la soie des cocons.

14°. Pour l'établissement des puits ou fontaines
propres à la distribution des eaux destinées aux lotions du feuillage et des claies, aux chaudières des
fours et aux autres usages de la magnanerie,
comme pour les robinets et les pompes contre l'incendie.

15°. Pour fixer le paratonnerre, la girouette, les
ventilateurs, les instrumens de physique, les para-
vents et les volets.

16°. Pour établir la cuisine, le réfectoire, les lits
du dortoir, qui doivent servir à la famille qui admi-
nistre la magnanerie, et pour les autres objets qui
doivent compléter cet édifice.

17°. Pour la chambre où l'on extraira la soie des cocons, pour celle des cocons destinés à fournir les papillons ovipares et fécondans, pour les chambres de leur accouplement, de l'incubation et de la conservation des œufs.

CHAPITRE PREMIER.

Du site, du climat, de l'exposition et du voisinage de la magnanerie.

§ Ier.

Du site, du climat et de l'exposition.

Une colline riante, exposée au midi ou à l'orient, élevée et dominant tous les environs, pas trop exposée au vent, située dans un climat tempéré, peu variable, mais ni trop calme ni trop humide, jouissant d'un terrain qui ne soit ni gypseux, ni argileux, ni sablonneux, ni bitumineux, tel est le site qui convient à l'établissement d'une magnanerie, s'il ne se trouve pas auprès d'influences nuisibles aux progrès et à la prospérité du ver à soie.

§ II.

Des environs insalubres d'une magnanerie.

Les courans d'eau, soit ruisseaux, ou torrens, ou fleuves, ou eaux stagnantes, comme lacs, marais, terres humides, vallées basses, sont d'un voisinage très-nuisible, parce qu'ils entretiennent une humidité continuelle qui augmente l'insalubrité de l'air, élève la température pendant l'action solaire, échauffe les matières fécales des vers à soie, infecte l'atmosphère de la magnanerie et développe pendant la nuit une température plus basse et des gaz méphitiques, dont l'alternative ne peut que rendre malades les vers à soie et ceux qui veillent à leur administration.

A ces causes de mortalité pour les vers à soie, il faut encore ajouter les émanations odoriférantes des plantes ou herbes aromatiques, les exhalaisons des lieux immondes, comme des étables, des écuries, des tanneries, des cloaques, des cimetières, des établissemens à engrais, des voiries, des végétaux en macération, des exploitations métalliques ou bitumineuses, de la poussière, de la fumée, des brouillards, des fonderies, des fours à chaux et à plâtre, des magasins de laine, de lin, de chanvre, de coton, de cordes goudronnées, des arsenaux, des savonneries, des fabriques de colle et de couleurs, des teintureries, des laboratoires de chimie, des forges, des boulangeries, des combustions de paille ou de tout autre végétal, des fabriques de poix, de térébenthine, d'huile, de suif, de graisse, de beurre et de goudron. Dans un pareil voisinage, l'atmosphère est toujours chargée d'émanations nuisibles, et non-seulement elle est insalubre, mais elle est le nid et le repaire d'insectes dangereux pour les vers à soie.

Le voisinage de bois et de forêts d'une grande étendue est également nuisible, soit à cause de l'humidité qu'ils renvoient, soit parce qu'ils sont l'asile de petits animaux qui dévorent nos vers, et d'insectes qui troublent leur repos, surtout dans leurs mues et lorsqu'ils forment leurs cocons.

§ III.

*Danger du voisinage des montagnes et des sque-
lettes montagneux pour les magnaneries.*

Le voisinage des hautes montagnes à l'est ou au sud est dangereux, à cause des reflux de l'atmosphère froide ou trop chaude, et trop aride, qui frappent la magnanerie tout le long du jour, et surtout à cause de la trop grande fraîcheur et de l'humidité de la nuit, qui soumettent le ver, non-seulement à des transitions très-sensibles, mais à la violence d'une haute et basse température, à l'humidité et à la sécheresse. Le voisinage des squelettes montagneux est aussi nuisible, parce qu'aucun végétal n'y croît, et que les rayons solaires, les échauffant, élèvent la température à un degré démesuré, et la réfléchissent vers la magnanerie, où l'air devient étouffant, et partant insalubre pendant les jours et les nuits des fortes chaleurs.

Mais il n'y a rien de si dangereux que le voisinage des grandes routes fréquentées par des charrettes et des voitures d'une grosseur considérable, par un grand nombre de bêtes de trait et de somme, à cause des secousses, du bruit, des insectes qu'attirent leurs matières fécales, et de la poussière qu'ils causent. La poussière se répand sur le feuillage qui sert d'aliment au ver, et toujours avec danger. De même de vastes et nombreux établissemens manufacturiers de métaux, de bois ou de pierres, sont à craindre, parce que les secousses qu'ils donnent troublent l'allure naturelle et lente du ver, surtout à l'époque de la mue et de l'opération des cocons.

CHAPITRE II.

De la magnanerie et de ses dépendances.

§ Ier.

Plan de la magnanerie.

En traçant la construction d'une magnanerie, nous aurons en vue un double but, l'utile et le nécessaire. Nous n'y ferons que ce qui est indispensable, et le tout sera appuyé sur des calculs de la plus sévère économie et sur les raisons agricoles bien pesées. Lorsque nous avons cherché quelle était la forme qui convenait le mieux à une magnanerie, nous avons trouvé que la forme elliptique était la plus propre à un local qui pût recevoir toutes sortes de distributions saines, commodes et utiles pour l'intérieur de l'édifice ; elle offre aussi assez d'étendue pour les grandes couvées, et présente à l'industrie du magnanier tout l'emplacement nécessaire pour le développement complet de son entreprise, depuis l'incubation jusqu'à la ponte, depuis le choix des cocons jusqu'à l'extraction des brins de soie de fils simples et à la composition du fil à plusieurs brins, de sorte qu'il pourra offrir sa soie aux marchands

et aux tisserands, sans chercher hors de la magnanerie des secours étrangers.

On s'aperçoit de suite qu'en circonscrivant l'ellipse dans un rectangle oblong, on trouve les locaux essentiels aux opérations de la magnanerie,
qui demandent un vaste emplacement lorsqu'on
entreprend de grandes couvées. Quand une fois
l'habitation est bien établie, elle n'offre que gain
et profit. C'est d'après ces premières réflexions
que nous déterminons le parallélogramme aux dimensions indiquées à la *fig*. 2, *pl*. I, calculées d'a-
près une échelle de $\frac{1}{144}$ par pied, ou d'une ligne par
pied en suivant l'échelle de proportion de la *fig*. 3,
pl. I, de quinze toises, sur onze et demie. Nous y
inscrivons l'ellipse qui a dix toises dans son plus
grand diamètre et sept dans son plus petit, de manière qu'on pourra y établir commodément quatre
rangs d'étagères, et même plus, s'il en est besoin,
dans toute la longueur et la largeur de la superficie que forme l'ellipse.

Parmi les séries longitudinales des étagères ou
porte-claies, qu'on peut établir sur la surface intérieure de l'ellipse, les quatre rangs parallèles au
grand axe doivent avoir les distances convenables pour former les corridors nécessaires à la circulation des assistans. Entre l'espace elliptique et
les étagères, il doit rester un espace pour isoler
celles-ci, circuler autour et travailler. La distance
qui sépare les deux séries centrales et longitudinales des étagères, est de six pieds, et la distance

longitudinale de deux séries latérales des demi-étagères est de quatre pieds entre elles.

Ces quatre rangs d'étagères sont entrecoupés par
le corridor qui va de son ouverture principale du
sud à son ouverture du nord de l'ellipse. Il est
large de huit pieds, et l'on peut établir dans son
centre E une chambre circulaire de cinq pieds
de diamètre; elle peut être aussi quadrangulaire
et sera construite en châssis vitrés, car elle sera la
chambre ¹ d'inspection et d'ordre. Elle sera sur-
montée d'une coupole pyramidale ou circulaire,
et en tout cas terminée par une lampe et une
clochette. Ce même local sera la chambre destinée
à renfermer tout ce qu'il faut pour les livres et les
journaux de l'administration, pour disposer et ordonner le service journalier de la magnanerie, et
pour prendre les résolutions salutaires, détermi-
nées par l'état météorologique que l'on observera
continuellement et scrupuleusement sur les instrumens de physique, qui seront dans cette chambre,
sans compter ceux qui seront distribués selon le
besoin dans l'intérieur de l'édifice.

Les points V, V, V, V, du pavé de la galerie
elliptique de la *fig.* 2, *pl.* I, sont destinés à l'établissement de quatre ventilateurs, de la forme de
ceux de la *fig.* 9, *pl.* III, ou de toute autre forme,
disposés verticalement ou horizontalement pour

---

¹ On y placera l'inspecteur ou le chef de l'administration
de la magnanerie.

donner du mouvement à l'atmosphère interne en temps de calme. Les points B B sont assignés à deux grandes lampes garnies de réflecteurs, propres à renvoyer et à bien distribuer leur lumière de haut en bas. Les points A, A, C, C, nord, et D, D, A, A, sud, indiquent les corridors qui se trouvent entre les étagères. Les points 6, 6, sont destinés à soutenir deux colonnes de bois, de six pieds chacune, et garnies d'un thermomètre, d'un baromètre et d'un hygromètre, pour l'usage météorologique, afin de suivre les variations de l'atmosphère. En passant ensuite à la surface du plan, qui se trouve entre le rectangle et l'ellipse, nous diviserons le local pour les opérations de la magnanerie, d'après la distribution suivante.

§ II.

Distribution des locaux établis autour du périmètre de la galerie elliptique.

Pour conduire sans fatigue et détailler avec facilité les locaux adjacens à la galerie elliptique, nous prendrons le parti de diviser le périmètre de l'ellipse en côté gauche et côté droit de la magnanerie, comme on le remarque sur le rectangle qui circonscrit l'ellipse, et dont les plus grands côtés sont exposés, l'un au sud et l'autre au nord, et par conséquent les deux plus petits sont exposés, l'un à l'orient et l'autre à l'occident.

La désignation des locaux établis dans le côté droit et oriental du plan de la magnanerie commence au côté sud, *fig.* 2, *pl.* I, et suit l'ordre que nous allons indiquer.

1°. *Côté droit* S. E.

P. Porte principale et méridionale de l'édifice.

1. Vestibule méridional.

2. Chambre du portier.

3. Chambre de l'incubation ou de l'enfance des vers, en communication avec le corridor oriental.

4. Chambre pour les assistans.

5. Remise pour les charrettes.

P. Porte de la remise du midi.

6. Local pour le poêle.

F. Porte dudit local.

7. Chambre du feuillage à l'orient.

8. Cabinet pour les instrumens manuels.

dd. Corridor. P. Entrée à l'orient.

i. Coin pour les excrémens de la magnanerie.

9. Infirmerie.

10. Chambre pour les cocons à papillons.

11. Chambre pour les papillons ovipares.

i. Coin pour les excrémens des vers.

2°. *Côté droit* E. N.

cc. Corridor.

P. Porte ou entrée.

12. Cabinets pour les ustensiles manuels.

13. Dortoir pour les assistans.

14. Local pour le poêle.

F. Porte dudit local.

15. Écurie pour les bêtes de trait.

P. Porte de l'écurie.

16. Séchoir en communication avec le corridor oriental.

17. Chambre pour les assistans.

18. *Idem* du ramage.

19. Vestibule et fontaine, ou puits, ou pompe refoulante pour laver le feuillage, les claies et tout autre objet.

P. Deuxième porte principale de l'édifice.

Côté gauche du plan de la magnanerie S. O.

La désignation des locaux établis au côté gauche et occidental commence également par la porte P du sud de la magnanerie, et dans l'ordre suivant.

1. Local pour les cocons dont on doit extraire la soie.

2. *Idem* pour établir les fours et les moulins de la filature, en communication avec le corridor occidental.

3. *Idem* pour les assistans.

4. *Idem* pour le poêle.

F. Porte de la voûte pour le poêle.

5. Local pour les ustensiles manuels.

6. *Idem* pour les constructions.

P. Porte de la chambre à construction.

P. Entrée du corridor.

dd. Corridor.

  i. Coin pour les immondices.

7. Cuisine.

8. Réfectoire.

9. Chambre des provisions, des comestibles.

  i. Coin pour les immondices.

Côté gauche O. N.

P. Entrée du corridor.

cc. Corridor.

10. Local pour les ustensiles manuels.

11. *Idem* pour le feuillage.

12. *Idem* pour le poêle.

F. Porte de la chambre où est le poêle.

13. Local pour le bois de construction et pour le bois à brûler, ainsi que pour les fourrages.

P. Porte de ce local.

14. Chambre de l'inspecteur et du magnanier, en communication avec le corridor occidental.

15. Chambre pour les assistans.

16. Chambre pour les claies.

Après avoir terminé la distribution de l'emplacement à droite et à gauche de la magnanerie, nous pouvons commencer de suite à décrire l'élévation de ce même édifice.

§ III.

Description de l'élévation de la magnanerie.

L'élévation d'une magnanerie représentée de son côté méridional et principal par la *fig.* 1, *pl.* I, construite et réglée d'après le plan de la *fig.* 2, *pl.* I, et d'après l'échelle de proportion de la *fig.* 3, *pl.* I, a non-seulement pour objet d'abriter les vers à soie, mais encore de présenter, par sa structure, les moyens mécaniques et physiques propres à constituer une habitation vraiment commode pour l'éducation de cet insecte. Là, on pourra prévenir les événemens fâcheux des intempéries, entretenir les causes de la salubrité interne, distribuer ou interdire la lumière, donner ou refuser le passage à l'air extérieur, dans l'intérieur, et *vice versá*, abriter la magnanerie des grandes pluies, des vents véhémens; la sauver des impulsions mortelles de l'électricité, des insectes malfaisans et d'autres animalcules qui dévorent notre larve; enfin on pourra la garantir d'une trop haute ou trop basse température.

Telle est en effet la disposition de notre édifice, qu'il offre tous ces avantages ainsi que nous le démontrerons au fur et à mesure que nous développerons les travaux que nous avons ébauchés.

Le fronton méridional de notre magnanerie montre au-dessus de la terre un édifice bas, propre à sa destination, surtout dans les climats d'une température élevée et brûlante, où les penchans des collines sont bientôt séchés par le printemps, ou restent peu humides. Sa physionomie représente sur la terre un parallélogramme terminé par une pyramide tronquée, à l'extrémité de laquelle s'élève une rotonde depuis f jusqu'à f, terminée par le cône G , L , G , dont le sommet est garni de la tige verticale en fer K , L , à laquelle est adaptée la flèche horizontale O , E , qui sert d'indicateur des vents , tandis que la tige sert de paratonnerre.

Sur la même façade méridionale, on observe , outre la porte A , à gauche pour la boutique de construction , outre la porte B , à droite pour la remise et la porte du milieu C , qui sert d'entrée principale et méridionale à la magnanerie , quatre rangs horizontaux d'ouvertures, qui se trouvent entre la base et le toit , et qui se répètent dans le même ordre et la même disposition , tout autour de l'édifice.

Le premier ordre *d d* de ces ouvertures consiste en soupiraux pratiqués à rase terre , qu'on pourra ouvrir plus ou moins et par le moyen desquels on pourra introduire dans l'intérieur de la galerie elliptique, autant de courans d'air qu'il y aura de soupiraux , ou autant qu'il en faudra.

Le second ordre d'ouverture *e e* sert à donner aux chambres de la lumière et de l'air, au besoin ; il est placé autour du périmètre du rez-de-chaussée et au-dessous du rang inférieur des soupiraux.

Le troisième rang d'ouverture *ff*, placé au-dessous de la corniche *g g*, appartient à la rotonde et est destiné à donner passage à la lumière et à l'air extérieur dans l'intérieur de la magnanerie.

Le quatrième rang *h h*, destiné au même objet , appartient au toit de la rotonde.

Toutes ces ouvertures sont garnies de volets mobiles qu'on peut ouvrir et fermer au besoin.

Les soupiraux seront également garnis de volets et de plus de grilles en fil métallique, pour empêcher que les reptiles ne s'introduisent dans l'habitation et surtout dans la rotonde.

Les fenêtres du second rang seront garnies de volets et de châssis vitrés, qui s'ouvriront en dehors pour plus de commodité.

Les fenêtres du troisième et quatrième rang doivent être garnies du côté supérieur de chacune d'elles, non-seulement de châssis vitrés, perpendiculaires, qui s'ouvriront en dehors, mais il faut encore les garnir de grilles métalliques, très-serrées, inamovibles, placées au niveau de la surface intérieure de la rotonde, pour empêcher que les animalcules destructeurs des vers à soie ne s'introduisent dans la magnanerie.

Lorsque les ouvertures de cet édifice seront ainsi garnies, on y pourra facilement donner ou non entrée à l'air et à la lumière, mitiger la température élevée ou basse, parer aux vents et aux moindres agitations atmosphériques, changer l'air intérieur et le faire circuler.

Aux points *i i* de la rotonde s'élèvent deux tubes à fumée, correspondant à deux autres semblables placés au milieu des quatre coins, qui appartiennent aux quatre poêles placés aux quatre côtés de la magnanerie, pour échauffer la rotonde au besoin.

Au sommet du toit conique on voit s'élever le

paratonnerre L , K , avec l'indicateur des vents, qui tient à la tige conductrice K L, d'où descend le fil métallique conducteur L, *m*, *n*, *o*, jusqu'au point *p*, afin de protéger la magnanerie de l'influence électrique , et découvrir par la girouette le courant de l'atmosphère. Ce qui sert à régler la marche météorologique , et à prévenir des accidens fâcheux.

La hauteur visible de l'édifice, depuis sa base *q q*, jusqu'à sa corniche *r r*, est de huit pieds. La hauteur de la rotonde elliptique, depuis le pavé commun *q*, *q* de l'édifice jusqu'à la corniche G, G, est de quinze pieds. La hauteur du toit est , depuis sa base G , G, jusqu'au sommet L , de douze pieds.

Le diamètre le plus long de la rotonde elliptique est de dix toises, et le plus large de sept; de sorte qu'on peut établir commodément quatre rangs d'étagères dans l'intérieur de son pavé, et qu'on peut les faire monter au nombre de trente-six, c'est-à-dire deux séries d'étagères *médianes*, au nombre de vingt - quatre (chaque étagère pourra soutenir de haut en bas, et à une distance convenable, sept claies de la dimension de celles de la *fig.* 7, *pl.* III), et deux rangées de petites ou demi-étagères, en longueur, qui seront au nombre de seize et pourront soutenir chacune sept demi-claies.

Les étagères telles que celle de la *fig.* 8 , *pl.* III , seront fixées sur le sol, dans les trous déterminés et au plafond de la galerie elliptique, par des barres de bois ou de fer, et des vis de métal.

Nous ne considérons pas les dimensions de l'édifice que nous venons de donner comme immuables, on pourra les déterminer selon l'importance des entreprises. Seulement les distributions et dispositions du plan démontrent combien elles sont essentielles à la commodité et à l'utilité, et combien elles sont propres à éloigner tout danger dans les grandes couvées.

Pour les petites couvées, nous proposerons le plan tracé à la *fig.* 7, *pl.* IV, où sur l'espace intérieur de la surface a, a, a, a, on pourra établir vingt étagères au moins. Dans les locaux b pour l'enfance, c pour l'incubation, d pour les papillons, e pour les constructions et les claies, f pour le feuillage, g pour le magnanier, h pour les assistans, i pour l'écurie, la remise et les instrumens, p, p, p, p pour les entrées principales de la magnanerie, q, q, q pour les portes particulières, r, r pour les valets rustiques, et S, S pour les poêles.

Le plan de la *fig.* 7, *pl.* IV, étant ainsi distribué et recouvert par l'élévation de la *fig.* 6 de la même planche, sera garni d'ouvertures convenables pour la lumière, le flux et le reflux de l'air, et les corridors pour la circulation des assistans et les travaux des ouvriers; tels sont les trois rangs d'ouverture A, b, b, c, c, et les portes d, d, d, de notre figure. On voit encore les tubes pour la fumée, le paratonnerre f, et la girouette g. Nous pensons que cet édifice est très-convenable pour les petites couvées et qu'il sera d'une grande économie.

Pour revenir à notre premier plan, il nous semble important de noter que la coupole de la rotonde doit être en forme conique, et elliptique vers sa base. Il est encore important que les murs intérieurs de la rotonde soient enduits d'un ciment composé de trois parties de chaux vive et d'une de sable ferrugineux, propre à les bien consolider, à les égaliser, de manière à n'offrir aucun abri aux insectes ou à la poussière, et à leur donner un beau poli. Le pavé de la rotonde doit être formé de carreaux vernissés, ou d'un ciment composé de deux parties de chaux vive, moitié sable, et d'une partie de gluten animal, comme de la colle ou du blanc d'œuf, ou du fromage frais, pour le rendre bien compacte et bien dur.

CHAPITRE III.

Ameublement de la magnanerie.

ARTICLE PREMIER.

Instrumens météorologiques.

1°. DU PARATONNERRE.

Dans les expériences météorologiques que nous avons faites en travaillant au présent Traité, nous avons toujours fait usage, pour nos observations barométriques, du baromètre de Torricelli, amélioré par les découvertes modernes; pour les observations thermométriques, de l'échelle de Réaumur et du centigrade; pour les remarques hygrométriques, de l'appareil de Saussure et de Deluc, et pour les observations électrométriques de la machine d'Henly; mais comme on peut se servir d'instrumens qui joindront à une égale précision une plus grande économie pour une magnanerie, nous indiquerons ceux dont les méthodes exigent moins de soins pour les employer et les conserver, et qui, étant d'une exécution plus facile, peuvent s'obtenir plus aisément.

Le paratonnerre est une barre de fer très-ductile, continue, et sans la moindre interruption dans toute la masse métallique de sa longueur : sa forme est une verge plus ou moins longue, ordinairement conique comme le paratonnerre K L de la *fig.* 1, *pl.* I, ou cylindrique, ou quadrangulaire ; elle se termine en pointe qui doit être parfaitement polie et souvent dorée, ainsi que sa partie inférieure, afin qu'elle ne soit pas exposée à l'oxidation. Une verge de fer de cette espèce, conductrice de l'électricité, étant plantée verticalement en terre, est envahie souvent par le fluide électrique qui la parcourt de haut en bas quand il passe de l'atmosphère sur cette barre pour se décharger dans la terre, et de même quand il part de la terre et se dirige vers cette barre pour se décharger dans l'atmosphère.

Cet appareil, inventé par Franklin et nommé *paratonnerre*, est d'une grande utilité, car le fluide électrique ayant une grande propension à s'attacher aux corps avec lesquels il a de l'affinité, et particulièrement à des extrémités métalliques arrondies ou pointues, il les envahit ; de sorte que là où l'on plante le paratonnerre, il offre, à un certain diamètre de la circonférence adjacente, une issue déterminée aux décharges de l'électricité, et par conséquent une protection sûre aux objets qui l'environnent. Ainsi, les paratonnerres placés sur les édifices par le moyen de la verge que nous avons décrite, fixés sur le point le plus élevé du toit, et s'étendant à l'extérieur depuis le haut du bâtiment jusqu'à sa base, comme on le voit, la

verge k, l, m, n, o, p, fixée seulement aux points
l, m, n, o, *fig.* 1, *pl.* I, plantée au point p du sol,
et dont l'extrémité inférieure se rend dans une citerne ou puits, ou un amas d'eau perpétuel, pourra
éloigner de l'édifice toute influence électrique, et
par conséquent tous les désastres de la foudre.

2°. *De la girouette.*

La girouette ou la rose des vents, proprement
nommée *anémoscope*, consiste en deux barres
métalliques d'une dimension et d'une longueur
égales; elles se croisent au milieu de leur longueur,
et forment des angles droits; on les attache à une
barre de fer verticale ou à un paratonnerre,
comme au paratonnerre K L, *fig.* 1, *pl.* I, en les
disposant de manière qu'une des barres aille de
l'orient à l'occident, et qu'elle ait la grande lettre E
du côté de l'est, c'est-à-dire de l'orient, et la lettre O à l'ouest ou occident. L'autre barre doit être
dirigée du midi au septentrion; son extrémité méridionale aura la lettre S qui commence le mot
sud, et son extrémité septentrionale aura la lettre
N, première lettre du mot nord.

Quand ces quatre initiales E, O, S, N, seront
établies aux quatre extrémités de la croix rectangulaire fixée horizontalement sur la barre verticale
K L, on garnira le sommet de cette dernière d'une
girouette mobile en forme de drapeau, ou plutôt
de flèche, de métal l'un et l'autre. Sa pointe, en se

tournant, indiquera la direction des courans de l'atmosphère et de l'origine des courans partis de l'un des quatre points cardinaux vers le point opposé, ce sera le point marqué par la pointe de la girouette, et qui ira vers sa queue. Ainsi, quand la pointe de la girouette sera à l'est, le vent ira de l'est à l'ouest que marquera la queue de la girouette, et ainsi de suite lorsque la pointe marquera l'ouest.

3°. *De l'électromètre d'Henly.*

L'électromètre d'Henly est une barre en os noir ou en ébène, de cinq lignes ou davantage de diamètre sur sept à huit pouces de hauteur, arrondie à son sommet, fixée verticalement sur un pied de métal, et garnie à sa gauche d'un demi-cercle en os ou ivoire gradué, dont le demi-diamètre est d'un pouce, et au centre duquel est suspendu perpendiculairement un balancier, ou tige, ou pendule en os, de quatre pouces de longueur et une ligne de grosseur. L'extrémité inférieure de ce pendule est garnie d'une petite balle de liége ou de moelle végétale de quatre à cinq lignes de diamètre, et dont l'extrémité supérieure est attachée à un petit axe mobile au centre du demi-cercle.

Cet instrument très-simple étant appliqué sur le conducteur d'une machine électrique, peut découvrir aisément l'intensité de l'électricité par la divergence du pendule qui se tourne plus ou moins du haut en bas sur son cadran, et s'éloigne de la barre perpendiculaire, ainsi qu'on le voit par la *fig.* 10, *pl.* VII. Ce phénomène est l'avant-coureur de l'état électrométrique de l'atmosphère, et peut, au besoin, faire prendre les décisions nécessaires pour prévenir tout malheur.

4°. *De l'aimant.*

La force attractive et répulsive de l'aimant, soit naturel ou artificiel, étant plus énergique dans les temps de sécheresse et de grand froid, que dans les temps humides et très-chauds, prouve alors la surabondance électrique dans l'état ordinaire de l'atmosphère par la grande adhérence du conducteur magnétique à ses pôles, puisqu'il ne s'en détache qu'avec effort. Un tel phénomène peut encore servir à découvrir l'intensité électrique de l'air atmosphérique, et à prendre les précautions nécessaires pour mitiger l'influence de ce fluide. A cet effet l'aimant artificiel comme celui de la *fig.* 17, *pl.* III, ou de toute autre forme à volonté, peut, ainsi que l'aimant naturel qui est beaucoup plus cher, offrir un moyen commode d'explorer l'état magnético-électrique de l'atmosphère, et celui de faire remuer les aiguilles indicatrices du thermomètre horizontal, *fig.* 8, *pl.* II.

5°. *Du baromètre.*

Quoique le baromètre à citerne, comme celui de la *fig.* 7, *pl.* II, ou de toute autre méthode, n'indique que presque régulièrement, et constamment, les variations atmosphériques convenues, qui sont seulement en rapport avec le poids de l'air, il en indique cependant deux régulièrement et sans équivoque. En effet, la colonne de mercure s'abaisse constamment quand l'atmosphère tend à l'agitation, à la pluie et à une température basse ; mais lorsqu'elle tend au calme, au beau temps, à la raréfaction et à une température élevée, le mercure s'élève et s'allonge dans la colonne.

Ainsi, il est utile au magnanier d'avoir un baromètre, car son échelle, par les différens degrés d'élévation ou d'abaissement, lui indiquera le titre de la variation du temps depuis le vingt-septième jusqu'au vingt-neuvième pouce, c'est-à-dire le mauvais temps du vingt-septième au vingt-huitième pouce, et le beau temps du vingt-huitième pouce quatre lignes au vingt-neuvième, ainsi que les autres variations intermédiaires qui sont irrégulières.

<h3 align="center">6°. Du thermomètre.</h3>

Le thermomètre, comme indicateur des différens degrés de la température atmosphérique, est d'un grand avantage dans les expériences physiques et chimiques. Les thermomètres d'alcool colorés sont considérés comme les plus sensibles, et ceux de mercure comme les plus précis. Le thermomètre représenté au point 9, *fig.* 22, *pl.* III, et celui représenté au point *i* de la même figure, sont utiles comme très-sensibles dans leurs degrés de variations thermométriques. Ils portent l'échelle de Réaumur et de Fahrenheit, mais ils ne présentent pas l'avantage du thermomètre horizontal à deux bras, qui marque en même temps le *maximum* d'élévation ou d'abaissement thermométrique, comme nous allons le démontrer.

Du thermomètre horizontal.

Le thermomètre *fig.* 8 , *pl.* II, est très-utile; il est d'une démonstration facile et coûte peu ; il marque le dernier degré, soit de la haute ou de la basse température. Le tube de cet instrument est recourbé et s'étend à droite et à gauche en deux bras parallèles penchés à gauche; la colonne de mercure, en suivant leur disposition, est également recourbée en deux bras, partant tous deux de gauche à droite, et parcourant chacun la graduation de Réaumur, dont l'échelle supérieure va du quarantième au vingtième degré, et l'échelle inférieure du vingtième au quarantième. Là se trouvent aux extrémités intérieures, supérieures et inférieures du mercure, deux aiguilles en métal, vernies en noir, et longues chacune de cinq lignes, c'est-à-dire l'une à l'extrémité $a\ b$, et l'autre à l'extrémité $c\ d$ qui suivent l'élévation et non l'abaissement du mercure dans la capacité interne du tube. Mais comme le vif-argent, en se raréfiant, s'élève du côté $c\ d$ du bras inférieur, et s'abaisse par conséquent du côté $a\ b$ du bras supérieur, il arrive que le mercure et l'aiguille du tube inférieur courent en avant, tandis que l'aiguille du tube supérieur reste au point où elle se trouvait au moment du changement thermométrique; de sorte que par ce changement il s'opère un espace indicateur de la rétrocession entre le mercure et l'aiguille du bras supérieur, servant à prévenir les variations atmosphériques qui auraient lieu dans la magnanerie dans l'intervalle d'une inspection à l'autre. Ce qu'il y a de singulier dans le mécanisme de cet instrument, c'est que par l'action de la chaleur le même mercure baisse dans le bras supérieur, et s'élève dans le bras inférieur, tandis que par l'action du froid le mercure du bras supérieur s'élève, et celui de l'inférieur descend, ce qui nous avertit, dans le premier cas, de l'arrivée graduelle de l'été, et de celle de l'hiver dans le second cas, indépendamment des variations relatives et journalières.

7°. *De l'hygromètre.*

L'hygromètre de Saussure, armé pour chaque expérience, ou du moins chaque jour, non pas d'un cheveu préparé *ad hoc*, mais de lames d'os de baleine très-minces et régulières, selon Deluc, sert à marquer à peu près l'humidité ou la sécheresse extrême; mais comme dans une magnanerie il suffit de s'assurer de l'état de tendance d'humidité ou de sécheresse pour prendre une décision en conséquence, on peut employer toute

sorte d'hygromètre, de même que celui représenté à la *fig.* 11, *pl.* III, dont le cadran marque
depuis zéro jusqu'au trentième degré; l'humidité à gauche et la sécheresse à droite, ce qui
suffit pour donner une évaluation satisfaisante;
tout autre joujou hygrométrique remplirait le
même but.

ARTICLE II.

Ustensiles mécaniques.

INCUBATOIRE.

Figure 22, *planche* III.

L'incubatoire que nous avons imaginé, et dont
nous avons donné le dessin à la *fig.* 22, *pl.* III,
consiste en une armoire parallélipipède de bois
qui a quatre pieds de largeur, cinq pieds de hauteur, deux pieds de profondeur. Il est partagé dans
l'intérieur par les quatre plans a, b, c, d, horizontaux et inclinés au dehors, mais toujours parallèles
entre eux, et percés de trous convenables pour
établir dans la capacité interne la communication
nécessaire entre les plans contigus; il est garni
encore : 1° de châssis vitrés e, f pour voir en dedans,
un desquels, celui à droite, f, soutient un thermomètre g de Réaumur : ces châssis servent à fermer
l'incubatoire; 2° du soupirail h sur le côté supérieur,
afin de diminuer et régler la température; 3° du
thermomètre i, dont la partie visible présente les
degrés 16, 17, 18, 19, 20, indispensables pour les

observations du magnanier ; le reste est caché dans l'intérieur de l'incubatoire ; 4° de l'étuve *k k*, garnie de la porte *l* et du nid *n* destiné à contenir les œufs ; 5° et enfin des claies *o*, *p*, *q*, *r*, *s*, *t*.

L'étuve *k k* de l'incubatoire est formée de bandes de fer-blanc, arrangées et soudées pour recevoir la lampe *fig*. 18, *pl*. III, qui est construite de manière à graduer sa flamme en descendant ou en baissant la mèche, d'après le mécanisme intérieur de la *fig*. 5, *pl*. V. Cette lampe sera placée au centre de l'étuve dans un petit plat, avec une ou deux lignes d'eau, pour absorber le gaz acide carbonique que développe la combustion qui doit établir une température de dix-sept à dix-huit degrés et demi dans la capacité interne de l'incubatoire. En fermant sa porte *l*, il arrivera que l'intérieur restera en rapport seulement avec l'air extérieur, au moyen du tube *m* qui doit alimenter la combustion et donner issue à la vapeur qui se développe, et au courant d'air vers le bas de l'étuve ; ce qu'on obtient par l'ouverture d'un petit tube attaché au point *d* qui donne hors de l'incubatoire, et par le même endroit on donnera également issue au gaz grave-spécifique et fétide qui pourrait nuire à la salubrité de l'air de l'incubatoire.

LAMPE POUR L'INCUBATION.

Figure 18, *planche* III.

C'est un vase cylindrique de fer-blanc, représenté par la *fig.* 18 ; il a deux pouces au moins de hauteur de l'un à l'autre des points *e e*, et il a un diamètre de trois pouces et demi ; il est garni d'un tube de verre *a a*, du bec *b* pour la mèche, du manche *c* et du bouton *d* destiné à graduer la flamme en élevant ou en abaissant la mèche.

Le volume de la mèche et la quantité de combustible peuvent produire et conserver une flamme propre à développer une température de trente degrés sur l'échelle de Réaumur, dans l'intérieur de l'incubatoire. On peut la graduer facilement, plus ou moins, depuis le quinzième jusqu'au vingtième degré, et l'entretenir pendant l'espace de neuf à dix heures continues.

POÊLE.

Figure 8, *planche* IV.

Dans une magnanerie établie dans les climats chauds, les variations atmosphériques, soit au printemps, soit dans le courant de l'été, ne sont pas rares ; il arrive souvent qu'un excès de chaleur amène l'inertie de l'atmosphère vers le calme, ce qui peut être très-funeste à la respiration et à la transpiration considérable des vers. Il n'est pas extraordinaire non plus de voir des froids prompts et intenses qui durent quelquefois assez long-temps pour faire mal au ver, surtout dans son enfance et ses mues. Pour obvier à ces événemens météorologiques, il est de la dernière prudence d'établir des moyens propres à produire un courant d'air dans les temps chauds, humides et calmes. Il est aussi utile, dans les temps rigoureux, pour les climats tempérés comme pour ceux qui sont froids, d'établir un calorifère propre à mitiger la basse température, et à produire, et même à conserver la chaleur à un degré voulu.

Dans ces circonstances, le meilleur et l'unique moyen, le plus expéditif à employer, est un poêle qui peut encore servir comme moteur lorsque l'atmosphère est par trop calme ; mais il doit être construit d'après des règles certaines, pour qu'il puisse remplir son but avec autant d'utilité que d'économie. En établissant le poêle que nous avons adopté, nous nous sommes pénétré des raisons suivantes : que la structure du four soit propre à régler et à graduer la combustion ; que la combustion ne dévore pas inutilement le combustible ; que la combustion soit seulement en rapport avec l'air extérieur de la magnanerie ; que le poêle soit isolé dans une cellule d'une capacité assez grande pour mettre le volume d'air qu'elle peut contenir en rapport avec l'intérieur de la galerie elliptique, ce qui a lieu par le moyen de tubes de communication de la cellule à la galerie.

La cellule A B peut s'élever de son plan *e e* autant qu'il y a d'élévation entre la base *q q* et la corniche *r r* de l'habitation, *fig. 1, pl.* I. Le poêle C D doit avoir un foyer dont la direction aille de la porte F au côté opposé. Il doit avoir dix-huit pou-

ces de long dans son intérieur, et un pied de haut.
On construira uniformément les fours des quatre
poêles destinés aux quatre coins de la galerie elliptique [1]. On mettra l'intérieur du poêle en rapport
avec l'air extérieur de l'habitation par un tube de
communication appliqué au point le plus convenable de la base $g\,g$ de chaque poêle, se dirigeant
vers les soupiraux latéraux respectifs et opposés $d\,d$,
fig. 1, *pl.* I, du périmètre de l'habitation. Le haut-
fond du four F du poêle C D sera mis aussi en rapport seulement avec l'air extérieur de l'habitation,
au moyen d'un tube appliqué à la partie supé-
rieure $h\,h$ et au point j, tel que le tube j, j, j, correspondant aux tubes $i\,i$, *fig.* 1, *pl.* I, visibles au
sud, afin de donner une issue à la fumée, et une
entrée à l'air nécessaire à l'exercice de la combustion.

Chaque tube des poêles doit avoir le long de
son intérieur, comme le tube j, j, j, une valve
mobile au point k, ou à un autre point plus commode, armée d'une longue poignée ou clef, par
laquelle on fermera ou on ouvrira l'entrée de l'air
extérieur, ou on en mitigera la rapidité et le volume qui serait superflu à la combustion pour tel
ou tel autre degré de chaleur. Les poêles étant
ainsi disposés et organisés, ils donneront à peu de

[1] C'est-à-dire dans les locaux numérotés 6 et 14 du côté
S. E. N., ou à la droite du plan, *fig.* 1, *pl.* I, et de ceux numérotés 4 et 12 S. O. N., ou à la gauche du même plan.

frais la température que l'on désirera, selon que l'état météorologique et particulièrement thermométrique de l'atmosphère et la santé des vers le commanderont.

FLAMBEAU D'ALCOOL.

Figure 19, *planche* III.

Le flambeau d'alcool que nous proposons pourra mettre en mouvement l'air de la magnanerie, si après l'avoir allumé on l'agite en rond parmi les porte-claies ; il peut encore diminuer la malfaisance de l'humidité. Ce flambeau doit être construit de manière à ce qu'il contienne dans l'intérieur un volume suffisant d'alcool pour entretenir sa flamme assez long-temps, de sorte que trois de ces flambeaux, au plus, puissent, en circulant rapidement dans les corridors de la galerie, raréfier l'air intérieur, le mettre en mouvement, éloigner et chasser même l'humidité qui peut s'y trouver.

VENTILATEUR.

Figure 9, *planche* III.

Le ventilateur est, dans notre opinion, le moteur le plus utile, le plus actif et le plus précis pour renouveler le mouvement de l'atmosphère, lorsque celle de la magnanerie est inerte vers le calme. On l'agite et on le tourne facilement avec la main ou par un cours d'eau ou d'air qu'on a préparé *ad hoc* ; il remue l'air et le renouvelle. On en placera quatre comme celui qui est représenté par notre figure ou de toute autre forme; ils seront tous uniformes et occuperont chacun un des points V, V, V, V dans l'intérieur de la magnanerie, *fig.* 1 , *pl.* I. Leur position sera verticale ou horizontale , et de front, dans une ouverture immédiate et proportionnée à la moitié de la hauteur de la galerie, entre son haut et bas-fond.

La dimension de ces ventilateurs pourrait être de six pieds de haut sur trois pieds de diamètre , et leur mécanisme tel qu'on le voit sur leur soutien dans le plan 10 de la même figure 9. Si l'impulsion du ventilateur devenait dangereuse parfois, et que son mouvement repoussât l'air contre les porte-claies , on y remédierait en interposant de haut en bas une cloison d'une dimension convenable.

POMPE FOULANTE.

Figure 2 , *planche* III.

Il n'est pas rare de voir les feuilles de mûrier recouvertes de substances résineuses , mielleuses , sucrées ou terreuses, qui sont nuisibles au ver qui s'en nourrit; elles lui causent non - seulement un malaise, mais elles lui donnent la mort. On peut sûrement obvier à ce désastre en lavant le feuillage , soit en le mettant sous un jet de fontaine , ou d'une pompe foulante, comme celle de la *fig.* 2, dont le tube *a b* est terminé en forme d'entonnoir renversé et écrasé vers *b*. Cette pompe, ainsi disposée, sera fixée dans une citerne, ou dans un puits, ou dans une couche de terre inférieure, dans la profondeur de laquelle se trouve de l'eau qu'elle puisse tirer et répandre en plusieurs jets divergens et perpendiculaires sur le réservoir du feuillage que nous allons décrire.

TAMBOUR TOURNANT.

Figure 3, *planche* III.

Le tambour D représenté en forme cylindrique, d'après le plan de la *fig.* 3, est long de six pieds sur un diamètre de trente pouces; il est traversé dans sa longueur par l'axe *e e* placé horizontalement sur ses soutiens *f f* aux points *e e*. Les parois de ce tambour sont en filets tissus légèrement avec de la ficelle, et disposés de manière qu'une longue ouverture permette d'introduire et de retirer librement les feuilles. Comme il est destiné à laver le feuillage sali, on le place dans le bassin *g g*, où on pourra le tourner perpendiculairement sous le jet d'eau *b*, par le moyen de la poignée *e*, tandis que le piston de la pompe *a c* sera agité par le levier articulé au point *a*. En tournant continuellement le tambour, on obtiendra facilement la lotion du feuillage; et lorsqu'il sera lavé, on le retirera et on le déposera dans un endroit convenable pour le faire sécher, comme celui dont nous allons parler.

SÉCHOIR.

Figure 1, *planche* III.

Un ou plusieurs filets de ficelle bien solides, quadrangulaires, rectangulaires ou de toute autre forme, plane à volonté, formeront le séchoir demandé ; il pourra avoir dix pieds de long sur trois de large, plus ou moins. Ces mêmes filets, suspendus à une certaine hauteur, par les quatre angles au moyen de cordes, d'anneaux, ou de pieux comme celui de la *fig.* 1, seront placés dans un lieu exposé à un courant d'air et abrité : on y répandra les feuilles mouillées par la pluie ou la lotion, pour les faire sécher ; on y mettra même les feuilles échauffées pour les rafraîchir, et celles qui seraient arides pour les humecter, s'il est nécessaire.

La *fig.* 4, *pl.* III, entrelacée, ou de cannes écrasées, ou de saule, ou d'osier aplati, ou d'un bois quelconque, offre aussi un excellent séchoir qu'on pourra établir comme le précédent.

PORTE-CLAIES OU ÉTAGÈRES.

Figure 8, *planche* III.

Le soutien propre à recevoir les claies est composé, comme le démontre la *fig.* 8 de cette même planche, de petites poutrelles de la hauteur de la galerie, que l'on fixera à son plancher et à son plafond : trois de ces poutrelles seront placées à des

distances égales et parallèles, liées à leur extrémité par deux barres de bois ou de fer, et fixées
verticalement au pavé de la magnanerie comme à
son plafond, et on laissera une distance de trois
pieds d'un porte-claie à l'autre.

Chaque porte-claie étant composé et placé
ainsi, on garnira sa longueur à des points équi-
distans de sept supports en bois, comme ceux fi-
gurés sur la poutrelle verticale n° 5, *pl* III. Chacun de ces supports sera long de treize pouces,
et sera éloigné de l'autre de treize pouces au
moins. Ils pourront recevoir commodément sept
claies de la dimension de celles du n° 7 de cette
planche. Les porte-claies moyens peuvent être
composés seulement de deux poutrelles, de la
même longueur que celle des grands porte-claies ;
ils seront divisés de même, et garnis d'autant de
supports, qui porteront sept demi-claies dans toute
leur hauteur.

CLAIES A REBORD.

Figure 7, *planche* III.

Cette claie est une natte de figure rectangulaire tis-
sue en osier ou en tout autre bois, soit en cannes ou
en lattes de trois à quatre pieds de largeur, liées ou
entrelacées de manière qu'il reste assez d'espace entre
ses tiges non-seulement pour laisser circuler l'air au
travers de haut en bas, mais pour laisser le ver séjourner ou passer d'une surface à l'autre sans obstacle.
Cette *fig.* 7 présente une claie à rebord, vue en

dessus. La *fig.* contiguë, n° 6, la représente vue en dessous ; elle est longue de six pouces et large d'un, et cela avec raison, afin que le poids ne la fasse pas s'affaisser. Son périmètre est garni d'un rebord de deux pouces et demi seulement qui sert à retenir le ver dans son enceinte.

CLAIES A FILET.

Figure 13, *planche* V, et *figure* 11, *planche* VII.

Cette claie oblongue, mais réduite aux mêmes dimensions que celle du n° 7, est sans rebord : elle est en forme de filet, et laisse également entre ses mailles du jeu à l'air et un passage aux vers, pour aller d'une surface à l'autre. Cette claie, bien fournie de feuilles et placée sur une claie à rebord, donne le moyen d'attirer le ver dessus et de le changer comme nous le dirons à l'article du changement des claies.

PANIER ROULANT OU DISTRIBUTEUR.

Figure 9, *planche* II.

C'est un meuble de figure ovale, tissu en osier, en saule, en châtaignier ou en latte de pin, à fond de bois, large de cinq pieds, long de quatre et haut d'un pied et demi. On trouve planté sur ce fond un pieu haut de dix pieds, surmonté d'un pignon à deux poulies, garnies de deux cordes armées de crochet, par lesquelles on monte et l'on descend des corbeilles de seize à dix-huit pouces de diamètre, à leur bord supérieur, et de la même forme que celle de cette figure, suspendue à son sommet. Il est destiné à transporter le feuillage pour la distribution dans la magnanerie : c'est pour cela qu'on adapte à sa base des roulettes qui le font circuler dans les corridors, et lui font, au moyen de son fût, mettre sous la main du distributeur deux corbeilles pleines de feuillage pour les repas.

CHARRETTE POUR LE TRANSPORT DU FEUILLAGE DE LA MURERAIE A LA MAGNANERIE.

Figure 23, *planche* III.

C'est une voiture très-utile pour transporter et conserver le feuillage sans être chiffonné ni altéré, comme il arrive quand on le transporte dans des sacs, où resserrées, manquant d'air et comprimées, les feuilles changent de nature et s'échauffent.

Cette voiture, dont les parois en forme de filets laissent un passage à l'air et non aux feuilles, est couverte en forme de toit par deux planches ou volets qui peuvent s'ouvrir pour déposer les feuilles, et se fermer pour les garantir de la pluie ou des rayons d'un soleil trop chaud, afin de les conserver intactes et fraîches. On a pratiqué un siége garni sur sa partie antérieure pour y placer commodément le conducteur. Vers le milieu de la traverse antérieure et visible est attaché d'une manière mobile un bâton perpendiculaire de la moitié du diamètre de la roue ; il doit être gros de trois pouces , et il est destiné à alléger le poids qui pèse sur le dos du cheval lorsqu'il est en repos, et à faire tenir horizontalement la voiture lorsqu'on déposera ou qu'on enlèvera le feuillage.

BROUETTE.

Figure 4, planche II.

Ustensile destiné à contenir les immondices et à les transporter hors de la magnanerie.

CASSETTE DE TRANSPORT.

Figure 3 , planche II.

Ustensile pour recevoir le feuillage, ou des vers, ou des papillons, ou tout autre objet, pour les porter ailleurs.

GARDE–PAPILLON.

Figure 5 , planche II.

Boîte divisée en cellules quadrangulaires propres à contenir chacune un papillon.

CHEVALET.

Figure 6 , planche II.

Lit mobile oblong, de six pieds sur trois, garni de pointes pour recevoir et étendre une toile dans toute sa longueur; on y rassemblera les papillons lorsqu'ils seront accouplés.

CHEVALET A PLUSIEURS CLAIES.

Figure 12, *planche* II.

Meuble destiné à soutenir les huit claies carrées, garnies de toile de lin, où les papillons doivent déposer leurs œufs lorsqu'ils auront été fécondés, et qu'ils se seront déchargés des matières fécales, rougeâtres et terreuses.

CARRÉS DIVERS.

Figure 13, *planche* III.

Ustensiles quadrangulaires au nombre de trois, garnis et transpercés de clous dans leurs angles ; d'un côté ils recevront et étendront les toiles dont on les garnira, et de l'autre ils soutiendront comme des pieds les carrés à une petite élévation. Un d'eux est garni en fil, l'autre en toile de lin chargée de graine, et le troisième est dégarni.

PILE DE CARRÉS.

Figure 12, *planche* III.

Carrés posés les uns sur les autres et garnis chacun de linge chargé de graine destinée à l'incubation.

CROCHET.

Figure 14, *planche* III.

Ustensile de fer propre à tirer de l'incubatoire les carrés et les petits rameaux de mûrier chargés de vers.

ÉCHELLE SIMPLE.

Figure 1, *planche* II.

ÉCHELLE DOUBLE.

Figure 2, *planche* II.

Échelle double garnie d'un panier et de roues à ses pieds.

GRANDE PELLE.

Figure 15, *planche* III.

PETITE PELLE.

Figure 16, *planche* III.

FOURCHE DE FER OU DE BOIS.

Figure 20, *planche* III.

BALAI DE CRIN.

Figure 21, *planche* III.

———

Planche VII.

CHAMBRE CHAUDE OU ÉTOUFFOIR.

Figures 1 *et* 3.

Meuble composé du fourneau *fig.* 1, et de l'armoire *fig.* 3, pour étouffer les chrysalides.

RAQUETTE.

Figure 2.

Ustensile ou cuiller réticulaire en fil de fer ou en ficelle, pour pêcher les chrysalides de la chaudière.

CLAIE.

Figure 4.

Les trois quarts d'une claie en osier pour l'étouffoir.

CLAIE.

Figure 5.

La moitié d'une claie en osier pour l'étouffoir.

CLAIE.

Figure 6.

La moitié d'une claie en ficelle pour l'étouffoir.

PETIT FAISCEAU.

Figure 7.

Ustensile de racines de riz, pour saisir les écheveaux des cocons sur l'eau de la chaudière.

SPATULE D'OS.

Figure 8.

Ustensile pour la greffe.

PETIT FAISCEAU.

Figure 9.

Ustensiles de brins de bruyère, pour saisir les écheveaux des cocons sur l'eau de la chaudière.

CLAIE PLANE.

Figure 11.

Claie en osier pour le changement de lit du ver à soie.

CHAPITRE IV.

1°. Du choix des rameaux ou brins d'arbrisseaux et plantes.

2°. De leur récolte, de leur conformation et de leur préparation.

ARTICLE PREMIER.

Du choix des rameaux.

QUOIQU'IL soit facile, dans certaines contrées, de se procurer des rameaux ou petites branches d'arbre, cela est très-difficile et même pénible dans d'autres. Pour éviter un pareil inconvénient et prévenir la pénurie, le retard et le manque d'un objet aussi important pour les vers et l'économie de l'entreprise, il faut en faire provision d'avance, pour être à même de les préparer et de leur donner la conformation convenable. Car il faut que ces rameaux ou quenouilles soient bien apprêtés, pour les disposer en ramage au besoin et y attirer les vers qui vont former leurs cocons.

Les rameaux les plus usités dans les magnaneries sont tirés des plantes, des branches d'arbrisseaux et même d'arbres, parmi lesquels on choisit ceux qui sont les plus propres à présenter au ver, entre leurs branches, un asile proportionné à leur corps et surtout à l'économie du matériel de la soie, dont ils doivent former le cocon qui doit leur servir de tombeau, et où ils doivent opérer leur métamorphose.

ARTICLE II.

Récolte des rameaux pour le ramage.

Les magnaniers font demander aux paysans de leur cueillir des rameaux de bruyère, de genêt, de chiendent, de lavande, de fougère, de chêne, de châtaignier, de frêne, de cornouiller, de colza sauvage, de paille de froment ou de maïs. Ils alignent ces individus à peu près de tous côtés, et surtout le châtaignier et le chêne; car, parmi les végétaux que nous venons de nommer, les rameaux de châtaignier, de chêne, de fougère, de colza, de genêt, sont ceux qui présentent des espaces plus convenables et moins âpres. Cependant nous osons proposer de préférer des rameaux de mûriers nains, lorsqu'on en a, parce qu'ils sont mieux adaptés pour la construction des cocons, et que le ver y travaille avec plus de facilité.

Il n'en est pas de même de la bruyère, de la lavande et de toute autre plante qui leur est analogue. La multitude de leurs feuilles dérange le mouvement du ver, l'embrouille, lui fait dépenser son fil, et l'oblige, par les pointes de ses feuilles, comme par exemple celles de la *fig.* 5, *pl.* VI, aux pointes *e, e, e, e*, à rechercher d'autres niches, sans jamais fixer la fabrication de son cocon, et s'il le forme, le tissu est irrégulier et percé non-seulement par les feuilles, mais il est encore tout entortillé et rebutant pour l'œil de l'acheteur et du fileur. D'ailleurs on ne peut extraire son fil qu'avec peine et perte de soie, et au détriment du propriétaire et des soieries.

Il ne suffit pas de donner ses soins au choix des rameaux dont on fait des ramages; il faut encore les couper avec attention pour les pouvoir bien disposer quand on les posera. C'est pourquoi il est utile de faire d'avance la récolte des rameaux, ainsi que nous l'avons dit, et de l'exécuter même vers la fin de la première époque des vers au plus tard, pour avoir le temps nécessaire de les apprêter sans hâte et de leur donner tout à son aise, et avant l'époque des cocons, la conformation qu'ils doivent avoir. L'ouvrier chargé de cet emploi doit être intelligent, soigneux et industrieux; il doit bien choisir les rameaux réguliers, seuls convenables, les couper, leur donner la hauteur nécessaire qui n'aura jamais moins de treize pouces.

ARTICLE III.

Préparation des rameaux pour le ramage.

Lorsqu'on aura choisi et coupé les rameaux, et qu'on leur aura donné la hauteur voulue, il faut les laisser flétrir afin de leur conserver adhérent le feuillage si agréable à l'insecte lorsqu'il forme son cocon, entre les cavités de ces feuilles, mieux proportionnées à la dimension des cocons et plus convenables à l'économie des humeurs soyeuses.

On peut très-bien faire sécher ou flétrir le ramage dans des lieux sombres et exposés à un courant d'air, à la température ordinaire et à un ciel découvert. Si l'état hygrométrique n'est pas à un degré élevé d'humidité ou à la pluie, alors il faut faire cette opération dans un endroit où les rameaux seront abrités de ces météores qui ne peuvent que les pourrir ou les rendre inutiles.

Cette opération est certaine lorsqu'on la pratique avec des précautions et qu'on dépose les rameaux sur des claies de grande dimension faites en osier, ou tout autre bois fort, suspendues à une hauteur proportionnée et exposée au jeu de l'air, jusqu'à ce que les feuilles et les rameaux deviennent mous et que l'odeur végétale se soit dissipée, au point de ne plus aromatiser l'air de la magnanerie et à la rendre insalubre. C'est alors qu'on pourra les retirer pour qu'ils ne deviennent pas friables et qu'ils ne soient pas privés de leurs feuilles, mais qu'ils se trouvent dans un état convenable à former aussitôt les quenouilles.

Lorsqu'on aura fait flétrir les rameaux au point de leur donner, non pas la consistance qu'ils auraient s'ils étaient secs, ce qui pourrait les briser d'un rien et triturer les feuilles, mais le moelleux dont nous avons parlé, on pourra les façonner de suite en ramage, leur donner la forme des *fig*. 5 et 6, *pl*. VI, et en former autant de quenouilles que besoin sera pour loger la masse existante des vers tisserands.

ARTICLE IV.

Formation du ramage.

Lorsque les rameaux préparés pour la confection des quenouilles qui doivent servir à la distribution des ramages seront prêts, on commencera à les arranger, on accouplera les rameaux touffus avec ceux qui le sont moins, en nombre suffisant pour former une quenouille peu fournie. On les rapprochera vers l'extrémité respective l'un de l'autre, comme à l'extrémité *a, a* des *fig.* 5 et 6. Mais chaque extrémité doit être liée de manière à ne pas se ramasser en une forme étroite et parallèle, mais en faisceaux elliptoïdes. Il faut encore qu'il se trouve, parmi les rameaux qui la composent, des espaces longs de quatre pouces au moins comme ceux de la *fig.* 6, *pl.* VI, aux espaces *iiiii* et larges de quinze lignes au plus, afin que le ver puisse s'y placer, et qu'économisant sa soie dans cette juste largeur, il forme un meilleur tissu et un cocon plus riche en fil, sans jeter en vain une foule de lignes diagonales, pour produire avec peine l'ellipse naturelle de sa demeure, qu'il tissera faiblement, puisqu'il aura perdu en bourre la plus grande partie de sa soie.

Lorsqu'on aura entrelacé ainsi les rameaux, on les déposera dans un lieu toujours ouvert et à l'ombre, afin que leurs qualités ne s'altèrent pas, qu'on les ait sous la main pour s'en servir, lorsque l'époque sera venue et qu'on puisse mettre les claies en ramage sans embarras, en suivant la méthode que nous détaillerons, lorsque nous parlerons de la distribution du ramage, de la formation de la ramée sur les claies, opérations qui demandent que les rameaux soient placés solidement et en bon ordre.

Quoique tout ce qui doit précéder notre traité relativement au ver, semble épuisé, cependant qu'on nous permette encore quelques observations utiles à l'administration de cette larve, et avantageuses pour la magnanerie. C'est leur opulent produit qui, satisfaisant les vues commerciales et économiques des cultivateurs, des propriétaires ou des magnaniers, excite, par l'espoir, l'homme industrieux à perfectionner les tissus en soie, l'agriculteur laborieux à améliorer les mûreraies, et les gouvernemens à encourager, par des primes, les opérations rurales du magnanier, qui doivent fixer l'industrie du ver, la culture du mûrier, et contribuer à l'opulence publique et privée.

C'est par le chapitre que nous venons de terminer que nous croyons avoir satisfait au cinquième point de la demande de l'Institut royal de Naples, concernant la description des magnaneries.

Persuadé d'ailleurs que ces idées doivent contribuer au succès de notre dessein, nous chercherons à bien exposer et à détailler le traité qui suit.

Il consiste dans l'histoire du ver, dans son histoire naturelle et dans l'histoire des prédispositions
morbifiques des maladies qui l'assaillent. Ces maladies détruisent souvent la larve et trahissent les
peines, les frais et les soins de l'agriculteur le
plus prévoyant, et enlèvent toutes les espérances
du magnanier. C'est le développement de ces idées
qui formera le chapitre V.

CHAPITRE V.

SECTION PREMIÈRE.

1°. Histoire du ver à soie.
2°. Histoire naturelle et anatomie de ce ver.

ARTICLE PREMIER.

Histoire du ver à soie.

Si le luxe n'avait pas introduit les soieries dans les palais, dans les temples et sur les théâtres de l'Europe, on aurait ignoré peut-être long-temps l'origine de la soie, dont l'usage est si ancien qu'il se perd dans la nuit immense des temps. Si le beau qui fait toujours plaisir, n'avait pas été constamment du domaine des soieries et ne les avait pas fait rechercher, leurs manufactures n'auraient jamais eu lieu chez nous. On n'aurait pas connu l'industrie du magnanier, qui élève le ver et produit la soie, dont on fait non‑seulement des étoffes, mais une foule d'autres objets inventés par l'homme industrieux, pour le décor et pour la commodité de la vie. Bientôt les produits de ces manufactures se perfectionnèrent; ils furent plus durables et plus agréables à la vue, et ils devinrent si bon marché, qu'on put les offrir à un prix très‑raisonnable; de sorte que l'usage de la soie est généralement répandu chez toutes les nations, et par conséquent l'éducation du ver qui la donne est cultivée en Europe.

Cet insecte était élevé chez les Chinois, au sud de leur empire, deux mille sept cents ans avant l'ère chrétienne. Les peuples soumis aux Ptolémées, c'est-à-dire ceux de l'Asie supérieure, faisaient un grand commerce des soieries chinoises dans *Turfane*, leur capitale. Cette industrie s'étendit peu à peu parmi les Indiens, de-là chez les Perses et chez d'autres nations asiatiques; elle passa en Grèce et en Italie. Les Arabes s'en occupèrent ensuite, puis les habitans des Espagnes; enfin la France l'adopta sous Charles VIII. Elle tira le ver à soie et le mûrier de la Calabre méridionale. Je le répète, les progrès de cette industrie furent l'effet agréable des décorations magnifiques que l'art tira des soieries teintes de différentes couleurs, non-seulement pour orner les palais, les temples et les théâtres, mais encore pour vêtir noblement l'homme ainsi que la femme.

L'empereur Justinien n'introduisit à Constantinople l'éducation du ver à soie et la culture du mûrier, comme une branche utile de commerce, que vers l'année 555, c'est-à-dire dans le sixième siècle de l'ère vulgaire. Les Thébains, les Corinthiens et les Athéniens ne s'étaient pas encore adonnés entièrement à cette industrie, où ils obtinrent des succès pendant sept cents ans. Avant cette époque, la Grèce tirait ses étoffes de la Sérica septentrionale suivant Denis Périégète. Les soieries se payaient alors en Europe au poids de l'or : aussi le haut clergé, les monarques et quelques magnats ne s'en paraient que dans les grandes solennités, ce qui leur arrivait encore rarement. Mais enfin cet art s'étant répandu en Grèce, l'usage de la soie devint plus commun et moins dispendieux. L'importation de la Chine diminua, quoiqu'elle ne cessât pas entièrement à cause de la finesse du tissu et de la durée de ses couleurs. Mais on finit par les imiter si bien, et on en répandit tant dans le midi de l'Europe, que les soieries de la Chine devinrent superflues.

Maintenant la différence est bien grande. L'Européen et l'Américain, instruits comme ils le sont et en rapports commerciaux entre eux et avec tous les peuples du globe, font valoir leur intelligence, fournissent à toutes les industries le moyen de se propager, de se populariser au point de faire jouir toutes les classes à peu de frais et avec agrément de tout produit naturel, et de tout secours mécanique. L'industrie manufacturière et l'agriculture sont très-bien cultivées chez nous et chez les habitans de l'autre continent. Elles sont dirigées d'une manière si économique par le secours de machines, que toutes les entreprises agricoles ou civiques sont d'un grand agrément et d'un grand profit pour les nations civilisées, et reviennent à bon marché à tous les acheteurs.

Quoique l'éducation du ver à soie soit générale en Chine, on en trouve dans le nord de cette contrée, d'où cette larve est originaire, deux espèces, suivant l'entomologue Latreille, dont l'une vit sur le mûrier sauvage et l'autre sur le chêne ; mais elles sont d'un profit mesquin en comparaison du ver à soie sauvage de Madagascar et du Bengale, dont nous parlerons plus au long dans la suite.

Le ver à soie vit et s'élève dans les pays que nous avons nommés et dans les contrées peu rigoureuses de l'Europe , excepté dans la zône froide. Il y croit cependant, il y vit, si l'on veut lui prodiguer les soins nécessaires ; mais c'est avec peine et presque sans fruit, à cause des fréquens accidens qui leur donnent la mort et souvent à cause de l'impéritie et de la négligence de ceux qui les élèvent.

Différens auteurs rapportent que les Chinois et les Perses savent faire reproduire et récolter plusieurs fois des cocons dans une même saison. On sait que , dans leur pays, l'été étant plus précoce, plus long et plus régulier , il fournit au mûrier le moyen de se développer entièrement et de produire un feuillage touffu et successif, aussi tendre et aussi bien nourri que celui du printemps. C'est pourquoi il est facile de faire éclore des vers, non pas plusieurs fois [1], mais une seconde fois, et d'obtenir de nouveaux cocons, suivant Pallas. Mais ils

---

[1] Et toujours avec la graine de l'année précédente, réservée exprès en basse température, et non pas avec la graine récente, naturellement difficile à éclore et à bien produire.

sont toujours inférieurs aux premiers , et par conséquent de peu de profit, ainsi que l'assurent des voyageurs véridiques qui ont observé les productions
de cet empire.

C'est un usage invétéré chez les Asiatiques, et, selon moi , une pure habitude et non l'effet du rai-
sonnement, de nourrir les vers dans leur enfance
avec la cime des branches de mûrier. C'est leur
apprêter un aliment tendre et facile et par lequel
les surveillans les attirent plus facilement sur ces
petites feuilles , de sorte qu'ils peuvent les changer
de lit sans crainte ni danger, comme il arrive
quand on opère différemment ce changement.

La coupe des rejetons pratiquée en ce cas est à
propos. Si d'un côté elle blesse quoique légèrement la sommité des branches du mûrier, de l'autre
elle produit peut-être de l'économie pour l'humeur
végétale qui s'accroît ; du moins en refluant sur les
ramifications , si toutefois elle ne se répand pas
au dehors , ce qui est possible , elle ranime d'une
nouvelle vigueur les feuilles destinées aux secondes
couvées. Elles doivent être meilleures , comme
nourriture , que celles qu'on réserverait de la première germination et qu'on aurait laissées en réserve sur les mûriers, parce que ces dernières, ayant
vieilli , en auraient été moins soyeuses.

Il est également faux que les Perses et les Chinois
nourrissent le ver à soie avec des branches de mûrier pendant le cours de leur vie. Cette méthode
serait sans doute excellente si les couvées étaient

peu nombreuses, ou si les mûriers germaient à l'excès comme les blés. Mais il n'en est pas ainsi; les couvées étant innombrables, quelle immensité de mûriers ne faudrait-il pas pour rassasier les nombreuses magnaneries des peuples civilisés, sans détruire une espèce de végétal aussi précieuse! Il faudrait multiplier les mûreraies au point de ne tolérer aucune autre espèce de végétaux nécessaires aux besoins de la société.

Il faut en convenir, le ver à soie se nourrit à peu près de même chez toutes les nations. Il ne faut pas croire non plus que cet insecte puisse se nourrir au besoin avec des feuilles d'autres végétaux, puisque le mûrier seul est son aliment unique et exclusif, quoi qu'on en ait pu dire par hypothèse ou en théories imaginaires, qui ne peuvent qu'intervertir les expériences utiles et certaines des magnaneries. Il n'y a, selon les botanistes, aucun individu qui puisse remplacer le mûrier blanc ou noir comme aliment du ver à soie, dont nous possédons les espèces, puisqu'il n'en attaque aucun autre; et, si les Européens ne peuvent pas avoir deux récoltes de cocons comme les Chinois, ils en obtiennent autant dans la seule et unique qu'ils font en suivant le mode d'éducation adopté d'après les nouvelles expériences et celles de Dandolo, et pratiqué par les nations industrieuses qui possèdent cette larve.

Ce fut dans les Deux-Siciles que commença l'art d'élever ce ver à l'époque des premières croisades.

Les habitans de ces heureuses contrées s'occupèrent petit à petit de cette industrie et s'y livrèrent tellement, que la culture du mûrier et l'éducation de la larve devinrent générales et firent, comme elles le font encore, le plus grand revenu des terres de ce royaume. Cette branche d'opérations agricoles est de nos temps aussi lucrative, mais mieux perfectionnée et bien plus généralement répandue dans la Sicile méridionale et dans la Sicile septentrionale. Elle est tellement productive qu'on exporte tous les ans des soies pour un prix énorme. Si donc on règle la vie de l'insecte sur le mode d'éducation que l'expérience a démontré d'une réussite certaine, on multipliera non-seulement le produit annuel des soies et on augmentera le revenu numérique, mais on pourra encore améliorer les manufactures dans nos pays, comme le sont celles de Belvedere, de Santo-Leucio et de Naples dans l'heureuse Campagne, de Reggio et de Catanzaro dans la Calabre ultérieure, de Messine et de Palerme dans la Sicile méridionale, et les rendre supérieures à celles des étrangers.

Après avoir tout dit sur l'histoire du ver à soie, il est temps de ramasser ce qui peut former l'exposition régulière de son histoire naturelle. C'est le préliminaire essentiel de l'éducation théorique et pratique que nous allons proposer, afin de seconder les vœux de l'industrie, et en particulier des honorables membres de l'Institut d'encouragement de Naples pour les sciences naturelles.

ARTICLE II.

Histoire naturelle du ver à soie.

Les espèces de vers à soie sauvages qui donnent leurs produits sur les végétaux de l'empire de la Chine, ne sont qu'au nombre de deux : l'un vit et se nourrit de feuilles de chène, et produit non pas des cocons, mais de longs fils de soie d'un gris roux qui pendent parmi les branches. Les Chinois s'en servent pour tisser les étoffes qui sont d'une grande durée, et qu'on peut laver sans altérer ni la nature de la matière de la soie, ni même le tissu : l'autre espèce vit sur le mûrier sauvage ; il forme un petit cocon noirâtre de différentes couleurs; ces peuples en font des étoffes agréables et différemment nuancées.

Tous les bombices, entre autres les lépidoptères, sont garnis entièrement ou presque entièrement, des deux côtés, d'antennes barbues ou pectinées, soit dans les deux sexes, soit dans le mâle seulement. Leurs chenilles sont ordinairement épineuses, ou velues, ou tuberculées; elles se nourrissent des parties extérieures du végétal et forment un cocon de soie plus ou moins fourni ; quelques-unes ont les ailes étendues horizontalement, et forment la division des phalènes, *attacus* de Linnée, le genre *attacus* de M. Germar, et le genre des *saturniens* de Schrank. Cette division comprend les plus grandes espèces dont les ailes portent des taches vitrées; telles sont, entre les exotiques, la *phalène porte-miroir*, *bombyx atlas* de la Chine, le *bombyx hesperide*, le *bombyx militta* de Fabricius, et la *phalène cynthia* de Drury, *bombyx cynthia*. Ces deux espèces, à ce que pense le célèbre Latreille, sont celles qui produisent les vers à soie sauvages des Chinois.

Parmi les quatre espèces de *bombyces attacus*, celui connu en Europe est le *bombyx pavonia major*, *grand paon* de Fabricius, dont la chenille forme dans le mois d'août un cocon ovale resserré en forme obtuse à double col : l'intérieur en est composé par des fils de soie convergens; la soie en est forte et tenace, mais gommeuse; son œuf éclot en mai.

D'autres bombices portent les ailes supérieures inclinées en forme de toit; le bord extérieur des ailes inférieures les dépasse horizontalement. Leurs chenilles ont seize pates, quelquefois leurs palpes se présentent en forme de bec, et leurs ailes sont dentelées; l'insecte ressemble à un petit paquet de feuilles mortes. Ces bombices forment les genres *gastro-pacha-odo-nestis* de Germar.

Les espèces de bombices qui n'offrent pas les mêmes caractères, s'associent au genre *lasio campes* de Schrank; c'est dans ce genre qu'est placé le *bombyx mori Linnei* de Roër, Ins. III. VII. LX., qu'on appelle *bombyx* du mûrier. Il est blanchâtre avec deux ou trois raies obscures transversales, et une ligne semi-lunaire se trouve sur les ailes supérieures. La chenille s'appelle ver à soie; il file un cocon ovale bien serré et d'une soie très-fine, d'un joli jaune ou d'un vert tendre, ou bien elle est blanche.

Il y a d'autres espèces, comme le *bombyx neustria*, le *bombyx à livrée* et le *bombyx processionea* de Fabricius, mais ils sont peu intéressans en comparaison du *bombyx* de Madagascar[1] dont le ver processionnaire file ordinairement un sac de soie haut de trois pieds, et dont l'intérieur est rempli de petits cocons ovales au nombre de *cinq cents*, ainsi que l'assure le célèbre Cuvier dans son Règne Animal. De semblables nids sont recherchés avec soin dans les champs par les habitans du pays qui tirent parti de cette soie.

Laissons de côté les autres bombices d'un mince rapport pour ne nous occuper que de notre ver à soie ; son cocon est tantôt blanc, tantôt jaune ou jaunâtre, quelquefois d'un vert tendre ou d'autre couleur. Le espèces même dites esclavones ou noirâtres ne produisent que des cocons d'un jaune plus ou moins foncé ; il y en a qui sont tant soit peu verts.

Notre ver, ainsi qu'on le voit à la *fig.* 8, *pl.* VI, a comme les autres chenilles le corps allongé, cylindrique et divisé dans sa longueur par douze anneaux membraneux et parallèles entre eux, qui sont représentés par la série des *n* de la *fig.* 8, *pl.* VI ;

[1] Flacourt a vu dans l'île de Madagascar trois espèces de ver à soie, mais il n'en a point donné la description.

le dernier anneau postérieur a un petit éperon ou cornet, ainsi qu'on le voit au point *e*, de la même figure. Sa peau est lisse et rase, sa couleur d'un blanc sale et un peu jaune; sa tête écailleuse est d'une substance semblable à la corne et fournie de deux mâchoires robustes, conchoïdes et convergentes; chacune d'elles est semblable à un ciseau concave armé de cinq ou six pointes régulières. Leur mécanisme consiste à se remuer horizontalement, et à couper en particules semi-lunaires imperceptibles la substance de la feuille. Ces deux mâchoires sont recouvertes à la partie supérieure par la lèvre supérieure, et à la partie inférieure par deux corps charnus qui forment presque la lèvre inférieure.

La filière du ver se présente comme une papille percée par un petit trou; c'est par-là que la larve pousse la matière de la soie, qu'il la modèle et dont il forme son fil pour en tisser son cocon. Il y a sur le front de l'insecte quelques rides en forme de front au point *d*, *fig.* 8, *pl.* VI. On lui découvre même presque des sourcils consistant en six petits globes qui ne sont visibles qu'à l'œil armé; ils sont plantés vers la base de chaque côté de la lèvre supérieure précisément sur le bord circulaire de deux légères cavités ovales qui se trouvent l'une à la droite, l'autre à la gauche de la tête, au centre desquelles s'élève un tube très-mince dont l'extrémité est garnie d'un globule mobile qu'on prendrait pour un œil ou pour une palpe.

Le ver à soie domestique est la chenille qui a le

plus de pieds, il en a seize en tout, ainsi qu'ils sont marqués par les lettres *f, g, m, m, m, m, f, i, fig.* 8, *pl.* VI. Six pieds sont écailleux et dix membraneux ; ces derniers disparaissent dans le papillon comme beaucoup de parties utiles dans l'utérus disparaissent sur le nouveau-né de l'homme ; mais les deux pieds postérieurs contigus à l'anus *b* se déploient et se convertissent en une espèce de velu qui forme la queue de la phalène.

On découvre le long des flancs de ce ver dix-huit ouvertures ou trachées aériennes entre les espaces de ses anneaux ; il s'en trouve neuf de chaque côté[1]. Leur forme est ovale et convexe, et l'ouverture verticale qui se trouve au centre de chaque trachée qui va du haut en bas du petit axe de l'ovale. Ces ouvertures s'écartent simultanément à des intervalles égaux, et si insensiblement qu'il faut beaucoup d'attention pour découvrir ce mouvement ; elles sont destinées à la respiration de l'insecte, et nommées stigmates de la respiration ; l'action de l'air n'y opère qu'à l'extérieur de chaque stigmate ; elles forment chacune la base d'autant de vaisseaux internes d'une couleur bleuâtre qui vont en se ramifiant d'une manière divergente et en s'amoindrissant de l'ouverture extérieure vers l'intérieur de l'organisme de l'insecte jusqu'aux organes de la soie et de la moelle épinière. On voit sur

---

[1] La *fig.* 8 de la *pl.* VI, ainsi que la *fig.* 12, *pl.* VII, manquent de précision.

le dos deux lignes noirâtres convergentes entre
elles ; et disposées longitudinalement entre le premier et le second anneau du côté de la tête de l'insecte, elles se retrouvent encore sur le corps du bombix futur. On découvre aussi deux autres lignes
semi-lunaires entre le quatrième et le cinquième anneau. Les rides *d, fig.* 8, *pl.* VI, du front du ver sont
marquées par deux éminences latérales et quelquefois par deux lignes noirâtres divergentes entre
elles qui sont les germes des antennes du futur
papillon.

DEUXIEME SECTION.

Récit anatomique sur le ver à soie.

ARTICLE PREMIER.

Anatomie du ver avant de former son cocon.

La chaleur du ver pendant sa vie est souvent
égale ou presque égale à la température ordinaire
de l'atmosphère dans laquelle il vit. L'ouverture de
son corps offre : 1° une artère assez longue qui
court distinctement le long de son dos, et qui rem-
place l'organe du cœur ; 2° une moelle épinière et
les ramifications nerveuses qui lui sont propres ;
3° un cerveau ; 4° un grand nombre de muscles ;
5° les trachées ou stigmates suivies des ramifications bronchiales qui font les fonctions des pou-
mons. Elles deviennent très-minces à leurs extrémités en parcourant les viscères de la larve. Chaque
stigmate est de forme ovale et concave ; elle est cou-

verte d'un velu châtain jaunâtre circonscrit par un anneau noir et fendu verticalement ; cette fente s'ouvre insensiblement et à des intervalles égaux, peut-être pour respirer. Le sang ou l'humeur qui circule dans le cœur ou dans l'artère du ver est jaune comme dans toutes les larves.

On découvre également ces mêmes parties organiques dans la chrysalide et dans le papillon en les ouvrant, car ces mêmes parties étant essentielles à la vie, à la sensibilité et au mouvement, sont les seules qui se trouvent conservées comme parties uniques de l'insecte pendant les différentes physionomies sous lesquelles il se montre dans le cours de la métamorphose.

En continuant la dissection du ver, on découvre d'abord le canal des alimens dont la disposition longitudinale va directement de la bouche à l'anus. Le commencement de cet organe fait les fonctions de l'œsophage qui se prolonge du point *o*, jusqu'à la fin *m*, *fig.* 8, *pl.* VI, où est la première paire de pieds écailleux ; c'est là qu'il devient étranglé et fermé par une petite valvule ; c'est là que commence la partie destinée à l'organe digestif qui se prolonge et se termine à une petite distance de là par un second étranglement opéré par la moelle épinière, au point où elle se bifurque en prolongeant sa branche de droite à gauche, et la gauche à droite le cerne ainsi en réunissant les deux branches. C'est là que commence aussitôt l'organe excrétoire du ver jusqu'à l'extrémité postérieure *b*, ou l'anus. Son estomac est rempli par les petits brins de feuilles qu'il a coupés; ils sont tels qu'il les a taillés, nageant dans un liquide légèrement visqueux. Ils s'avancent peu à peu et entrent dans l'organe excrétoire; là ils se présentent un peu arides et plus tuméfiés, ils arrivent desséchés à l'anus. Ainsi moulés et agglutinés, ces brins végétables, sans jamais changer de forme ni de couleur, puisqu'ils sont d'un beau vert, forment des excrémens globulaires pendant l'enfance du ver; mais à mesure qu'il grandit, ils deviennent cylindriques et de couleur verdâtre.

Il résulte de là que la découverte qu'on fait petit à petit des vaisseaux qui contiennent le matériel de la soie, est aussi agréable qu'importante. Ils se prolongent depuis la tête jusqu'à l'estomac, et, en poursuivant leur chemin, ils se dirigent depuis le dos du ver, le long du canal alimentaire et à la suite de différentes sinuosités. Ces réservoirs sont ordinairement jaunâtres, et quelquefois ils tirent sur le blanc; ces deux canaux en suivant leur disposition se plient, se replient, s'entrelacent admirablement sur l'aire qui leur est assignée; et petit à petit leur diamètre se rétrécit de plus en plus jusqu'à devenir extrêmement minces et parallèles entre eux; ils communiquent alors à l'estomac par leurs extrémités capillaires, précisément au point où l'estomac de l'insecte subit son second étranglement et forme la division entre l'estomac et l'organe excrétoire. C'est là qu'ils adhèrent et qu'ils déploient vers l'intérieur de l'estomac de très-petits vaisseaux semblables à des filamens blancs destinés à sucer dans l'organe de la digestion le superfin du liquide soyeux. C'est ce dont nous n'avons pu nous assurer à cause de la petitesse de ces fils qui sont presque imperceptibles à l'œil armé.

Les organes de la soie se prolongent de ce point jusqu'au trou de la filière destinée à modeler et extraire le fil qui, au moment où le ver le fait sortir de ses papilles, passe de l'état liquide à l'état mou, et de celui-ci à un degré plus consistant sous l'action de la température et la pression ordinaire de l'atmosphère commune.

On croit que la matière de la soie prise dans l'organe qui la produit, ou formée en fil sur le cocon, est dans l'un et l'autre cas toujours une matière extractive; nous sommes d'une opinion différente. Cette matière n'est pas un extrait mais un produit végéto-animal dans les vaisseaux où il est en état de liquide, et même sur le cocon où, excepté la consistance et l'agglomération, la nature de la soie est parfaitement la même que dans les organes de la soie, et ne peut donc être un extrait, mais un produit composé de sucs végétaux combinés avec les liquides animaux du ver qui sont destinés à ce résultat dans leur organisme.

Les deux minces canaux à soie qui passent dans la filière de la larve, fournissent chacun un fil très-fin, plat et creusé légèrement dans sa partie intérieure qui correspond à l'autre. Ils forment ensemble le fil dont est tissu le cocon ; la ténuité du fil de soie est telle que si l'on en arrange cent cinquante brins égaux parallèlement et en contact, ils couvrent à peine la superficie d'une ligne. Malgré cette extrême ténuité , un fil simple que nous tirâmes d'un cocon blanc bien serré , quoique d'une pesanteur non appréciable, et long de cinq pouces seulement , soutint plus de trois gros, et il ne se brisa qu'un instant après, au poids det rois gros et dix grains , ce qui se répéta pendant dix expériences consécutives, quoique plus fin et moins tenace que le fil de soie jaune, mais plus jolie : en effet, un fil que nous tirâmes d'un cocon jaune, aussi long et aussi mince, a porté le même poids , et ne s'est rompu qu'une minute après, plus ou moins, pendant quinze expériences consécutives ; ce qui prouve qu'il est plus fort et plus tenace que l'autre.

Malpighi a observé que le fil d'un cocon parfait est long de mille quatre-vingt-onze pieds et quelques pouces ; d'autres entomologues ont trouvé qu'il avait la longueur d'une lieue. Lionet assure avoir vérifié plusieurs fois la longueur du fil du cocon, et avoir trouvé qu'il était du plus au moins de sept à neuf cents pieds. Nous sommes parvenu, avec une peine infinie, à dévider un cocon verdâtre, et nous avons compté mille pieds en mesurant toute l'étendue de son fil. Deux autres cocons jaunes, que nous avons dévidés, nous ont donné, l'un neuf cents pieds et quelques pouces, et l'autre neuf cent cinq. Ces résultats ne doivent pas étonner lorsque l'on observe que deux mille cinq cents à trois mille cocons ne donnent qu'une seule livre de soie.

Pour revenir à l'anatomie du ver à soie, et surtout aux vaisseaux admirables du liquide qui forme la soie, nous pourrions affirmer, d'après le dire de quelques entomologues, que ce liquide ne s'amasse point par la sécrétion, mais plutôt par la transsudation, puisque les recherches anatomiques les plus minutieuses n'ont pu découvrir, même avec le secours de l'œil armé, le moindre rapport entre les organes adjacens et ceux qui contiennent la matière liquide de la soie. Nous étant attaché à vérifier cette assertion, nous avons découvert que les vases où se trouve cette matière s'ouvrent un passage d'un côté, et pénètrent dans la partie inférieure de l'estomac où ils adhèrent. Là, ils déploient des vaisseaux imperceptibles, comme des filamens blanchâtres, par lesquels ils sucent peut-être le liquide soyeux; ils vont, depuis leur point d'insertion avec l'estomac, jusqu'aux filières, pour y opérer la sécrétion du liquide, ou du gluten, qui doit donner naissance à la soie, la modeler en fil, et l'agglomérer en forme de cocon '.

' La membrane qui forme les organes qui contiennent la matière de la soie est très-propre à produire des fils très-fins, connus sous le nom de cheveux florentins ou herbe indienne. Un seul de ces cheveux a ordinairement la faculté de porter un poids de six livres environ sans se casser. Ces cheveux sont

Le liquide soyeux se coagule à l'action et au contact de l'atmosphère, jusqu'à prendre la consistance de la corne, des poils et des cheveux, avec lesquels il y a analogie. Ce liquide, immédiatement après avoir été extrait des vaisseaux qui le contiennent, et avoir été jeté dans l'eau bouillante, passe à un état de consistance molle, et si on le recueille ainsi dans un vase bien fermé, il reste dans cet état. Cette substance est soluble dans l'alcool, comme elle l'est lorsqu'elle est fraîchement extraite des vaisseaux qui la renferment; si on la mêle par saturation, elle donne le vernis appelé chinois.

Outre les réservoirs de la matière liquide de la soie, on trouve ensuite un assemblage de vaisseaux qui constituent un amas adipeux d'organes entrelacés à l'infini, et d'une telle fragilité que la loupe seule peut les faire observer, même avec peine, et sans qu'on puisse y appliquer aucun instrument pour les détacher; leur ténuité les faisant céder de suite, ils se dérangent et se déchirent. On croit que cet assemblage est particulièrement destiné à la conservation de la chrysalide, à l'accomplissement de la métamorphose et au développement du papillon;

employés avec succès à faire des hygromètres, car l'influence de l'état hygrométrique de l'atmosphère opère sensiblement sur leur substance, et de manière à bien exprimer le cours des phénomènes hygrométriques, comme les indiquent les hydromètres à boyaux de ver à soie, construits d'après la méthode de Casebois; mais je les crois fautifs.

mais, selon nous, il doit former le velu du papillon.

Le ver présente pendant sa vie, le long de son dos et à l'extérieur, une ligne transparente, douée d'un mouvement systaltique ; cette ligne indique le lieu où se trouve, dans l'intérieur de l'insecte, l'admirable vaisseau nommé, par quelques entomologues, la longue artère du ver à soie, et par d'autres l'artère du cœur des larves. Ce vaisseau cardiaque est placé dans la partie médiane et interne du dos, il part de la tête et va jusqu'à l'anus ; il est aussi long que le corps de l'insecte ; il est composé de deux membranes, dont l'une externe est un peu opaque, et l'autre interne est si transparente, que lorsqu'on la dépouille de la première, on voit sans loupe le mouvement du vaisseau. C'est dans ce vaisseau que circule un liquide légèrement coloré de jaune, mais très-limpide ; les ondulations s'y faisant à des intervalles égaux, le vaisseau répand longitudinalement, et lance intérieurement, de l'anus vers la tête, des jets divergens de ce liquide.

Quelques auteurs prétendent qu'aucun vaisseau adjacent n'est destiné à recevoir et à reporter le liquide cardiaque du ver à soie, et par conséquent ils assurent que la circulation de ce liquide est inconnue, ainsi que son origine. On croit que ce liquide est seulement agité par le mouvement systaltique du vaisseau cardiaque ; mais en observant ce viscère artériel si mystérieux, nous avons découvert, par le moyen d'un microscope, un mou-

vement presque imperceptible, systaltique et iso-
chrone, seulement sensible aux extrémités bleuâtres des vaisseaux, qui vont en divergeant depuis
les trachées ou stigmates du ver, jusqu'au vaisseau
cardiaque ; ce mouvement est si bien prononcé,
que nous pensons que ces vaisseaux sont en rapport avec la circulation du liquide cardiaque. Mais
nous entrerons dans de plus grands détails à ce sujet dans un opuscule que nous publierons par la
suite sur l'anatomie du ver à soie.

Pour le moment, nous allons continuer l'histoire naturelle de cet insecte, en suivant l'exposition des faits par lesquels notre larve, en croissant,
passe de la vie nutritive à celle de tisserand de
son propre cocon : et nous ne négligerons pas,
chemin faisant, les observations anatomiques que
nous avons commencées.

Le ver, en naissant, prend de suite des alimens, en rongeant le point de l'œuf dans lequel il
est renfermé et vers lequel est sa tête, et correspondant à sa bouche ; il se nourrit de feuilles de
mûrier pendant toute sa vie alimentaire et sa première periode vitale ; mais, pendant ce temps, il
subit cinq changemens ou variations, de sept en
sept jours ; à chaque mue il est maladif, sa tête se
tuméfie ; il quitte tout aliment, et comme s'il dor-
mait, il dépose l'enveloppe dont il était revêtu.
Il continue ses changemens de cette manière jusqu'à la cinquième mue ; dans cette dernière époque, il commence à se nourrir, depuis le septième

jusqu'au neuvième jour. Il quitte enfin toute nourriture, et parvient à la plus grande longueur de
son corps; sa couleur est d'un jaune plus foncé; son
dos est luisant, mou et presque flasque; les anneaux de son corps se dorent légèrement, le rouge
de son museau s'éclaircit ainsi que la partie postérieure de son corps; il s'agite, il dépose tous ses
excrémens, il erre sur la claie, et il balance verticalement sa tête jusqu'à ce qu'il ait trouvé un endroit convenable où il puisse jeter ses premiers
fils. Il se décharge d'une humeur aqueuse, trouble
et jaunâtre, qui est tant soit peu fétide, et qui, en
se desséchant, devient d'un châtain très-clair; il jette
ses premières lignes, établit son ellipse pour former
son cocon et s'enfermer; il le tisse et le termine
ordinairement en six jours; mais il entreprend de
suite la texture d'une seconde enveloppe interne
et concentrique, d'un tissu plus fin et plus serré,
mais un peu gommeux (les fleuristes en font usage,
et achètent celles qui proviennent de cocons percés ou imparfaits), et il s'en sert comme d'un voile
ou d'un rempart plus caché pour opérer la trans-
figuration qui a lieu le septième jour, et entre ce
jour et le huitième; il établit la troisième enveloppe,
qui est aussi concentrique, mais qui ressemble à
un voile moins serré, et même à un filet. C'est
alors qu'il suspend son travail et qu'il se repose; il
est isolé de tous les côtés, et il est placé de manière à ne pas tacher les enveloppes successives en
cas de maladie, à pouvoir s'appuyer après sa

métamorphose, et à percer commodément le cocon.

Les cocons sont de forme et de dimensions différentes, comme on le voit par les *fig.* 10, 16, 17,
19 et 20, *pl.* VI; les cocons les plus volumineux
sont ordinairement produits par des femelles, et
ils sont moins consistans; les moins volumineux
appartiennent aux mâles, et ils sont plus consistans. Les cocons étranglés sont les plus recherchés
comme étant plus intègres, plus homogènes dans
leur substance, plus consistans et plus riches en
soie.

Il n'est pas rare de voir deux vers de différent
volume s'unir et commencer ensemble un seul
cocon d'une double dimension, bien serré, et non-
seulement d'une forme irrégulière, mais d'un tissu
tellement entrelacé qu'il est difficile de le débrouil-
ler et d'en dévider la soie. Ils s'enferment, et finissent de même leurs travaux par trois enveloppes
concentriques; ils y subissent leur métamorphose,
et se délivrent chacun de leur côté, et par deux
trous différens. Souvent ce sont un mâle et une
femelle, comme procréateurs élus de leur race
future.

Lorsque le ver est dans l'état de repos qui précède l'abandon de son avant-dernière dépouille,
nous avons découvert, à l'ouverture de plusieurs
cocons, qu'il était réduit de plus de la moitié, dans
sa plus grande longueur; mais tout l'organisme
interne était intact et tel qu'il était avant qu'il eût

commencé le cocon; seulement les vaisseaux de la matière de la soie étaient entièrement vides et amoindris, au point d'être réduits à de simples cheveux, extrêmement tenaces. L'assemblage adipeux ou pinguidineux de l'insecte est aussi dans toute son intégrité, il est très-distinct; c'est un canal mince ou boyau très-entrelacé dans sa distribution, et plein d'un liquide jaune qui est limpide dans les vers d'une petite dimension, et plus opaque dans ceux d'une plus grande corpulence. Dans ce dernier cas, il est parsemé, dans toute la longueur de l'animalcule, de petits points bleuâtres; nous avons supposé qu'ils étaient les germes de l'ovaire, et que le développement de la grosseur du ver indiquait que c'était une femelle.

Cette supposition nous a engagé à ouvrir de nouveaux cocons, pour fixer la différence de ces insectes, et les placer séparément, afin d'en vérifier le résultat, et en effet au terme de la métamorphose, nous avons découvert que le petit ver était un mâle, et le plus gros une femelle.

ARTICLE II.

Anatomie de la chrysalide.

FÉCONDATION DU PAPILLON ET PONTE.

Après avoir terminé son cocon, le ver se repose et se prépare à quitter son avant-dernier vêtement; il commence alors sa métamorphose et devient par degré chrysalide. C'est une espèce de poupée renfermée dans son étui jaunâtre semi-transparent, un peu humide, flexible et formé par plusieurs bandes circulaires, comme on le voit *fig.* 9, *pl.* VI. Ces bandes sont appliquées les unes sur les autres, de manière qu'elles n'empêchent pas ses mouvemens. Munie et cachée par cette cuirasse, au milieu de son cocon, la larve reste immobile pendant dix-huit jours consécutifs. La transparence de la membrane est telle, qu'elle laisse voir l'insecte futur qu'elle enveloppe; mais cette membrane se durcit petit à petit, devient brunâtre et moins transparente. L'insecte dans le cocon paraît une masse conoïde, dont sa base serait au point *a* de la *fig.* 9, *pl.* VI. Si l'on ouvre cette nymphe, aussitôt qu'elle a déposé son dernier vêtement, on découvre d'abord l'assemblage adipeux qui est encore très-embrouillé par l'entrelacement des organes qui le composent, et il est en confusion comme dans le ver, mais on commence à distinguer l'organe sexuel et surtout celui de la femelle. On découvre l'ovaire au milieu de cet assemblage : ce sont certains points imperceptibles et noirâtres, que l'on voit épars sur toute la série du fil organique qui en est tout marqueté. De telles taches ne s'aperçoivent pas sur le mâle à la même époque : au dixième jour de la métamorphose, l'ovaire est bien plus développé. Les graines ont succédé aux points noirs; au quinzième jour il est tout-à-fait déterminé par un petit canal ou boyau, au sein duquel les petits œufs se

trouvent conservés et arrangés en guise de chapelet. Ce même boyau n'est pas aussi plein à la
même époque chez le mâle. On remarque seulement qu'il est bouffi, et qu'il est rempli d'un liquide qu'on peut croire fécondant.

La nymphe est placée comme on la voit à la *fig*. 9,
pl. VI, où l'on distingue depuis *c c* jusqu'à *b*, les
bandes de la cuirasse ; depuis *c* jusqu'à *c*, les extrémités ramassées des ailes, entre *a*, *e*, *e*, les jambes
qui sont enveloppées et circonscrites par des cordons,
qui renferment les antennes, au point *a*, la partie
antérieure de la tête, la trompe et les petites antennes, et au point *b*, le derrière.

Au dix-neuvième, ou, au plus tard, au vingt-unième
ou vingt-deuxième jour, la métamorphose est entièrement perfectionnée. La phalène, débarrassée de
sa cuirasse, se prépare à percer le cocon pour en
sortir, dans la position où elle se trouve, et du côté
de sa tête, elle lance un liquide alcalin vers une extrémité du grand axe de l'ellipse du cocon, qui la
contient et que l'on trouve effectivement mouillé.
Le bombix pratique un trou dans l'intérieur par
le moyen de petites serres, et par l'effort de sa tête
il s'élance dehors, comme nous l'avons souvent observé, par une ouverture que nous avons pratiquée
à un des points latéraux de la circonférence du cocon, au travers de laquelle nous avons examiné
le moyen que l'insecte emploie pour faire sa per-
foration.

Le mâle est toujours le premier à sortir du cocon ;

il n'en est pas de même de la femelle. Ils sont tous deux d'un blanc sale ou jaunâtre. Le mâle est comme on le voit à la *fig.* 11, *pl.* VI. Il a deux et quelquefois trois raies obscures sur les ailes supérieures ; la femelle est ventrue, ses ailes sont bien souvent mal disposées, comme à la *fig.* 12 de la même planche.

§ Ier.

Fécondation du papillon.

Plein d'énergie et de vivacité, le mâle, plus svelte en naissant, s'agite continuellement et cherche la femelle ; celle-ci, plus volumineuse, plus engourdie et plus ventrue, étant excitée par le mâle, se décharge d'une matière excrémenteuse, terreuse, dense et rougeâtre. Elle s'éloigne, et prend une autre position où elle est poursuivie par le mâle ; elle cède, s'accouple et reste dans cet état neuf, quelquefois dix et même douze heures et plus. Dans l'accouplement des deux insectes, le mâle agite ses ailes alternativement avec célérité à chaque quart d'heure, il s'agite souvent pendant tout le temps de l'accouplement et même jusqu'à cent trente fois de suite, ainsi que l'assure Malpighi. Cet auteur suppose que les mouvemens de cette agitation alternative appartiennent peut-être aux éjaculations spermatiques dont l'influence excite en effet et simultanément une légère commotion sur la lourde femelle, comme nous l'avons vérifié.

§ II.

De l'ovipération ou ponte.

La séparation des deux insectes s'opère enfin. Le mâle se repose pendant quelque temps. Il revient bientôt rechercher sa femelle, et s'il la rencontre, il la couvre encore, mais inutilement, et il court à une mort prochaine. La femelle reste immobile, elle se décharge encore d'une nouvelle matière excrémenteuse, terreuse et rougeâtre; elle s'en éloigne et commence ailleurs la ponte de ses œufs dans une disposition régulière. Elle en pond ordinairement de trois cent quatre-vingts à quatre cent cinquante et plus. Quelquefois les œufs sont par masse et en désordre. Au moment de la ponte, ces œufs sont d'un jaune tendre, mais ils deviennent gris par degré, et il est à remarquer qu'ils prennent la couleur des ramifications des vaisseaux intérieurs de la respiration du ver, qui se dirigent depuis son artère jusqu'à ses vaisseaux à soie. Mais il n'y a que les œufs fécondés qui prennent cette couleur à l'action de l'atmosphère, et les non fécondés conservent leur couleur jaune pendant quelques jours; ils se décolorent ensuite et se crèvent même parce qu'ils sont vides de tout germe. Lorsque le papillon a enfin déposé toutes ses graines, il va ailleurs, il se plie sur le ventre et meurt ordinairement trois ou quatre jours après sa sortie du cocon; quelquefois il traîne sa faible vie jusqu'au sixième et septième jour.

ARTICLE III.

Anatomie du papillon après la fécondation et après la ponte.

Nous avons ouvert le corps de deux papillons fécondés, et nous avons remarqué que le système viscéral essentiel à la vie du ver dans ses différentes périodes comme chenille, ou tisserand, ou chrysalide, ou papillon, était parfaitement intact : c'est toujours le même entrelacement de son assemblage adipeux, mais l'organisme de l'ovaire est plus gros, plus fort et mieux développé; ce boyau est plein de petits œufs plongés dans un liquide jaune, légèrement glutineux. On les voit arrangés l'un après l'autre, comme en forme de chapelet, dans tout l'intérieur de ce petit canal, qui se plie et replie à l'infini dans toute la capacité du ventre du papillon, et constitue le réservoir de la semence du bombix, c'est-à-dire des œufs du ver à soie, au nombre de trois cent quatre-vingts à quatre cent cinquante, et quelquefois même jusqu'à cinq cents.

Les vaisseaux du liquide de la soie et ceux des alimens, sont vides. Le cœur est exigu, mais plus énergique, et son mouvement plus sensible. L'ouverture du mâle, après la fécondation, présente dans son entier l'organisme essentiel à son existence ; l'organe spermatique est vide ainsi que les vaisseaux où se formait la soie et celui des alimens, mais ils sont très-rapetisés comme chez la femelle. Ils se réduisent même presque à rien, chez cette dernière, après la ponte. L'assemblage adipeux est anéanti, et tous les vaisseaux organiques sont à peine visibles, même à l'œil armé.

C'est dans ce misérable état que se trouve le corps du bombix de l'un et de l'autre sexe. Alors il se courbe sur le ventre, il écarte ses antennes, se plie sur ses pieds de devant, et appuyant sa tête sur le plan où il est placé, il s'éteint en étendant ses ailes horizontalement.

L'exposition succincte de l'histoire naturelle et de l'anatomie du ver à soie domestique que nous venons de faire, complète son utilité positive ; elle démontre qu'il est plus que jamais en état de résister aux influences mortelles. En effet, lorsqu'il est soumis à des recherches multipliées et à une dissection pénible, pour vérifier ses parties organiques que nous avons détaillées, et surtout le cœur ou l'artère, l'insecte continue à vivre, quelque douloureuses que doivent être pour lui ces opérations anatomiques, et on voit toujours le sang de l'artère exécuter son mouvement de systole et de diastole, pendant environ huit heures de suite, pourvu que l'artère ne soit pas incisée, et son excitabilité organique se soutient même pendant plus de six jours après sa mort.

Cependant, qui le croirait ? ce ver si bien constitué est sujet à des accidens aussi prompts que terribles aux époques périodiques de ses mues. Troublé dans son repos, il est surpris par des maladies avec une telle violence, que souvent des couvées nombreuses disparaissent par la faute et la maladresse d'hommes qui ignorent l'art d'élever ces insectes, les nourrissent, les guident et les placent à tort et à travers, et perdent de grands frais sans retirer aucun profit.

Il est donc vrai de dire que si d'un côté le ver à soie gagne par son éducation domestique qui le préserve des accidens météorologiques et de ses ennemis naturels, par l'abri qu'il reçoit dans les demeures qui lui sont destinées; d'un autre côté, l'ignorance de ceux qui le surveillent accumule sur lui les maux les plus graves et les plus destructeurs! Persuadé de l'extrême danger qui résulte de ces causes et du grand avantage que peut procurer l'exposition des maladies auxquelles ces vers sont sujets, nous allons en faire l'objet d'un examen particulier, non pas tant à cause des moyens préservatifs que l'expérience nous a prouvé être utiles et salutaires, que pour les précautions que cette connaissance des causes des maladies pourra inspirer au magnanier jaloux d'assurer le profit de son entreprise. Car, une fois que l'insecte est tombé malade, il meurt plus facilement qu'il ne guérit; tandis qu'au contraire, si ces vers sont bien élevés et sont préservés de toute négligence, ils vivent dans un état continuel de santé, ils donnent des cocons bien fournis, qui satisfont les vœux du propriétaire. Ces utiles observations feront le sujet du septième chapitre de la magnanerie ou seconde partie de notre travail ; elles seront précédées de nos vues relativement à l'éducation théorique du ver à soie.

CHAPITRE VI.

PREMIÈRE SECTION.

Éducation théorique des vers à soie.

ARTICLE PREMIER.

Hygiène des vers à soie.

INTRODUCTION.

L'INSTINCT naturel qui caractérise le plus le ver à soie se compose de ses bonnes dispositions, et entre autres: 1° de sa docilité, s'il est permis de nous servir de ce mot pour indiquer qu'il reste où il est placé par le magnanier; 2° de sa démarche qui n'a d'autre but que de rechercher son aliment, dont il n'abandonne pas même le squelette végétal, s'il ne sent pas auparavant une nouvelle feuille auprès de lui, quand même il serait affamé par le retard qu'on aurait mis à lui fournir un nouveau repas. S'il s'en éloigne quelquefois, ce n'est que dans son enfance, c'est-à-dire dans les premières époques de sa vie, lorsqu'il cherche à joindre le bord du lit qui lui est assigné.

Les petits vers à peine éclos parcourent un certain espace, jusqu'à ce qu'ils aient découvert l'aliment qui leur convient. Les vers adultes marchent dans leur dernière époque, non par besoin de nourriture, mais dans l'intention de chercher un endroit propre à la construction de leur cocon, pour établir et y jeter les fondemens de la demeure où ils doivent opérer leur métamorphose. Pendant le reste de sa vie alimentaire, le ver ne se dérange que lorsque sa respiration est gênée. Alors il quitte tout de suite son ancien lit pour en chercher un plus salubre. La vie stationnaire de ce insecte est tellement prouvée, que tout observateur peut le vérifier. Cette larve parcourt à peine sept pieds et demi d'espace pendant toute sa vie. Le peu de mouvement et d'exercice qu'il prend dans sa vie, explique jusqu'à l'évidence pourquoi il tombe malade si facilement, lorsqu'il se trouve entouré de circonstances nuisibles.

D'après une telle disposition et la grande nécessité d'un air pur et propre à satisfaire l'énorme consommation qu'il en fait, par son organe de la respiration, le ver pourrait bien vivre sans doute sur le mûrier même, mais il n'y serait pas à l'abri de ses ennemis par lesquels il serait assurément dévoré. Il tombe malade sans doute sur les claies, dans les magnaneries, si son éducation n'est pas continuellement surveillée par celui qui veut s'assurer de leur produit. Aussi, comme les soins que doivent donner les magnaniers sont indipensables dans l'entreprise rurale qui fait l'objet de ce travail, nous allons développer des idées aussi faciles à concevoir qu'à mettre en œuvre. Nous allons commencer par là, afin de rendre l'homme qui s'occupe de cette industrie, assez instruit pour le mettre en état de lui faire connaître les maladies qui attaquent l'insecte, et pour le mettre à même d'administrer avec facilité et promptitude tout ce qui est nécessaire pour les sauver, surtout les moyens préservatifs les plus efficaces.

Les ouvrages écrits sur les maladies du ver à soie sont très-nombreux, mais il y en a peu qui les indiquent avec précision et qui donnent des règles propres à entretenir sa santé, quoiqu'il soit facile de le guider et de faire qu'il se porte bien jusqu'au terme de sa vie, à cause de sa bonne constitution, de la simplicité de son organisme et de la tranquillité de sa nature. Cela est d'autant plus aisé, que comme apprivoisé, il est alors non-seulement à l'abri de ses ennemis, si un homme habile le dirige; mais qu'il est aussi défendu de toute influence mortelle de l'intempérie et des maladies qui le détruisent, non pas comme provenant de sa complexion faible, car il est d'une nature très-forte, mais comme résultant de certaines méthodes meurtrières qu'on suit aveuglément dans les soins qu'on lui prodigue.

Le physique autant que le moral de ce ver attire les regards de l'homme instruit, à cause de la simplicité de sa constitution, de la brièveté de sa vie industrielle, des changemens périodiques pendant lesquels il se dépouille de ses vêtemens naturels, de la manière ingénieuse par laquelle il tisse sa cellule soyeuse, du sommeil ou mort apparente pendant lequel il se transforme en chrysalide pour se métamorphoser ensuite en papillon, de sa résurrection, et enfin de la manière simple dont le mâle sort de son cocon pour se montrer velu, ailé. Le mâle est plein de vie, il recherche bientôt la femelle pour la féconder ; celle-ci également ailée, couverte de poil et plus ventrue, se prête fort tranquillement à la fécondation, et verse avec ordre ensuite ses quatre cents œufs et plus, qui doivent perpétuer l'espèce : elle les quitte et meurt peu de temps après.

Quel étonnement n'éprouvera pas tout observateur de la nature, lorsqu'il verra qu'au sortir de l'œuf, le ver était ras et lisse, noirâtre ou blanchâtre, et qu'au sortir du cocon le papillon est blanchâtre, velu et ailé ; que la larve avait seize petits pieds, et que le papillon n'en a que six bien longs ; que le ver avait deux mâchoires pour ronger la feuille dont il se nourrissait, et que le papillon n'a aucun organe pour se nourrir et qu'il n'a même pas besoin d'alimens ; que la chenille se forme un cocon pour s'y transfigurer, et que la phalène en sort pour chercher le mâle et devenir ovipare ; que le corps du ver était cylindrique et long, et que celui du papillon est court et en forme de cône ; que le ver à soie se traînait en rampant lentement et que le papillon marche rapidement, qu'il voltige même ; que le ver à soie ignorait les plaisirs de l'amour, et que le joyeux papillon ne cherche que sa femelle ; que le ver à soie n'avait aucun ornement sur sa tête, et que le papillon orgueilleux présente un front garni de deux charmantes antennes ; que celui-là donne la soie, tandis que celui-ci donne les œufs qui doivent perpétuer un être aussi précieux !

Mais outre ces phénomènes admirables, les mœurs du ver à soie séduisent l'agriculteur et même l'homme observateur ; tous deux peuvent admirer l'auteur des riches matériaux qui leur sont prodigués en si peu de temps et à si peu de frais. C'est sous l'influence de ces heureuses préventions, que nous allons exposer d'abord les moyens préservatifs des maladies qui peuvent assaillir cette larve, et ensuite les règles conservatrices de la santé d'un insecte aussi précieux, qui est devenu indigène dans nos pays ; nous traiterons aussitôt après de ses maladies.

ARTICLE II.

Hygiène ou soins préservatifs qu'il faut donner aux vers à soie.

§ Ier.

Des personnes nécessaires dans une magnanerie.

La série des moyens qui peuvent entretenir en santé le ver à soie dans tout le cours de sa vie, n'est pas compliquée ; mais elle est minutieuse et cependant très-intéressante dans son développement. L'éducation de cet insecte mérite donc les plus grands soins depuis la ponte de son œuf, et beaucoup

plus dès ce moment jusqu'à ce que sa métamorphose le mette en état de verser les graines repro-
ductives de l'espèce. Ces graines conservées avec
soin pendant l'hiver, seront soumises avec succès
à l'incubation au printemps ; mais comme il faut
qu'elles soient d'une excellente qualité et bien conservées pour le succès de l'entreprise, il devient essentiel de les avoir telles. Quand on les a dans cet
état, et qu'on les a conservées avec les plus scrupuleuses précautions, il faut savoir encore les disposer pour l'incubation, afin d'obtenir les vers ; il
est donc important de déterminer, avant tout, le
nombre de personnes, essentielles dans une magnanerie, qui doivent assister l'entrepreneur et obéir
à ses ordres.

Il nous semble que les femmes, qui sont généralement plus susceptibles de donner de tendres
soins, et qui sont douées d'une dextérité qui leur
est toute particulière, conviennent mieux à cet emploi. Il faut donc les préférer aux hommes dans
une affaire aussi délicate ; il faut les choisir jeunes,
intelligentes et agiles, afin de pouvoir conduire l'entreprise sans embarras ni retard ; et attendu l'accroissement progressif des vers dans le cours de
leur éducation, il faut augmenter le nombre des
femmes qui en prennent soin, au moins à la troisième époque ou troisième mue ; c'est le seul
moyen d'obtenir un résultat heureux.

§ II.

Éducation du papillon.

Comme des ouvrières sans vers à soie et sans vers en bonne santé ne sont d'aucune utilité, que même les soins qu'elles donneraient à des insectes malades seraient infructueux, et que l'entreprise tournerait au détriment de l'entrepreneur, il est évident qu'il faut avoir des graines parfaites, et pour les obtenir telles, il faut surveiller attentivement la ponte, et guider sans négligence le papillon dans l'opération importante de la fécondation et du versement des graines ou de l'ovipération. C'est par là que nous commencerons. Le papillon sera le premier objet qui nous occupera, comme étant la source première de la santé et des maladies de notre larve.

A cet effet il faut :

1°. Que la température de la chambre où sont placés les cocons à papillons soit réduite, à la naissance de ceux-ci, du seizième au dix-neuvième degré de l'échelle de Réaumur, autrement ils languissent. Si elle est moins chaude, ils s'accouplent mal et pondent des œufs imparfaits ; ces œufs, pour être d'une bonne qualité, doivent être jaunes et conserver cette couleur jusqu'au quatrième jour ; ils s'approchent de la couleur cendrée au huitième, et se colorent de plus en plus jusqu'au neuvième ; au dixième jour la couleur cendrée change, elle se prononce le jour suivant, et se fixe au quinzième jour. Les œufs qui, pendant ce temps, ne subissent pas les changemens communs que nous venons de noter, et qui restent toujours jaunes, sont imparfaits, non fécondés et inaptes à l'incubation, et par conséquent à la reproduction; il faut donc les enlever, au moyen d'une grande épingle, avant d'évaluer le poids des linges sur lesquels les graines sont déposées.

2°. Si on n'éloigne pas les papillons femelles au sortir du cocon, elles les salissent avec leurs excrémens roussâtres et terreux; si on ne sépare pas aussitôt les mâles des femelles, il en résulte que leur faculté fécondante se détériore. Si, enfin, on ne place pas les mâles séparément dans de petites cellules pratiquées dans une cassette, comme on le voit à la *fig.* 5, *pl.* II, ils s'agitent les uns contre les autres, et perdent en se débattant leur matière spermatique, au point de devenir impuissans. Il faut donc séparer de suite les deux sexes, et choisir parmi les femelles celles qui sont débarrassées de leurs humeurs terreuses et rougeâtres, et les approcher immédiatement du mâle dans l'endroit destiné à l'accouplement. C'est ainsi qu'on préparera une bonne et saine fécondation; mais, je le répète, il faut que la femelle, avant d'être couverte, se soit vidée des excrémens rougeâtres qui affaibliraient la force du sperme du mâle, et qui nuiraient ainsi à une parfaite fécondation.

3°. Lorsque les papillons seront ainsi soignés, on

les accouplera au fur et à mesure, dans un lieu d'une étendue proportionnelle, comme cela est indiqué par la *fig.* 6 , *pl.* II ; de manière qu'à la séparation des sexes , la femelle soit éloignée du débattement du mâle qu'il faudra tuer et jeter aussitôt de côté comme inutile. Cependant la femelle se déchargera encore tranquillement, avant la ponte, d'autres matières excrémentitielles ; on pourra la placer, aussitôt après qu'elle sera débarrassée , sur un morceau de linge , non de laine , assez serré et fixé sur des carrés semblables à ceux désignés sur la banquette de la *fig.* 12 , *pl.* II', où elle versera ses œufs sans les salir, et où on les aura immaculés '.

4°. Si la chambre où les papillons pondent est d'une humidité sensible, les œufs pourront être altérés , et même l'embryon, qui pourra mourir, ou naître trop délicat, et sujet à des maladies, à l'époque même où il ferait la soie; accident qu'il est fa-

---

' Une fois qu'on aura déterminé la dimension de ces morceaux de linge d'un pied carré chacun, il faudra les peser chacun en particulier, et en noter les poids dans un angle de ces mêmes linges, afin d'en tenir compte lorsqu'on déterminera le plus ou le moins de poids qu'auront les œufs qu'ils porteront.

² Il faut observer que le papillon dépose ses œufs régulièrement ou irrégulièrement, et qu'en se tournant sur l'aire où il les pond, les œufs sont quelquefois placés les uns sur les autres. Il est nécessaire alors de changer souvent de lieu le papillon, et on évitera ainsi cette superposition qui est souvent nuisible lors de l'incubation.

cile d'éviter en plaçant les papillons dans un lieu sec et bien conditionné ainsi que nous l'avons dit.

5°. On pèsera les linges plus ou moins garnis de graines, chacun séparément, et on notera la différence qui existe entre eux, avant et après qu'ils ont reçu les œufs, pour en tenir compte lors de l'incubation. Quand il en sera temps, on mettra de côté ces linges ; on les roulera légèrement chacun sur lui-même, comme un tube, sans les priver de leurs graines ; on les liera adroitement à la moitié de leur longueur, pour pouvoir les suspendre dans une armoire construite exprès, et faite de manière qu'aucun insecte ennemi n'y puisse pénétrer ; mais que cependant l'atmosphère extérieure communique avec celle de l'intérieur de l'armoire, et que sa capacité soit assez grande pour recevoir un certain nombre de linges à graine de vers à soie.

6°. Il est encore important, pour bien conserver les œufs, que la température de l'endroit où se trouve l'armoire qui les contient, soit constamment du quatorzième au quinzième degré de Réaumur, et qu'il ne soit pas sujet à des variations sensibles de l'atmosphère ; le grand froid comme la grande chaleur pourrait nuire à l'embryon.

§ III.

De l'incubation.

1°. Lorsqu'on a conservé les linges à graines, et

qu'on a sauvé les œufs jusqu'à l'époque de l'incubation, on les sort de l'armoire, et dans la même chambre, environnée des mêmes circonstances, on les déroule, on les examine; on les pèsera de nouveau, on observera s'ils sont dans toute leur intégrité, et s'ils ont été entièrement dépouillés des graines imparfaites. On prendra note du poids réel des graines, et on le marquera sur le livre journal. Les linges, ainsi garnis de graines, seront placés sans autre préparation, chacun en particulier, sur son carré d'égale dimension, et on les disposera comme à la *fig.* 12, *pl.* III, les uns sur les autres en forme de pile. Ces carrés sont destinés à être placés dans le nid de l'incubatoire.

2°. Lorsque les linges à graines seront bien étendus sur les petits carrés, qu'on les aura arrangés par pile, on les placera dans le nid dont nous venons de parler, que l'on aura meublé d'une lampe semblable à celle de la *fig.* 18, *pl.* III, qui est destinée à développer la chaleur nécessaire pour élever la température du couvoir; le premier jour au quatorzième degré de Réaumur, le second au quinzième, le troisième au seizième, le quatrième au dix-septième, le cinquième au dix-huitième, le sixième au dix-huitième et demi, le septième au dix-neuvième, le huitième au dix-neuvième et demi, et le neuvième au vingtième, surtout si l'atmosphère commune est froide. On conservera la température de l'intérieur de l'incubatoire, au vingtième degré, ou à peu près, jusqu'à ce que les vers commencent à éclore, et depuis cette époque jusqu'à leur naissance.

3°. Les mues auxquelles les vers sont sujets demandent une scrupuleuse attention de la part des femmes qui en prennent soin, afin de ne pas troubler leur repos, lorsqu'ils dorment ou qu'ils s'apprêtent à quitter leurs dépouilles. Il faut les respecter sur leur lit, ou ne les manier qu'avec *une extrême adresse*, de peur de leur faire du mal, ou de les faire mourir ; car lorsqu'on les remue, ils perdent le repos nécessaire à l'opération qu'ils font ; et ils sont souvent assaillis d'accidens mortels. Ils tombent malades dans leurs premières mues, surtout lorsqu'ils sont cachés sous les feuilles qu'on jette sur eux sans attention, et parmi lesquelles ils restent emprisonnés au milieu de l'humidité et des ordures.

4°. On visitera les linges à graines pendant l'incubation, et on répandra dessus quelques petites feuilles nouvelles de mûrier, qui ne seront pas mouillées, du côté où l'on apercevra des petits vers, afin de les attirer sur les feuilles, de leur faire prendre des alimens, et de les éloigner, en transportant sur une claie numérotée et garnie de papier, tous ceux qui sont nés le même jour ; car il ne faut pas confondre ceux-ci avec ceux qui naîtront le second jour, ni ces derniers avec ceux qui naîtront le troisième jour, et ainsi de suite pour les autres. En effet, si la récolte de chaque jour est régulièrement notée, et si les nouveau-nés sont séparés en conséquence, les différentes époques de chacun d'eux seront facilement distinguées dans tout le cours de leur éducation.

5°. Une fois qu'on aura rassemblé tous les vers nés le même jour, et qu'on aura mis chaque récolte quotidienne dans des claies particulières, on placera chacune d'elles successivement sur les tablettes de l'intérieur de l'incubatoire. Le premier jour à la tablette même du nid n, vers le point s ; le second sur la tablette b, le troisième sur la tablette a ; le quatrième jour on les portera hors de l'incubatoire, et on les placera sur les porte-claies de la même chambre dont la température devra être élevée et maintenue du dix-huitième au dix-neuvième degré de Réaumur. On procédera de même pour la récolte du second jour, et pour celle des jours suivans. On leur fera parcourir les mêmes positions, et on passera ensuite dans la chambre de l'incubation ou de l'enfance. En agissant différemment, on risquerait de rendre malades les petits vers ; de leur faire perdre la couleur de leur peau, et de les faire devenir rougeâtres et très-susceptibles de maladies ; surtout, si en passant de l'intérieur de l'incubatoire à la chambre de l'enfance, ils étaient surpris par des coups de vent, ou soumis aux variations nuisibles de la température.

§ IV.

De la chambre de l'enfance.

1°. L'incubation étant terminée sans accident

morbifique, il est nécessaire de bien disposer les vers dans leurs claies respectives, de manière que chacun d'eux en particulier possède en superficie une aire libre et toujours proportionnée et égale en diamètre à la longueur de son corps, pendant tout le cours de sa vie alimentaire, afin qu'il puisse bien respirer, se retourner commodément, et vivre en liberté dans son réduit, sans être dérangé et sans déranger les autres; il recevra ainsi l'aliment qu'il lui faut, qu'il consommera en totalité et sans perte.

2°. Il est de la plus haute importance de changer les claies sur lesquelles reposent ces insectes, afin d'enlever leurs excrémens, conserver la propreté nécessaire et éloigner tous les maux. A cet effet, il convient de renouveler les lits des vers, tous les deux jours au moins [1]. On placera sur chaque claie un treillis plan d'une égale dimension, fait en jonc, très-mince et garni d'une quantité convenable de feuilles de mûrier, pour attirer les vers et leur faire abandonner la surface où ils se trouvent. Par ce moyen on évitera de les faire prendre par les femmes qui en ont soin. Elles ne devront dans ce cas que surveiller le passage des vers, rappeler ceux qui s'égareront, sans les toucher ni leur faire

[1] D'après la méthode indiquée à l'article qui concerne le changement de claies, il faudra en agir ainsi, même dans la chambre de l'enfance, quoique les excrémens, étant arides et presque imperceptibles, ne paraissent pas nuisibles; mais il faudra toujours les enlever pour plus de sûreté.

du mal, mais les attirer avec une feuille de mûrier.

Par cette opération, on enlèvera les claies sales au fur et à mesure qu'elles seront abandonnées par les insectes, et on les remplacera aussitôt que les vers auront dévoré le feuillage du treillis; il faudra leur distribuer un nouveau repas. Il ne faudra que substituer aux premières, de nouvelles claies garnies de feuilles fraiches, et y placer les treillis avec les vers. Ceux-ci descendront sans aide sur le nouveau feuillage pour s'en nourrir; on ne les surveillera que pour rappeler comme ci-dessus les larves errantes, qu'on attirera de même avec des feuilles de mûrier. C'est ainsi qu'on effectuera le changement des claies, et qu'on en éloignera toute la malpropreté, sans inconvénient et sans peine, et, ce qui est plus, avantageux encore, sans perdre aucun insecte, sans tourmenter et sans enterrer les larves endormies dans la saleté, les feuilles et les excrémens.

§ V.

Des conditions requises pour le feuillage.

1°. Le feuillage n'est pas non plus un objet indifférent, relativement au ver à soie; il faut déterminer avec soin, non-seulement l'espèce et la qualité de son aliment, mais encore la quantité qu'on doit lui donner. Car c'est de la nature et de la quantité de son aliment que dépendent la qualité et la quantité de la soie et même la santé de l'insecte. Il faut donc : 1° cueillir la quantité nécessaire de feuillage frais, chaque jour, à l'action du rayon solaire ; le matin pour les repas du jour, l'après-midi pour ceux de la nuit, si l'état météorologique indique un temps serein. C'est ainsi qu'on fournira toujours pour aliment des feuilles entières qui ne seront ni chiffonnées, ni écrasées, ni tachées, ni hachées, qu'on offrira au ver dans toute son intégrité le liquide végétal contenu dans l'organisme des feuilles, qui se perd lorsqu'on les hache, ce qui nuit à l'économie du ver et à l'entreprise.

2°. Mais s'il y a intempérie, si le temps est humide et pluvieux, il faudra, selon les circonstances, se pourvoir à l'avance du feuillage nécessaire, et le cueillir un jour auparavant, afin de ne pas en manquer, et faire sécher sans hâte les feuilles sur les filets, par le moyen de la ventilation, ou par une douce chaleur de poêle, qui ne nuira pas à leur verdure et les séchera sans les flétrir. On les amollira par ce moyen, et on les rendra propres à nourrir le ver, sans lui faire aucun mal. Cependant il est nécessaire, dans ce cas, de diminuer au moins d'un quart la ration ordinaire des feuilles de chaque repas. La larve les digérera sans les inconvéniens qui résultent de l'influence de l'intempérie et surtout de l'humidité, et qui sont propres à faire languir l'organisme de l'insecte, à troubler ses fonctions digestives et à le rendre malade.

§ VI.

De la permutation locale du ver à soie.

Comme il ne faut pas faire passer les vers à soie de la chambre de l'enfance dans celle des adultes, avant la seconde mue, il est important de ne pas négliger d'entretenir la ventilation régulière et continue, surtout dans les temps humides et chauds, pour éloigner l'humidité, faciliter l'évaporation et le desséchement de la matière et la transpiration des insectes; pour empêcher la fermentation et l'effervescence des matières fécales, éloigner le méphitisme qui pourrait vicier la respiration et la transpiration des vers et troubler leur organisme, au point de les rendre malades; surtout si l'atmosphère extérieure est calme, nébuleuse, humide et chaude. Il faut alors faire circuler de temps en temps le long des corridors de la magnanerie des flambeaux d'alcool allumés, et de la forme de celui représenté à la *fig.* 19, *pl.* III, ou faire agiter les ventilateurs, ce qui donnera du mouvement à l'atmosphère intérieure. On ne doit jamais, pour parvenir au même but, brûler des tas de végétaux ou de paille, ce qui ne ferait que rendre l'air de plus en plus méphitique et meurtrier.

3°. En changeant les vers et en les transportant de la chambre de l'enfance dans celle des adultes ou de la magnanerie, il faut élever la température de cette dernière, le premier jour à quinze degrés et demi de l'échelle de Réaumur, et à seize le jour suivant. Elle doit être entretenue dans cet état, à moins que les circonstances n'exigent à diverses époques une température plus ou moins élevée relativement à celle de l'atmosphère extérieure.

§ VII.

De la ventilation.

La ventilation de la magnanerie doit augmenter en raison directe de l'âge du ver, surtout à la dernière époque de sa vie alimentaire, et dans l'intervalle de la formation du cocon et de la métamorphose ; car tout insecte ainsi enseveli a surtout besoin, pour vivre, d'être préservé de toute humidité et de l'air méphitique et meurtrier de la magnanerie. Il faut donc en éloigner une chaleur trop forte, qui nuirait à la chrysalide.

§ VIII.

Du ramage et de sa distribution.

En établissant les rameaux flétris et privés de toute humidité, on doit leur donner de la solidité et faire une distribution et une disposition diagonale, bien raisonnée, pour établir les niches propres aux cocons, et offrir au ver des cavités qui l'attireront et lui présenteront toute la commodité possible pour son travail, sans l'interrompre et sans lui faire perdre une partie de la soie. Mais si

les quenouilles ne sont pas solides, et qu'en remuant elles égarent le ver dans son opération, il
jettera au milieu de la capacité intérieure du cocon
des diagonales, qui non-seulement l'embarrasse-
ront, mais qui, en l'entrelaçant, l'étrangleront lorsqu'il se retournera, le tueront, et il se réduira en
momie avant de donner son produit.

§ IX.

Du choix des cocons.

Lorsqu'on s'apercevra que les vers auront terminé leurs cocons et qu'ils seront chrysalides, on
mettra de suite de côté les cocons destinés aux papillons, et on les placera dans un endroit entouré
de toutes les circonstances que nous avons exposées
à l'article du choix des cocons. Ceux-là sont destinés à reproduire l'espèce ; les autres sont destinés à donner la soie : on en fera mourir les nym-
phes, pour éviter que, devenues papillons, elles
ne percent les cocons qui les renferment, ne fas-
sent perdre la soie et ne trompent ainsi l'espoir du
propriétaire.

Tels sont les moyens d'entretenir le ver en santé.
Nous allons traiter maintenant des maladies qui
les assaillent dans le cours de leur vie, lorsqu'ils sont mal dirigés ; et nous donnerons ensuite
les règles qu'il faut suivre dans l'administration
du ver, depuis sa naissance jusqu'à la ponte, et
pour la conservation des graines reproductrices.

Nous insisterons sur cet objet parce qu'il est de la plus haute importance ; il nous donnera le moyen de combattre surtout le préjugé populaire relativement aux maladies qui assaillent les vers à soie. Nous donnerons des idées saines et salutaires aux magnaniers, sur l'art de conserver la vie de cet insecte précieux, et nous démontrerons combien il est facile de le conduire exempt de toute infirmité dans tout le cours de son éducation domestique.

DEUXIÈME SECTION.

Histoire des maladies des vers à soie.

INTRODUCTION.

En réunissant les idées propres à fournir les moyens d'entretenir la santé des vers à soie, pendant tout le cours de leur vie, nous avons trouvé que les accidens qui se manifestent dans les magnaneries, présentent des caractères tellement variables et si souvent trompeurs, que ce n'est qu'avec peine qu'on peut les déterminer et les décrire. Ils ne mériteraient donc pas en conséquence une exposition méthodique ou clinique, mais seulement des avis de simple hygiène, qui indiqueraient une manière saine d'élever les vers, comme celle que nous avons détaillée au deuxième article du chapitre précédent, et cela suffirait pour éviter tous les événemens désastreux, les prévoir et même les prévenir avec tout le succès possible ; tandis que les moyens curatifs sont souvent inutiles, parce que lorsqu'on découvre qu'un ver est malade, il meurt avant de recevoir des secours. Cependant, comme les incrédules persistent à mépriser des faits prodigués par une riche et incontestable expérience, et qu'ils suivent volontiers la routine erronée des gens peu instruits, nous décrirons de notre mieux la série des maladies qui détruisent les vers à soie; nous les avons observées et combattues, et elles n'ont fait que nous affermir dans la conviction que la méthode que nous proposons est vraiment bonne et salutaire.

Il arrive souvent qu'un ver est attaqué dangereusement dès la cinquième mue, plutôt que dans les précédentes, justement au terme de son accroissement physique. C'est en effet à cette époque qu'il demande plus de soins qu'à toute autre, puisque les maladies qui affectent cet insecte deviennent rapidement mortelles. Aussi, convaincu de l'avantage que le magnanier peut retirer du tableau historique des maladies des vers à soie, nous allons développer par degré tout ce qu'il faut pour parvenir à une connaissance aussi utile, puisqu'elle peut prévenir la perte de la soie et des frais avancés pour l'obtenir, et faire en un mot que tant de soins et tant de fatigues ne soient pas en pure perte.

Comme ces événemens malheureux ont pour cause éloignée, moins l'influence météorologique que les soins erronés et malentendus que le vulgaire donne aux vers à soie, et quelquefois la négligence coupable du magnanier qui, n'apercevant pas à temps les symptômes avant-coureurs des maladies de leurs élèves, ne font usage de secours préservatifs que lorsque le mal est sans remède ; nous croyons qu'il est essentiel d'en rassembler autant que possible les caractères diagnostiques, c'est-à-dire ceux qui sont propres à faire distinguer chacune de ces affections, et d'en former l'histoire clinique de cet insecte. Nous mettrons par ce moyen le magnanier en état de découvrir de suite et à temps les maladies cachées de ses larves, et d'employer convenablement les secours et les préservatifs propres à éviter la perte de ses vers, de ses peines et de ses avances.

Les maladies les mieux caractérisées qui se manifestent dans la plus grande partie des couvées, pendant les différentes époques de la vie du ver à soie, se présentent, il est vrai, rarement dans ses premières mues ; elles se montrent plutôt sur les vers adultes, lorsqu'ils sont au moment de commencer à tisser leur cocon, ou qu'ils en vont terminer le tissu. Elles sont cependant assez variées et en assez grand nombre pour les détailler distinctement, puisqu'elles se manifestent à diverses époques de la vie laborieuse du ver à soie, et pour établir un cadre raisonné et méthodique, qui pourra offrir les règles qu'il faut suivre pour découvrir leurs indispositions, quelles en sont les causes éloignées ou prochaines, et par conséquent quels en sont les moyens préservatifs. Nous nous sommes déterminé à les diviser en cinq classes principales, à cause des circonstances qui les distinguent, et qui se développent depuis l'incubation jusqu'au commencement de la formation du cocon ; depuis ce moment jusqu'au commencement de la métamorphose ; depuis le commencement de cette métamorphose jusqu'à son terme ; depuis ce terme jusqu'à la trouée du cocon, et depuis cette trouée jusqu'après la ponte, et pendant la conservation des œufs de leur préparation : de manière que nous pouvons exposer toutes les maladies, depuis l'œuf qui éclot jusqu'à l'ovipération, dans le cadre suivant ; c'est celui qui nous a semblé être le plus précis et le plus propre à embrasser les différens états et les différentes époques où les maladies se manifestent.

CADRE DES MALADIES DES VERS A SOIE.

PREMIÈRE CLASSE.

Causes morbifiques provenant de la préparation et de la pullulation des graines.

DEUXIÈME CLASSE.

Maladies du ver pendant qu'il se nourrit.

TROISIÈME CLASSE.

Maladies du ver tisserand.

QUATRIÈME CLASSE.

Maladies du ver chrysalide.

CINQUIÈME CLASSE.

Maladies du ver papillon dans le cocon et hors du cocon.

Il est de la dernière importance d'avertir, avant d'entreprendre la classification et l'exposition des maladies des vers à soie, que diverses causes malfaisantes qui les produisent proviennent d'usages généralement répandus parmi les magnaniers, mais qui n'en sont pas moins erronés, comme les suivans :

1°. De détacher les graines des linges sur lesquels elles sont déposées par les papillons, aussitôt après la ponte, pour les accumuler, les mesurer, en connaitre le poids et les distribuer en différens récipiens pour les hiverner.

2°. De les préparer par des lotions pernicieuses dans la fausse idée de les rendre plus propres à la pullulation. Car, dans le premier cas, en détachant les graines de la surface où elles adhèrent, on perd beaucoup d'œufs, on en brise d'autres, et l'on donne la mort à l'embryon. Dans le second cas, en faisant précéder la préparation des graines destinées à l'incubation, on crève les œufs, on en fait pourrir les germes et on en perd un grand nombre. Il en résulte que les graines d'un certain poids, et même d'un certain nombre déterminé, donnent un nombre inférieur de vers. Ce qui ne provient pas des maladies, comme le pense le commun des magnaniers, mais du danger des opérations dont nous venons de parler. De-là naît la première erreur dans la magnanerie, relativement à la dimension des claies, au feuillage et au profit que l'on attendait. De sorte que, considérant

les méthodes que nous venons de combattre,
comme très-dangereuses, et comme n'ayant d'autre résultat que de tromper l'espoir de l'entrepreneur en diminuant son gain, nous chercherons à
convaincre les magnaniers et les propriétaires, que
la non-réussite de leur entreprise ne provient pas
de la nature de l'œuf ou du ver, mais de l'inexpérience et de la négligence de ceux qui administrent ces insectes, et des pratiques erronées qu'ils
ont adoptées aveuglément, et qu'il faut abandonner; car elles sont la source des fâcheux événemens qu'éprouvent leurs entreprises.

D'après ces réflexions, comme le succès dépend
de l'incubation, et comme elle est le premier pas
vers l'éducation de la larve, nous commencerons
l'histoire des maladies du ver à soie, par les alté-
rations qui dérivent de la préparation nuisible des
œufs pour l'incubation, et par celles qui arrivent
à notre embryon pendant l'incubation. Nous continuerons ensuite à passer méthodiquement en revue les maladies les plus connues et les mieux caractérisées, qui assaillent la larve, dont nous prendrons toujours un soin tout spécial, dans l'intérêt
public et particulier, dans l'intérêt de l'art et dans
celui de la richesse de son produit.

MALADIES DES VERS A SOIE.

PREMIÈRE CLASSE.

1°. *Préparation qui altère les œufs destinés à l'incubation.*

ARTICLE PREMIER.

De la préparation qui altère les œufs, et maladies qui en résultent.

Lorsque les graines des vers à soie ont passé l'hiver sans accident, ou du moins sans avoir été visiblement endommagées, les magnaniers prétendent qu'il faut alors apprêter les œufs pour l'incubation; préparation qu'ils considèrent comme très-essentielle, parce qu'elle éloigne, disent-ils, toute espèce de souillure de la surface des œufs, et les rend plus aptes à l'incubation; mais ils ignorent les effets dangereux de la pratique qu'ils recommandent.

1°. En détachant, soit quelques jours après la ponte, soit au 1ᵉʳ avril, la semence des linges où elle a été déposée.

2°. En la mettant dans l'eau le premier jour pour la laver.

3°. En la plongeant le second jour dans le vin, et en continuant cette lotion pendant une heure environ, pour enlever la matière glutineuse dont les graines sont naturellement recouvertes, et par

laquelle elles adhèrent au linge ; matière conserva-
trice, selon nous, et d'une épaisseur trop légère
pour opposer le moindre obstacle à l'incubation et
au développement du petit ver, ainsi que nous le
démontrerons.

Tous ceux qui élèvent des vers à soie recommandent cette opération d'après les faibles raisons que
nous venons de rapporter. Mais ce qui nous étonne
le plus, c'est que le célèbre Dandolo, qui a poussé
l'exactitude jusqu'au scrupule, l'ait aussi adoptée,
et qu'il ait représenté l'oubli de cette préparation
comme la cause presque unique de tous les maux
qui assaillent le ver dès l'incubation et pendant
tout le cours de sa vie ; tandis que, dans la suite de
ses expériences, il a prouvé qu'on peut considérer
les impulsions météorologiques comme la seule
cause qui produise toute sorte d'événemens mortels, si on ne les observe, on ne les règle et on ne
les conduit convenablement. Il est certain qu'une
incubation et une fécondation parfaite, bien dirigées et bien réglées, méritent une attention particulière, parce qu'elles sont du plus haut intérèt
pour la prospérité du ver ; mais il est encore plus
certain qu'en détachant les œufs de dessus leurs
linges, leur conservation et leur lotion sont des
causes positives de faux calculs économiques pour
l'entreprise, ainsi que des premières maladies du
ver, qu'il est difficile de combattre lors de sa naissance, à cause de la faiblesse de sa complexion.
Considérant cet objet comme très-important, nous

y insisterons ; car notre but est de donner et de recommander à l'agriculteur le moyen de conserver en toute sûreté la quantité déterminée des graines qu'il destine à son entreprise.

Persuadé par les faits qu'une fécondation imparfaite ne peut donner que des œufs infructueux , et qu'une incubation mal dirigée ne peut donner que de mauvais œufs , de mauvais vers et de mauvais cocons ; convaincu encore , par des expériences répétées, que la préparation qui précède l'incubation est inutile et extrêmement dangereuse , nous en donnerons les motifs suivans :

1°. Parce que, en détachant les œufs de la surface à laquelle ils adhèrent par le moyen de quelque instrument que ce soit , l'impulsion qu'on lui donne, la pression qu'on opère en détachant les petites graines, en font perdre beaucoup ; les unes sont crevées et la vie de l'embryon est lésée, les autres sont comprimées , et leurs germes sont entamés invisiblement ; d'autres enfin sont écrasées ; tellement que, si l'agriculteur calcule d'après une certaine mesure ou un certain poids , il se trompera ; il lui manquera au moins un seizième des vers qu'il croyait avoir , et d'après lesquels il avait déterminé la quantité des feuilles qu'il lui fallait, et la grandeur de ses claies. Il aura un seizième de superficie de surplus, et un seizième de feuilles perdu.

2°. Parce que, en détachant les graines, on trouble le repos du germe, quelque précaution qu'on prenne , par l'influence de la chaleur de l'haleine

et de la transpiration de celui qui fait cette opération, quelque légère que paraisse cette influence.

3°. Parce qu'à la suite de cette altération, les
graines étant plongées dans l'eau ou dans le vin,
elles subissent, ainsi que leur germe, des impressions
subites et dangereuses de froid et de chaud qui sont
loin d'être salutaires à l'embryon ; et comme elles
y restent plongées pendant quelque temps, l'agitation de la lotion ne fait qu'augmenter les impulsions malfaisantes ; car outre la lotion de l'œuf, la
solution de la couche imperceptible de matière
glutineuse dont il est empreint, amollit insensiblement la coque ; de manière que l'eau et le vin
pénétrant également, troublent le liquide dans lequel est plongé l'embryon, et affaiblissent sa faculté
incubative, si toutefois ils ne le tuent pas.

4°. Et enfin parceque, en retirant les œufs des
liquides où l'ablution a eu lieu, on les dépose
dans un autre lieu pour les faire sécher ; ce qui
leur fait éprouver une nouvelle action subite et
malfaisante de l'atmosphère commune, par l'évaporation du liquide dont ils sont imprégnés. La
coque même en se séchant diminue de volume, et
resserre l'embryon jusqu'à le faire mourir, ou elle le
tue également en se crevant ; ce qui arrive assez
souvent.

Nous avons constamment observé les faits que
nous venons d'exposer ; ils sont incontestables, et
ils reçoivent une nouvelle force des raisons physio-
logiques et physico-chimiques. Tout cultivateur

pourra les vérifier, et se convaincre de la fausseté dangereuse des méthodes reçues et recommandées généralement, pour préparer la semence d'après le prétexte spécieux de la rendre plus propre à l'incubation ; tandis qu'elles ne rapportent que des erreurs, des frais, de la perte de temps, des fatigues et pas de gain : or, comme l'incubation ainsi que leur préparation peut être cause de maladies, lorsqu'on la fait négligemment, ou qu'on la soumet à des alternatives nuisibles, nous en parlerons dans l'article suivant.

ARTICLE II.

Pullulation altérée en incubation.

La maladie du ver à soie, qui provient d'une mauvaise incubation, est bien caractérisée par la couleur de sa peau. Elle est rouge plus ou moins dans toute la couvée de ces petits insectes, excepté quelques-uns qui sont d'un châtain foncé, et sains par hasard.

La cause éloignée de cette maladie est un degré trop élevé ou trop bas de la température, qui contrarie la marche de l'incubation, la raréfaction des liquides contenus dans l'organisme de l'embryon, et l'évaporation, surtout lorsqu'elle est trop accélérée, ou trop retardée, ou supprimée. La cause immédiate de cette maladie est la dépense des humeurs trop raréfiées ou trop épaissies dans l'organisme de l'embryon par une haute température, ou *vice versá*, lorsque la chaleur est insuffisante pour animer le doux mouvement organique, mais nécessaire de l'embryon lui-même; l'élaboration retardée des liquides du petit ver, ainsi que son développement. Dans le premier comme dans le second cas, la faiblesse de son organisation physique le rend inutile. Il faut s'en défaire, car il ne parvient que rarement à la seconde époque, et s'il y parvient, il est un objet de peine et de dépense, et jamais de profit.

Le seul moyen de prévenir ce malheur consiste à mettre à l'incubation, aussitôt qu'on découvre le mal, une seconde couvée d'une mesure ou d'un poids égal de graines, et de les faire couver avec autant de soin que de précaution, en suivant les règles et les degrés thermométriques que nous avons indiqués pour l'opération de l'incubation, art. Ier, chapitre VI, deuxième partie, et chapitre VII, art. II. On pourra réparer ainsi le temps perdu, et employer avec profit les feuilles des mûriers qu'on aura achetés pour nourrir avec leurs feuilles un certain nombre de vers, ainsi que tous les appareils et toutes les provisions dont on s'était pourvu pour poursuivre l'entreprise.

DEUXIÈME CLASSE.

ARTICLE III.

Maladies du ver à soie pendant qu'il se nourrit.

§ Ier.

La rouge [1].

La rouge est une maladie des vers à soie, qui n'ont pas été bien incubés; elle se développe quelques jours après leur naissance, et ordinairement dans le cours de la première époque.

Les petits vers attaqués de cette maladie sont languissans, souvent engourdis et comme asphyxiés. Leur couleur est plus ou moins rouge, elle s'éclaircit peu à peu pendant le cours des époques suivantes; les vers finissent par devenir d'un blanc sale, vers la quatrième époque, s'ils ne meurent pas auparavant. Quelquefois ils parviennent à former un cocon, mais il est si imparfait qu'il n'est d'aucun profit; la larve en est tellement affaiblie, que son physique se détruit, et qu'elle meurt sans pouvoir se métamorphoser en nymphe. Les anneaux de son corps s'amoindrissent et se dessèchent petit à petit, de manière que l'insecte tombe dans un état complet de maigreur.

La cause éloignée de cette maladie, est le passage rapide des petits insectes d'une haute à une

______
[1] La *rosette* des Italiens.

basse température et *vice versá*, et la cause immédiate est la faiblesse générale de leur organisme et surtout des organes respiratoires, du canal des alimens et de la perspiration.

Le seul remède à employer contre un pareil état est, quoique d'un succès incertain, d'adoucir graduellement la température et de la conduire au degré de chaleur où les vers ont éclos; de nourrir ces insectes avec des feuilles de mûrier bien tendres, fraîchement cueillies, d'une chaleur tempérée, ni humides, ni sèches, ni passées, et, suivant leurs besoins, de placer les vers avec soin sur des claies propres et sèches, d'opérer doucement le changement des claies, de changer fréquemment et doucement l'air, et de soutenir avec attention le degré de température dans lequel ils doivent vivre.

Avec de tels soins on pourra sauver quelquefois ces petits insectes, mais ils donneront toujours bien de la peine, et seront toujours d'un gain équivoque. Le parti le plus sûr est de faire couver de nouveau une pareille quantité de semence, aussitôt qu'on découvre la maladie, et de détruire les malades pour éviter des frais inutiles.

§ II.

Le passis [*] ou *arpion*.

Le passis qu'on nomme aussi arpion est une

[*] On l'appelle ordinairement *macilenza* ou *gattina* en Italie, et quelquefois *covetta*.

modification de la maladie dite *rouge*; cependant il en est bien distinct, puisqu'il ne se manifeste qu'à la fin de la première époque et par conséquent à la première mue, tandis que la rouge se déclare quelques jours après la naissance. Les caractères du passis sont une couleur jaunâtre qui couvre presque toute la peau de l'insecte, la maigreur de son corps, les rides de sa peau, sa petitesse en comparaison de la longueur des vers bien portans de la même couvée, la longueur de ses pieds crochus et minces, le manque d'appétit, la langueur et enfin l'extrémité postérieure du corps pointu.

La cause éloignée de cette maladie est l'influence d'une transition soudaine de température, soit trop haute ou trop basse, dans le passage d'un état à l'autre, et le dérangement de la transpiration augmentée ou arrêtée surtout par l'humidité; la cause immédiate de cette maladie est le malaise général de l'organisme.

La même cure et les mêmes moyens indiqués pour combattre la rouge, réussissent assez souvent mieux contre le passis. Si ce mal ne s'étend pas sur toute la couvée, et ne passe pas la première mue, on peut espérer qu'il se dissipera et qu'on obtiendra des cocons, mais d'un faible tissu. S'il arrive tout le contraire, il faut détruire ces insectes, puisqu'on est encore à temps d'avoir, ainsi que dans le cas de la rouge, une nouvelle couvée, moyennant la graine mise en réserve.

§ III.

Le mort-flat [1].

Cette maladie attaque le ver à sa seconde mue, rarement aux autres mues et presque jamais à la quatrième. Ces caractères distinctifs sont : 1° le gonflement de la tête de l'insecte et de ses anneaux ; 2° le luisant de sa peau ; 3° le plus ou moins de jaune répandu à la circonférence de ses stigmates ; 4° le liquide jaunâtre qu'il vomit ; 5° l'agitation qui lui fait abandonner son lit ordinaire pour rejoindre les bords de la claie.

La cause éloignée de cette maladie est un tas de matières excrémentitielles et de résidus de feuilles qui s'y trouvent mélangés, leur effervescence, le méphitisme de l'endroit renfermé, dans lequel l'insecte exerce mal ses fonctions, la grossièreté des alimens et la petitesse de son lit.

La cause immédiate est l'altération des fonctions organiques, surtout de celles de la respiration et de la transpiration, qui se trouve retardée et arrêtée, et un mouvement intérieur symptomatique, produit par la dépravation des humeurs du ver et par le dérangement total de la sécrétion et de l'excrétion.

Dans cet état le ver se dirige vers le bord de la claie, il y arrive, il s'y arrête, tout son corps parait dans un état de tension générale, il étend ses

[1] La *giallognola* de l'auteur, ou le *giallume* des Italiens.

pattes, il devient flasque, il se rapetisse, il meurt et se putréfie lentement.

Dans ce cas, à peine découvre-t-on que l'animalcule est malade; il faut l'enlever aussitôt du milieu des autres, et le déposer ailleurs sur un lit propre et dans un air pur; il faut lui donner peu de nourriture; il faut en outre mettre tout de suite en mouvement l'atmosphère de la chambre, où sont restés les vers bien portans, nettoyer fréquemment et avec adresse leurs claies, réduire la température au degré convenable; diminuer d'un tiers, la quantité de nourriture et le nombre des repas successifs, jusqu'à ce qu'ils soient remis : mais si les malades ne se rétablissent pas promptement, il faut les détruire.

§ IV.

Le mort-gras [1] *, ou des vaches, ou jaune.*

Le mort-gras qu'on appelle aussi les vaches ou le jaune, diffère beaucoup du mort-flat, puisque le développement de cette dernière arrive à la seconde mue, et que celui du mort-gras se fait au moment où le ver quitte sa dépouille, souvent à la troisième mue, rarement à la seconde et assez souvent à la dernière, qui est celle qui précède la formation du cocon; c'est un mal qui est spora-

---

[1] C'est l'*infarcito* des Italiens; les Lombards l'appellent *gialdume* ou *negrume, idropisia, o mal del grasso, lusarola, scopiarola* et *chiarella.*

dique, c'est-à-dire qu'il règne partout à la même époque.

Les marques caractéristiques du mort-gras sont : 1° le gonflement total du corps de l'insecte, excepté la tête ; 2° la couleur bien jaune de la peau ; 3° la distension de sa peau, qui va jusqu'à se rompre ; 4° un liquide jaune qui s'épanche de ces crevasses. L'insecte meurt après deux ou trois jours passés dans cette situation incurable. Il n'essaie jamais de commencer son cocon ; il se corrompt promptement.

Les mêmes causes éloignées qui produisent le mort-flat, développées avec plus de force, donnent naissance au mort-gras. Ses effets étant plus actifs, ils rendent plus dangereuse la cause immédiate ; mais si on emploie de suite les remèdes indiqués contre le mort - flat, on sauvera parfois quelques vers. Le docteur Fantana recommande de plonger ces insectes pendant une minute dans du vinaigre ; mais aucune raison ne nous engage à conseiller cet antidote.

§ V.

Le mort-blanc [1] *ou tripes.*

Le mort-blanc ou tripes est une maladie qui attaque souvent le ver au moment où il quitte toute nourriture pour commencer son cocon. Il con-

[1] Le *vivo apparente* des Italiens.

serve si bien après sa mort les caractères de la vie et de la santé, qu'il faut le toucher pour acquérir la preuve qu'il n'est plus. C'est ce qui a fait appeler cette maladie *vivo apparente* par les Italiens.

Les caractères patognomiques de cette maladie sont dans l'origine : 1° l'inquiétude du ver, ses changemens fréquens de dispositions, qui résultent des piqûres que lui font des lentes imperceptibles ; elles le lassent enfin et le rendent immobile.

2°. Sa couleur n'est pas altérée et ses mouvemens sont pénibles.

3°. Son corps est frais, un peu dur et recourbé en arc, de manière que le ventre en forme la circonférence extérieure, et le dos la circonférence intérieure ; disposition tout-à-fait semblable à l'opistotonos de l'homme.

4°. La pulsation de l'artère dorsale est retardée, et les stigmates aériens sont d'un plus grand diamètre.

5°. Quelques-uns de ces vers attaqués de ce mal, s'étendent et deviennent flasques un ou deux jours après qu'ils en ont été atteints, et l'extrémité postérieure de leur corps devient presque rouge jusqu'au dernier anneau.

6°. Deux ou trois jours avant de mourir l'insecte devient immobile.

Les progrès de ce mal sont tellement rapides, qu'il est extrêmement difficile d'en apercevoir la prédisposition, et l'insecte meurt avant qu'on puisse venir à son secours. Ce mal est d'autant plus terrible, que l'influence des temps chauds et orageux peut en être la cause prédisposante, dans les magnaneries mal placées, mal administrées, sales et étroites, ainsi que nous l'avons observé chez un homme de la campagne qui élevait des vers à soie. En effet, il est certain que la cause éloignée de cette maladie violente et mortelle tient à l'action délétère de l'état météorologique de l'atmosphère en masse. C'est ce que nous avons observé lors de différentes époques désastreuses pour l'agriculture, où la température était élevée au trentième degré de l'échelle thermométrique de Réaumur; l'humidité marquait le quatrevingt-neuvième degré de l'échelle hygrométrique de Saussure, et l'électricité libre était au grand angle électrométrique. La cause prochaine de cette maladie est certainement le méphitisme des matières fermentescibles et excrémentitielles, qui s'évaporent dans la magnanerie, et qui s'y trouvent renfermées; le calme d'une atmosphère humide et étouffante, et l'entassement des vers sur une petite surface.

La cause immédiate est la respiration troublée, les humeurs raréfiées et stagnantes, la transpiration retardée ou réprimée, les vaisseaux absorbans engorgés, l'organisme contracté, surtout celui du dos, où nous avons découvert, à l'œil armé, quelques lentes verdâtres et imperceptibles, toutes les fois qu'une pareille affection s'est manifestée; nous sommes donc porté à croire que la fermentation

propre à la propagation de ces lentes, est la cause
rapide et imprévue de cet engorgement; parce
qu'elle produit la vapeur méphitique qui se dégage
des excrémens, et que les piqûres que font ces lentes sur la peau, et quelques autres insectes, tels que
les mouches, les cousins, etc., sur la peau pénultième du ver, qui est très-irritable, en sont une autre
cause concommittante. C'est ainsi que la douleur
lasse le ver, contracte son tégument, trouble sa
transpiration, et par conséquent sa respiration, et
provoque en même temps l'effervescence des dernières particules végétales que le ver a avalées,
l'extraction ne s'effectuant pas, le canal excrétoire
s'engorge et produit la mort de l'insecte.

Que peut-on faire pour s'opposer à un mal aussi
rapide que mortel? Rien. Il n'y a qu'une administration bien soignée, bien pourvue, bien surveillée et conduite régulièrement, depuis l'incubation jusqu'à l'ovipération, qui puisse sauver la
couvée de ce mal affreux et irréparable, puisqu'il
ne se manifeste à l'œil du magnanier que lorsque
le mal est à son apogée.

Quelques auteurs proposent comme préservatifs d'adapter des conducteurs électriques à chaque
étagère des claies; c'est un moyen très-faible et
même inutile, lorsque l'humidité est excessive :
ces fils conducteurs pourraient être de quelque utilité dans l'extrême sécheresse; encore seraient-ils
nuls à cause de la promptitude du mal. D'autres
conseillent de faire circuler, dans les espaces de la

magnanerie, des parfums aromatiques, des flambeaux, des bouteilles odoriférantes. D'autres pré-
fèrent des aspersions de liquides aromatiques ou
d'eau simple, répandues sur le pavé des magnaneries, sans penser au méphitisme qui se dégage
abondamment par ce moyen et qui ne peut que
nuire à l'entreprise. Selon nous, les seuls préservatifs sont la ventilation, régulièrement et pru-
demment employée dans les temps étouffans et humides, d'une atmosphère presque immobile; la
surveillance la plus minutieuse, la propreté la
plus recherchée, le changement total des claies,
l'éloignement de toutes les matières fermentescibles, surtout celles des excrémens, afin d'empêcher que les vers ne soient envahis par ces lentes
ou morpions qui causent leur mort.

§ VI.

Le ver court[1], ou *luzette* ou *clairette*.

Le ver court, ou la luzette, ou la clairette, ou la
luisette, est une maladie de ver à soie, qui se manifeste souvent à la quatrième mue. La plupart des
noms qu'on a donnés à cette affection viennent de
ce que l'insecte devient rouge, ensuite blanchâtre,
et finit par être diaphane. Les caractères de ce
mal sont : 1° la couleur du ver qui est d'un rouge
tendre, et qui se convertit par degrés en couleur
blanchâtre; 2° la transparence du corps de l'insecte,

[1] La *diafana* de l'auteur, ou *lucidezza* des Italiens.

15

et surtout de la tête ; 3° le fort volume de son corps
en comparaison de celui qu'il aurait, s'il était en
santé ; 4° une bave diaphane qui coule de la bouche,
suivie du raccourcissement de son corps, au moment où il meurt ; 5° son passage en métamorphose, sans qu'il se soit fait un cocon ; alors il devient bientôt après noir, ou il se corrompt et devient infect.

Le docteur Fontana a cru que cette maladie
était une hydropisie ; mais l'ouverture de l'insecte
dément son opinion. L'organisme du ver n'a aucune infiltration ; les humeurs sont en moindre
quantité que dans celui qui est en bonne santé ; le
canal des alimens est étendu, et l'estomac surtout
est exténué. On y découvre une mucosité visqueuse
et bien transparente sans mélange d'alimens.

La cause éloignée de cette maladie est certainement un feuillage grossier, sec et fermenté ; les repas retardés, parcimonieux et peu propres à la nutrition ; l'exiguité des claies, par rapport au nombre des vers, et le méphitisme qui nuit à la respiration et à la transpiration. Sa cause prochaine est
l'exténuation de l'organe digestif ; et sa cause immédiate, l'aridité générale de l'organisme de l'insecte, et surtout la mucosité de l'estomac et des
vaisseaux exhalans, et la haute énergie des vaisseaux absorbans. Mais si les vers meurent de suite,
alors la cause la plus énergique et la plus immédiate est une lésion particulière à l'estomac où l'on
découvre de la mucosité fétide, un liquide sa-

nieux, et les étranglemens de l'estomac déchirés et détruits.

Quoi qu'il en soit de la nature de cette maladie, il est certain qu'elle arrive rarement, et que si elle se manifeste dans des magnaneries, elle n'a lieu que dans celles où, sous le prétexte d'une saine économie, on ne suit que les calculs aveugles et erronés de l'avarice, non-seulement relativement au feuillage, mais encore relativement à la dimension des claies, au nombre des surveillans et des repas. Quelle que soit d'ailleurs la cause de ce mal, il faut détruire les vers qui sont sur le point de mourir, et qui sont trop languissans, et placer ailleurs ceux qui sont moins malades. On logera ceux-ci grandement, on leur administrera plusieurs fois dans la journée un léger repas de feuilles tendres, fraiches et excellentes; elles ne doivent être ni mouillées, ni chiffonnées, ni fermentées.

C'est ainsi qu'on pourra sauver le petit nombre de malades, mais il faut les visiter assidument et fréquemment; et comme aussitôt qu'ils ont recouvré leur santé, ils se mettent à former leur cocon, il faut leur présenter immédiatement leur ramage, autrement ils errent sur la claie en prodiguant la matière première de la soie; ils font de mauvais cocons, et en jetant des fils diagonalement au milieu de leur cocon, ils s'y prennent, s'étranglent, meurent et deviennent en peu de temps des momies noires.

§ VII.

Les dragées[1] ou *dragée.*

Les dragées ou la dragée consistent en un relàchement du canal des alimens du ver à soie, qui provient ordinairement d'un feuillage imparfait ou enduit de matières résineuses, de miel ou de manne, et de la langueur de tout l'organisme de l'insecte. Cette maladie se manifeste à toutes les époques, mais surtout dans les temps étouffans. Les caractères qui la distinguent sont : 1° le manque d'appétit du ver; 2° la mollesse de son corps et presque son immobilité; 3° la couleur sale de la peau, et la couleur rougeâtre de la partie postérieure du ver; 4° le mouvement accéléré de l'artère dorsale; 5° l'infection qu'exhalent les excrémens en putréfaction.

La cause éloignée des dragées est une nourriture grossière, un feuillage peu mûr, trop succulent, et enduit, comme nous l'avons dit, de matières résineuses, de miel ou de manne dite aérienne; ou bien si le feuillage est couvert de poussière, ou s'il est mouillé, s'il est échauffé par le grand soleil, ou s'il est en fermentation; l'humidité, la puanteur fécale, les immondices et leur méphitisme produisent encore cette maladie. Sa cause prochaine est l'atonie de l'organe digestif, et sa cause immédiate est, à

---

[1] Le *flusso* de l'auteur.

n'en pas douter, la dépravation des sucs nutritifs et des vaisseaux digestifs, et le désordre de la transpiration et de la respiration.

On doit séparer de suite les vers malades de ceux qui se portent bien, et placer les premiers dans un récipient convenable et bien tempéré; ensuite il faut nettoyer et changer toutes les claies le plus souvent qu'il sera possible, et faire enfin circuler dans les corridors de la magnanerie des flambeaux d'alcool; après cela on mettra en mouvement l'atmosphère interne, et on commencera de suite la distribution du feuillage choisi; quant à sa qualité, il sera tendre et peu juteux, il ne sera ni mouillé, ni échauffé, et surtout il ne sera pas enduit de substances nuisibles. On donnera de cet excellent feuillage frais à ceux qui paraîtront susceptibles de guérison, on n'en donnera qu'en très-petite quantité aux malades; on augmentera leur ration insensiblement à mesure qu'ils paraîtront mieux portans, et il faudra se défaire de ceux qui seront jugés incurables. Ce régime réussit ordinairement; il guérit les vers malades qui peuvent recouvrer leur santé. Ces insectes parviendront même jusqu'à la métamorphose, mais ils ne pourront servir ni à la fécondation ni à l'ovipération. C'est en suivant encore cette méthode, que l'on préservera des dragées les vers bien portans.

TROISIÈME CLASSE.

ARTICLE IV.

Maladies du ver tisserand.

§ I.

Momie noire.

La momie noire n'est pas une maladie du ver, mais un accident qui lui fait perdre la vie, au milieu des lignes diagonales qu'il place en désordre dans l'intérieur de son cocon. Il se trouve pris au milieu d'elles, et meurt étranglé ; dans cet état malheureux, il s'exténue, se raccourcit, et il se dessèche au point de devenir très-consistant et solide ; il en résulte une momie d'un noir foncé. Un tel événement arrive lorsque le ver est troublé ou dérangé dans la formation de son cocon ; il interrompt la marche qu'il a commencée, il s'égare, il va appliquer son fil ailleurs ; il jette une ou plusieurs diagonales d'une des parois de la capacité intérieure à l'autre, au milieu desquelles il s'embarrasse et brouille tout son travail. Il fixe de nouvelles diagonales, il s'y entortille, et s'y enveloppe de manière qu'il ne peut plus s'en débarrasser ; il se débat en vain ; il meurt étranglé ; il se sèche peu à peu, et se convertit en momie.

Outre ces circonstances, les vers peuvent devenir momies, lorsqu'ils errent çà et là sur le ramage ; ils interrompent souvent leur travail, pour courir à droite et à gauche , et ils ne terminent jamais leur cocon, si toutefois ils en font une partie. Le désordre de leur tissu est tel , qu'ils sont souvent pris au milieu de leurs fils; ils sont étranglés par eux , et deviennent des momies noires.

Les seuls moyens d'éviter ces accidens fâcheux sont : 1° de ne jamais troubler les vers tisserands par des secousses dans tout le cours de leur travail , ce qui leur ferait établir des piéges meurtriers au détriment de la soie , du tissu du cocon et de l'entreprise ; 2° de les surveiller avec soin, et d'apprêter des ramages bien propres et bien choisis pour les vers errans et vagabonds , afin de les exciter à former leur cocon, et de faciliter leur travail par le repos et la situation convenable qu'on leur présente.

§ II.

Perle soyeuse de l'auteur, ou *goutte de gomme*.

La perle soyeuse ou goutte de gomme est encore un accident et non une maladie ; c'est la négligence des assistans qui en est cause. Il n'est pas rare de voir beaucoup de vers jetés par terre au moment où ils montent sur le ramage , ou qu'ils courent sur les bords de la claie, pour chercher une niche propre à l'établissement du cocon. Ces vers en tombant se font des contusions extérieures, et des lacérations dans leur organisme intérieur ; il y en a qui en meurent. D'autres plus robustes remon-

tent sur le ramage, commencent leur cocon, sans
énergie, le finissent même, mais il est faible et
bien flasque. D'autres sont hors d'état de travailler;
ils ont au derrière une goutte de matière gommeuse,
molle et tout-à-fait analogue à la matière des vaisseaux à soie qui s'extravase hors de l'anus de l'insecte, et se coagule petit à petit à l'action de l'atmosphère commune; elle se dessèche et elle se durcit enfin. Cette goutte telle qu'une perle luisante d'un
jaune tendre présente sur quelques individus, ou
comme un revers de l'anus, ou comme un relâche-
ment expulsé tant soit peu dehors, ou comme une
hernie du rectum; à mesure qu'elle se coagule, elle
devient plus consistante, plus dure et d'un jaune
rougeâtre.

Nous avons ouvert avec le plus grand soin le
corps de ces vers, et nous avons trouvé dans plusieurs qu'une partie des vaisseaux à soie étaient in-
sinués dans le canal excrétoire, et poussés un peu
dehors de l'anus, et l'endroit d'où ils passaient dans
le canal excrétoire était déchiré, de sorte que nous
présumons que cette partie des vaisseaux à soie,
étant arrivée là, elle suit le mouvement péristaltique
qui les chasse et les pousse au dehors. Dans d'autres
vers, nous avons découvert les vaisseaux à soie déchirés, ainsi que le canal des alimens; le liquide
de la soie était extravasé dans ce canal jusque
dans l'anus. Dans d'autres, nous avons observé les
stigmates vernis de matière soyeuse; la bouche et
l'anus en étaient également couverts; les vaisseaux

qui contiennent la soie étaient déchirés dans l'intérieur ainsi que le canal des alimens; leur contenu était extravasé et rougeâtre.

L'apparition de ces symptômes n'a pour toute cause que la chute de l'insecte, d'une hauteur plus ou moins grande, lorsque, ayant acquis la maturité et la corpulence nécessaires, il cherche un endroit pour former son cocon. Ces accidens peuvent encore résulter de la compression opérée par les assistans, lorsqu'ils changent les claies, qu'ils visitent les vers, et qu'ils disposent les rameaux. On ne peut donc conseiller d'autres préservatifs qu'une scrupuleuse attention de la part des assistans dans leurs opérations, afin d'éviter des accidens irréparables. On doit rassembler avec soin les vers errans, et les placer avec dextérité dans un lieu sûr, afin de prévenir leur chute, et d'empêcher qu'ils ne soient foulés aux pieds, au grand détriment de l'entreprise.

§ III.

Flaccidité ou *ver flasque.*

Arrivé à la maturité, le ver quitte toute nourriture, il abandonne sa couche, et cherche avec ardeur un lieu propre à commencer son cocon (tandis que les assistans établissent les rameaux, ou qu'ils s'occupent d'autres opérations). On découvre tout-à-coup plusieurs vers hors d'état de travailler; ils tombent dans un malaise général, ils maigrissent rapidement, deviennent flasques comme un boyau, et meurent. A l'ouverture de ces vers, on voit la matière soyeuse rassemblée dans le canal des alimens et presque sanguine, les vaisseaux qui la contenaient sont vides et déchirés en divers endroits. Un tel symptôme est seulement l'effet de la compression opérée sur les vers par les surveillans pendant leurs opérations, ou par tout autre assistant. C'est cette pression qui produit l'accident dont nous parlons.

Persuadé de cette cause, nous avons pressé entre nos doigts ou entre deux surfaces quelques vers, et toujours il en est résulté l'effet dont nous parlons, et le plus ou moins de pression produit les effets du paragraphe précédent. Étant convaincu que ces événemens fâcheux ne peuvent provenir que de la négligence des assistans, nous ne saurions encore trop recommander aux magnaniers de surveiller les travaux de leurs ouvriers, s'il veulent éviter ces accidens désastreux.

§ IV.

Momie simple, ou *muscardine*[1].

La momie simple ou muscardine arrive après la quatrième mue; mais elle attaque souvent le ver lorsqu'il a fini le cocon. La dénomination de cet accident est bien trouvée, puisqu'elle indique l'état du ver après sa mort, causée par ce mal. Le ca-

---

[1] Le *Segno* des Milanais.

davre de l'insecte se trouve réduit en une substance dure , et il est un peu amoindri, sans changer sa forme , comme il arrive aux corps morts dans les sables de l'Éthiopie.

Les vers robustes sont plutôt sujets à ce mal que les faibles ; cela est si vrai, que les magnaniers, persuadés que cet accident n'arrive que lorsque le cocon est parfait ; convaincus encore qu'il ne le tache point , et qu'il n'en diminue pas la valeur, tirent un bon augure des muscardines noirâtres ou fleuries qu'ils découvrent dans les cocons; parce qu'elles le font tourner à leur profit , en leur rendant plus avantageux de dévider la soie pour leur compte, plutôt que de les vendre. En effet, la muscardine est d'un poids plus léger que la chrysalide saine, et le cocon ayant toujours la même quantité de soie , s'il était vendu , tout le profit serait pour l'acheteur.

Les caractères qui indiquent que le ver qui est sur le point de faire son cocon deviendra muscardine, sont ordinairement : 1° quelques taches qui se développent par degrés sur sa tête, ou à l'insertion des pieds membraneux, ou autour des trachées aériennes , ou à la circonférence de l'éperon, ou sur d'autres parties de la peau de l'insecte, ou bien une éruption de points noirs imperceptibles, répandus sur tout son corps. Nous avons observé que lorsque le ver était attaqué de ces caractères, il était couvert d'une infinité de lentes imperceptibles, attirées par des tas d'immondices ; elles bles-

sent le ver, le tourmentent, lui causent les érup-
tions dont nous venons de parler, le rendent malade et le tuent; 2° leur couleur est quelquefois
rougeâtre ou peu jaune, ou livide, ou noirâtre;
3° l'insecte allant de plus en plus mal, sa couleur
s'étend, et vers la fin de sa vie, elle prend un ton
de cannelle, surtout près des pieds; 4° le ver meurt
sans se corrompre, il se sèche peu à peu, il se
durcit de manière à résister à l'incision, et il se
conserve long-temps en cet état, s'il n'est pas atteint par l'humidité de l'atmosphère.

Au reste, l'éruption n'est pas constante; beaucoup de vers deviennent muscardine, sans avoir
été assaillis de lentes et sans éruption; seulement
dans ce cas, on trouve chez eux une surabondance
d'acide phosphorique qui prédomine; ce que nous
considérons comme la cause de la grande consistance de la muscardine. Le ver à soie subit cette
maladie, lorsque la putréfaction des excrémens est
augmentée par une chaleur brûlante, qui ne peut
que sécher, par l'effort de la transpiration, les liquides qui circulent dans le ver, les épaissir et les
coaguler; enfin concentrés de cette manière, ils
retardent le mouvement péristaltique de l'organisme, ils interceptent l'opération du cœur de la
larve, et la tuent.

D'après ce que nous venons de dire, on conclut
facilement que la malpropreté, le méphitisme, le
calme de l'atmosphère, une chaleur étouffante
d'un côté, et le tourment des lentes d'un autre, for-

ment la cause éloignée de ce mal ; tandis que la respiration gênée, la transpiration augmentée en sont la cause prochaine, et le dégagement de l'acide phosphorique, constipant de plus en plus le ver, est la cause immédiate de sa mort.

Le seul moyen qu'on puisse employer, et dont l'adoption est inutile, si elle est tardive, est la grandeur de l'habitation, et le mouvement soutenu de l'air opéré par les ventilateurs. Il faut encore répandre de l'eau fraîche sur le sol de la magnanerie, faire circuler des flambeaux d'alcool entre les étagères, détruire les vers languissans, tenir les claies avec une propreté minutieuse, et distribuer enfin d'excellent feuillage frais, afin d'humecter les entrailles de l'insecte, lorsqu'on découvrira qu'il est menacé de cet accident, et lorsque l'atmosphère marquera sur l'hygromètre l'extrême sécheresse. Quelques auteurs conseillent de brûler dans ce cas des végétaux aromatiques ou de la paille ; comme nous pensons que ce moyen est nuisible, parce qu'il produit du méphitisme, nous sommes loin de le recommander. Les seuls secours par lesquels on puisse sauver les vers qui ne sont pas encore malades, sont ceux que nous avons développés, et c'est par eux qu'on pourra les conduire jusqu'à l'ovipération.

QUATRIÈME CLASSE.

ARTICLE V.

Maladies du ver dans le cocon, ou *chrysalide*.

§ I.

Momie brune[1].

La momie brune a toujours lieu dans le cocon, lorsqu'il est terminé; elle change quelquefois l'état du ver, avant qu'il soit métamorphosé, ou lorsqu'il a versé toute la matière de la soie; mais elle se montre le plus souvent, lorsque le ver est devenu chrysalide; elle est d'une couleur brune, et jamais d'un noir foncé. Les caractères qui précèdent cette maladie, ne se découvrent que lorsqu'elle est développée, à cause de la conversion rapide en momie, et de la mort subite du ver; et quand même ils se montreraient auparavant, comme l'insecte est invisible, on ne pourrait les observer qu'en perdant un grand nombre de cocons qu'il faudrait couper. Poussé par le désir de saisir ces caractères avant-coureurs, nous avons sacrifié plusieurs cocons, mais toujours inutilement, parce que le ver était déjà momie.

Dans un seul cocon nous trouvâmes un ver qui avait fini son travail, et qui vivait encore; il était raccourci et un peu consistant, il mourut bientôt

[1] *Momia fosca* de l'auteur; le *negrone* des Milanais.

après ; nous le laissâmes toujours dans le cocon, sa consistance augmenta , le lendemain il était brun ; deux jours après, il devint un peu dur , et dix jours après sa mort , il était très-dur.

Indépendamment des observations que nous venons de faire sur le ver devenu momie avant sa métamorphose , nous allons faire connaître les caractères de la chrysalide , laquelle devenue momie , outre sa couleur brune qui diffère beaucoup de la momie simple , est solide et dure au point de résister à l'incision ; elle est cependant frangible , et sa cassure présente une couleur gris sale. En la fendant , on découvre deux ou même trois enveloppes concentriques qui constituent la substance momifiée de la chrysalide. L'enveloppe intérieure appartient au corps graisseux du ver ; la seconde est le poil du papillon ; et la troisième qui est l'extérieure , appartient à l'étui membraneux qui recouvre la chrysalide.

La cause éloignée de cette maladie est la grande fatigue qu'éprouvent ces vers en versant une trop grande quantité de liquide soyeux. En effet , leurs cocons sont ordinairement plus riches et d'un tissu plus serré. Sa cause prochaine est une chaleur trop élevée , qui ne peut qu'épaissir les humeurs de la chrysalide, et les altérer au point d'épuiser la vie organique de l'insecte ; sa cause immédiate est la dimension étroite du cocon , relativement aux dimensions actuelles du ver en métamorphose , dans cette prison ; son organisme étant aride ainsi que ses contenus, il s'anéantit, il meurt, et sa matière devient d'une consistance cornée, chargée d'acide phosphorique.

Les moyens de préserver les vers de cette maladie sont : 1° de les surveiller avec beaucoup d'attention, aussitôt qu'ils sont renfermés dans leurs cocons, et de mitiger les effets météorologiques en général, et surtout la température de la magnanerie, afin qu'elle ne monte jamais au degré nuisible d'une chaleur insupportable ; 2° que l'état hygrométrique ne soit ni trop humide ni trop sec ; 3° que l'atmosphère ne manque pas de mouvement. Avec ces secours, l'insecte ne sera exposé à aucun accident ; son organisme conservera son équilibre sans effort, pour supporter le passage de la métamorphose ; il vivra pour l'accomplir, et produira un papillon bien sain.

§ II.

Momie fleurie[1]*, de l'auteur.*

Cette maladie que nous croyons devoir nommer momie fleurie, est une autre momie qui, comme la momie brune, se forme dans le cocon d'un tissu bien serré. Les préludes de cette maladie sont également cachés, de sorte qu'il n'est possible de les observer et de les saisir qu'en ouvrant le cocon, au risque de surprendre le ver au milieu de son

[1] *Zuccherina* des Italiens, *calcinetto* des Milanais, la *dragée* des Français.

travail et de perdre son produit s'il n'est pas converti en momie, comme cela nous est arrivé plusieurs fois dans nos tentatives, pour saisir la prédisposition symptomatique de cette maladie. Nous avons trouvé plusieurs vers occupés à verser leur soie; leurs corps étaient un peu humides, d'autres étaient flasques et raccourcis, d'autres étaient raccourcis et gonflés ; les insectes du premier et deuxième cas cessaient de vivre, aussitôt qu'ils avaient épuisé leur soie, tandis que ceux du troisième se métamorphosaient parfaitement et formaient des papillons qui étaient le plus souvent des femelles.

Les chrysalides découvertes dans les cocons que nous avons coupés et qui étaient plus ou moins avancés, procédaient dans leur métamorphose jusqu'au développement des papillons; mais quelques chrysalides, plus grosses et moins sensibles que les autres, se portaient mieux à l'ouverture du cocon, si on les mettait dans du coton; autrement elles mouraient, surtout si l'humidité atmosphérique était excessive. Les chrysalides mortes avaient un gros ventre, quelques-unes étaient presque corrompues, d'autres étaient couvertes d'une couche interrompue par une matière presque albumino-alcaline, et d'autres garnies d'efflorescence. Celles-ci portent le caractère distinctif de la dragée ; lorsqu'on les observe à l'œil armé, elles présentent une efflorescence répandue sur tout le corps de l'insecte ou sur quelques-unes de ses parties. Cette efflorescence est toujours composée de flocons très-minces qui ressemblent à de la neige, et ils forment une efflorescence saline, produite, selon nous, par la matière qui doit former le poil du papillon, qui se compose et se convertit en aiguilles très-fines et plates.

Les causes occasionelles de la dragée sont à peu près les mêmes que celles de la momie brune, avec la différence cependant de la grande influence de l'humidité sur la dragée : c'est elle qui, excitant le jeu des affinités chimiques, donne naissance à la décomposition des substances animales et à l'efflorescence saline, disposée et conformée en lames argentines, luisantes, très-fragiles ; si on les presse entre les doigts, et si on les frotte, elles se conglutinent entre elles, lorsque l'efflorescence est récente ainsi que la momie. Dans cet état, l'efflorescence donne à l'analyse un composé d'ammoniaque, d'acide phosphorique et de terre magnésie ; et au contraire, si la momie et l'efflorescence sont moins récentes, elles rendent une odeur de putridité, les petites lames se conglutinent moins si on les frotte ; elles développent une odeur d'acide phosphorique, et elles donnent à l'analyse du phosphate de chaux, un muriate équivoque et des indices de substance animale.

Quels remèdes pourra-t-on employer raisonnablement contre la dragée qui, plus que toutes les autres maladies, peut dégrader le cocon par sa corruption ? Nous pensons qu'il faut employer les mêmes que pour la momie brune, excepté l'aspersion d'eau sur le sol de la galerie, parce qu'elle aiderait l'efflorescence en augmentant le degré hygrométrique. Il faut mettre en mouvement l'atmosphère de la magnanerie, l'augmenter sans cesse, afin de dissiper l'humidité absorbée par les cocons, qui produit et fomente l'efflorescence. On empêchera par-là la liquéfaction des momies, et l'on conservera sans tache, s'il est possible, les cocons qui les contiennent. Ce sera une économie et même un plus grand profit pour le propriétaire, car la quantité de la soie étant la même dans les cocons du même volume, quoique le poids soit différent à cause de la réduction de la momie dragée, le propriétaire doit extraire la soie à ses frais, plutôt que de vendre les cocons ; autrement tout l'avantage serait pour l'acheteur, surtout lorsque le propriétaire pense que cet accident a dû arriver à la presque totalité de ses cocons ; il doit bien se garder de les vendre, car il perdrait environ la moitié de son profit.

CINQUIÈME CLASSE.

ARTICLE VI.

Maladies du papillon dans le cocon et hors du cocon.

§ Ier.

Maladies du papillon dans le cocon.

Lorsque le papillon est entièrement formé dans

le cocon, il cherche à en sortir, il pourra être, dans cet état, ou bien portant, ou maladif. Il est bien portant lorsque, plein de force et de vie, il peut déposer à l'endroit convenable une dose de liquide, tant soit peu alcaline et suffisante pour amollir le point où il doit opérer sa sortie, si cet endroit n'offre pas trop de résistance lorsqu'il le percera ; mais si, au contraire, le papillon est naturellement engourdi, ou peu engourdi, ou peu actif, ou s'il ne peut déposer qu'une très-petite quantité de liquide pour amollir l'endroit par où il doit sortir, et s'il n'a pas assez de force pour percer le cocon, ou si cet endroit offre trop de résistance, ou que l'insecte soit trop petit en comparaison de la capacité qui le renferme, et que s'égarant dans cette enceinte, il perde l'endroit préparé, le papillon s'abat alors, il se décharge, dans le cocon et non pas dehors, d'une matière rougeâtre, il le tache et n'en sort pas ; et s'il parvient enfin par ses efforts à en sortir, il se porte mal, il est inutile à la fécondation, la fe—melle surtout n'est bonne qu'à être tuée.

§ II.

Maladie du papillon hors du cocon.

Si après être sorti du cocon facilement et régu-lièrement, le papillon de l'un ou de l'autre sexe, dans une température de quinze à dix-neuf degrés de Réaumur est languissant, si le mâle engourdi ne recherche pas vivement la femelle, si la femelle

se refuse à l'accouplement du mâle qui la presse, ou
si tous deux ne s'accouplent qu'avec peine, ou s'ils
s'accouplent facilement, et qu'ils se séparent plusieurs fois, de telles circonstances suffisent pour
détruire ces papillons, comme ne pouvant pas servir à la fécondation, ou comme ne pouvant donner
qu'une mauvaise semence stérile, qui ne produirait que d'infructueux vers à soie.

ARTICLE VII.

Causes morbifiques de la fécondation irrégulière et
imparfaite.

Les conditions requises pour une bonne fécondation sont de la plus haute importance pour celui qui veut fonder une bonne magnanerie, et recueillir un gain assuré et en proportion de ses peines. Nous l'engageons donc à bien se persuader
de ce que nous allons dire, s'il veut que son entreprise ne soit pas vaine, que ses graines ne
soient pas viciées ni stériles, et qu'elles ne lui pro-
curent aucune peine et aucun désagrément. Nous
l'avertirons en même temps des causes morbifiques
de la fécondation, et nous l'instruirons de ce qui
peut la rendre saine et lui faire produire par la
suite d'excellens vers à soie.

Il est urgent, 1° que les papillons naissent dans
une chambre qui ne soit pas humide, et dont la
température soit maintenue du quinzième au dix-
neuvième degré de Réaumur; que si l'atmosphère

commune est d'une température plus froide , il faut
élever alors celle de la magnanerie du vingtième
au vingt – troisième degré de Réaumur ; 2° il
faut que les papillons soient bien faits et qu'ils ne
soient pas languissans, afin que le mâle puisse contenir, dans ses vaisseaux spermatiques, une assez
grande quantité de sperme pour féconder entièrement l'ovaire de la femelle, et afin que celle-ci ait
un ovaire parfait, rempli de liquides en proportion, qui ne soient pas épaissis, qui puissent bien
conduire l'influence spermatique, et que les œufs
soient bien conservés dans l'organe respectif, assez
fort et assez sensible pour la fécondation et pour la
ponte ; 3° que les organes sexuels soient intacts, non
flétris, propres sur la femelle, ni salis de matières
fécales, grossières et absorbantes, dont se décharge la femelle avant de s'accoupler avec le
mâle ; 4° que le mâle soit plein de vivacité, et qu'il
ne se soit pas fatigué en cherchant la femelle et en
voltigeant autour d'elle sans s'accoupler : car il aurait perdu son liquide spermatique, à cause de ses
éjaculations faciles, involontaires et continuelles,
qui le rendent stérile ; que la femelle soit non-
seulement vigoureuse et avide du mâle, mais qu'elle
soit débarrassée de ses matières grossières et terreuses avant de s'accoupler, afin de ne pas affaiblir, par ces matières fécales, l'énergie du sperme
pendant la fécondation ; 5° lorsque l'accouplement
aura été régulier, que les papillons ne restent pas
long-temps ainsi ; qu'on les sépare aussitôt qu'on

n'observera plus l'agitation répétée de leurs ailes afin de ne pas retarder la ponte, et que la femelle puisse se débarrasser de ses dernières humeurs roussâtres, qu'elle rend aussitôt après sa disjonction d'avec le mâle et avant de verser ses œufs (si ce retard avait lieu, elle se déchargerait tout à la fois, et de ses œufs, et de ses matières fécales, ce qui tacherait la semence et la rendrait moins propre à l'incubation, et de plus susceptible de corruption, surtout dans des climats humides); 6° que les petits œufs pondus ne soient ni de différentes formes, ni de différentes couleurs (ce qui a lieu lorsque les femelles n'ont pas des qualités propres et nécessaires à la saine fécondation, et qu'elles sont fécondées par des mâles languissans ; on en trouve parmi ces œufs qui sont jaunes et non fécondés, ils sont stériles; d'autres sont crevés et blancs, ils sont vides d'embryon; d'autres sont d'un rouge brun, et l'embryon est corrompu; on n'en a qu'un petit nombre couleur cendrée, qui sont propres à l'incubation). Non-seulement une pareille semence ne peut contenir que des embryons viciés, elle ne peut produire que des vers très-grêles, ce qui rendra illusoires les projets de l'entrepreneur, s'il calcule ses dépenses d'après la capacité et le volume, et non d'après le poids de semblables œufs qu'il destine à l'incubation : mais de quelque manière qu'il les emploie, il se préparera des frais inévitables; il est donc prudent de détruire toute la semence qui réunit ces caractères.

La semence qui est pondue par de bonnes femelles bien fécondées , et qui réunissent les conditions dont nous avons parlé, est toute pareille
en qualité, elle est uniforme et d'une belle couleur cendrée ; elle est d'une réussite assurée, parce
qu'elle est très-propre à l'incubation. Mais il faut
avoir un soin tout particulier pour la garder, afin
que sa nature ne soit pas altérée et qu'elle ne devienne pas inutile. Persuadé de la délicatesse que
demande ce soin , nous allons en parler dans l'article suivant.

ARTICLE VIII.

*Causes morbifiques qui attaquent les graines de
ver à soie pendant l'hivernage.*

Puisque le vrai et l'utile est le seul but de nos
recherches, et que nous sentons les causes qui nuisent à la prospérité du ver , il est très-important de
connaître si la semence a les caractères distincts
qui annoncent un succès indubitable ; elle peut
être altérée et devenir stérile , si elle est déposée
dans les vases ou dans les enveloppes peu convenables, ou si elle se trouve entourée de circonstances qui la corrompent, comme les variations
météorologiques et surtout une trop haute ou trop
basse température.

En effet, lorsqu'on dépose la semence dans des vases fermés et placés dans des endroits dont la tempé-

rature est variable et l'atmosphère humide, on s'expose à de graves inconvéniens ; la nature des graines s'altère ainsi que les liquides qu'elles contiennent, l'embryon se gâte, les liquides dans lesquels il est placé se corrompent, sa vie organique se trouble, et s'il ne meurt pas, il n'en est pas moins inutile pour l'incubation.

La graine est également stérile lorsqu'on l'expose à un degré élevé de chaleur, parce que l'embryon et ses liquides se raréfiant trop ou trop promptement, leur organisme se trouble, l'embryon se trouve géné dans sa position, il est resserré et comprimé dans sa coque au point de perdre la vie organique et toutes ses facultés incubatives. Il arrive la même chose lorsque la semence est placée dans une température trop basse, les liquides s'épaississent de plus en plus ainsi que l'embryon, la faculté incubative devient également nulle ; les graines deviennent donc inutiles, lorsqu'elles ne sont pas déposées dans un lieu qui a naturellement de huit à douze degrés de température à l'échelle de Réaumur, qui correspondent au cinquantième et cinquante-quatrième degré de l'échelle de Fahrenheit, et de dix à quinze degrés de centigrade, d'après l'instruction que nous avons donnée dans l'article de la conservation des œufs.

L'humidité affaiblit la coque des œufs, elle corrompt par degré la matière dont ils sont vernis, elle pénètre facilement l'enveloppe de l'œuf, elle altère peu à peu les liquides qui environnent le germe dont elle détériore la vie. De même en déposant la graine dans un vase fermé, elle est privée des rapports qu'elle doit avoir avec l'air ; l'air qui reste enfermé dans la capacité du vase et entre les œufs, devient méphitique, il en réprime la faible évaporation, et l'absorption nécessaire à la vie du germe étant interceptée, il meurt ou il devient stérile.

Voilà en peu de mots les causes qui détériorent la graine des vers à soie, et le motif de notre empressement à donner et à recommander à l'agriculteur attentif des règles pour bien hiverner la quantité de semence qu'il destine à ses entreprises, ou à celles d'autres magnaneries. Elle doit être telle que celle que nous décrirons au paragraphe VI du quatrième article de la quatrième période de la vie du ver à soie, chapitre IX de cette seconde partie.

Maintenant que nous avons terminé l'histoire des maladies du ver à soie, et que nous avons rapporté les moyens de les en préserver ou de les en guérir que nous proposons, et ceux qu'ont proposés d'autres auteurs qui ont écrit sur l'art d'élever cet insecte, nous pensons que nos lecteurs sont au fait de tout ce qui doit précéder les connaissances indispensables pour la véritable prospérité de notre larve. Nous pouvons enfin détailler l'art pratique d'élever le ver à soie, et de lui faire produire d'excellens cocons, d'après la méthode que

nous avons suivie, et qui nous a toujours donné
des résultats plus heureux que toutes les autres dont
on se sert généralement. Mais comme nous pensons qu'il est indispensable de connaître les qualités qui constituent un excellent feuillage de mûrier blanc ou noir, moyen le plus efficace et le
plus propre à faire prospérer le ver, de même
qu'un feuillage imparfait produit tous les malheurs qui l'assiégent, nous allons faire connaître le
diagnostic de ce feuillage, seul et unique aliment
de notre insecte. Nous aimons avec raison à lui
faire précéder l'éducation pratique du ver, afin
de pouvoir commencer cette partie avec tous les
moyens d'en faire l'application avec sûreté.

ARTICLE IX.

*Diagnostic du feuillage du mûrier blanc ou noir,
bon pour la nourriture des vers à soie, et de
celui qui leur est contraire.*

§ Ier.

INTRODUCTION.

Il paraîtra peut-être étrange ou du moins superflu au lecteur de retrouver ici la répétition des
qualités qui constituent les véritables caractères
d'un excellent feuillage de mûrier, et de celui qui
est contraire aux vers à soie, puisque nous avons
épuisé ce sujet au chapitre V, article Ier, de notre
Morique. Mais si l'on veut bien penser à l'impor-

tance de cet aliment exclusif de la larve du bombix des mûriers [1], on ne sera plus surpris ; on aura de l'indulgence, si l'on ne s'empresse pas toutefois de s'éclairer de nouveau en relisant le résumé que nous allons faire d'une matière qu'on ne saurait trop connaître ; car c'est ici le moment de réunir tout ce qui est essentiellement nécessaire pour le succès de notre entreprise. Il est donc urgent de redoubler de soins et d'exactitude, et d'offrir au lecteur, à l'agriculteur comme au magnanier, le plus grand nombre d'idées, non-seulement économiques, mais encore salutaires, dont une grande partie était inadmissible dans l'exposé de notre Morique. C'est dans cette pensée que nous reprenons l'argument du feuillage, et que nous allons rapporter les caractères distinctifs de celui qui est bon ou mauvais ; ce qui nous mettra en état d'en avoir toujours une bonne récolte, et de présenter aux vers un aliment plutôt sain que nuisible et qui ne les dégoûte pas, pour nous rendre toujours de plus en plus utile.

[1] Toute espèce de bombices a son feuillage particulier : la larve du *bombix melitta*, par exemple, ne se nourrit que de feuilles de *ramnus jujuba* ; la larve du *bombix cynthia* n'attaque que celle du *ricinus palma-christi* ; la larve du *bombix pavonia major* ne vit que de feuilles d'orme, de poirier, d'abricotier ; la larve du *bombix processionea* se repaît de feuilles de chêne ; la larve du *bombix quercifolia*, de feuilles de poirier, de pommier, de pêcher et de prunier ; la larve du *bombix neustria*, de feuilles d'arbres fruitiers, ou de chêne, ou d'orme, et d'autres plantes qu'il est inutile d'énumérer.

§ II.

Epoque de la récolte du feuillage du mûrier.

La saison de l'année où l'agriculteur voit se réaliser ses premières espérances, relativement aux opérations d'une magnanerie, celle où il voit se développer la récompense tant désirée de ses fatigues, est le printemps. C'est aussi cette douce et riante saison, qui engage le magnanier à exécuter ses projets et à commencer l'éducation des vers à soie. Il résume son plan de travail, et aussitôt qu'il l'a fixé, il se rend dans les champs pour examiner les mûreraies, les buissons de mûrier et tous les autres établissemens de cet intéressant végétal. Il considère les mûriers précoces, il observe l'allure et les ramifications de chaque individu, et il s'arrête à l'examen de leurs bourgeons; s'il trouve qu'ils sont devenus tant soit peu tuméfiés, mous au toucher et prêts à crever leur enveloppe, si parmi ces bourgeons il en découvre dont l'enveloppe soit déjà crevée, s'il y en a qui se soient déjà débarrassés de ce tégument qui devait les défendre des rigoureuses intempéries de l'hiver, et que quelques-uns même sont abandonnés de leur faible cosse et présentent une superficie ridée, il peut s'applaudir de ses recherches, il est temps qu'il commence le choix de la graine de ses vers et qu'il l'expose à l'incubation.

C'est alors qu'il faut se recueillir et réfléchir,

1° sur le nombre de vers qu'on peut élever facilement; 2° il faut calculer ensuite le poids de feuilles qui sera nécessaire pour nourrir sans parcimonie ce nombre de vers, pendant toute leur vie
alimentaire, ou bien on déterminera le nombre
de vers qu'on élèvera, d'après le produit présumé
que doit donner la quotité de feuillage de la mûreraie qu'on possède, afin d'en assurer la consommation.

On croit généralement en France que vingt-
quatre livres de feuilles de mûrier nourrissent assez de vers pour donner une livre de cocons. Dandolo a obtenu très-souvent une livre de cocons avec
douze livres seulement de feuilles de mûrier, et
dans l'Italie méridionale, dix livres de ces feuilles
suffisent, si l'on y joint une vigilance assidue, pour
produire une livre d'excellens cocons, surtout dans
la Calabre ultérieure et en Sicile; mais nous le répétons, à force de soins et d'attention, nous avons
obtenu, ainsi que nous l'avons rapporté dans notre
préface, dix-sept et même dix-huit onces d'excellens cocons avec quinze livres de feuilles exquises,
et jamais moins de quinze ou de seize, et même
dans les couvées très-désastreuses, nous n'en avons
jamais eu moins de douze et treize onces.

Lorsque l'entrepreneur aura fixé ses premières
idées, il pourra se livrer en toute assurance à l'é-
ducation de ses vers; il doit faire établir avant
tout l'incubatoire où les œufs doivent éclore.

C'est alors que le magnanier recherche les qualités d'une excellente graine et les conditions que doit réunir l'incubatoire; il veille à la végétation de ses mûriers [1], et aussitôt qu'il aperçoit des feuilles nouvelles, quelques rares qu'elles soient, il commence de suite l'opération de l'incubation, il la surveille attentivement, parce qu'il est assuré que le développement des feuilles, quoique retardé, aura lieu à temps, qu'ainsi il pourra nourrir facilement les vers naissans, et que leur aliment, se développant en même temps qu'eux, leur sera plus agréable et plus salutaire.

Cependant le magnanier, tremblant toujours pour le succès de ses futurs nourrissons, à cause de l'incertitude des accidens mortels de la mauvaise saison, qui peuvent, en détériorant les mûriers, altérer la nature de leur feuillage et en rendre la substance nutritive stérile; ou à cause des feuilles mal cueillies, mal conservées, couvertes de matières nuisibles ou de poussière, ou fermentées; ou à cause des maladies qui attaquent ses larves, et qui sont produites par l'intempérie de changemens violens et rapides de l'atmosphère, toutes

[1] En cas d'incertitude sur le développement du feuillage des mûriers, il faut s'en assurer en transportant de petits mûriers dans des caisses portatives, et en les plaçant dans une chambre chaude, vitrée et exposée aux rayons du soleil. Il y aura dans cette chambre un poêle pour produire la température convenable pour hâter le progrès et le développement des feuilles qui doivent remplacer celles de la mûreraie, en cas de retard, afin de n'en pas manquer.

ces causes pouvant incommoder les vers, et produire souvent des pertes irréparables; le magnanier hésite, mais nonobstant cela, et en raison de
son inquiétude fondée ou non, il doit employer
des soins plus attentifs et une plus grande sollicitude. Et combien plus funestes ne seront-ils pas
les accidens fâcheux de l'ambiant commun, si l'on
ignore les caractères avant-coureurs du mal,
si l'on ne sait pas connaître les prédispositions
qui mettent en état, non-seulement de parer à
des événemens sinistres, mais de porter remède
au mal et d'en mitiger le danger ! Une pareille impéritie ne fait que compliquer le mal, et toute l'entreprise court évidemment à sa perte.

Puisqu'il s'agit de choses d'un aussi haut intérêt,
et qu'elles méritent toute l'attention des hommes
instruits et laborieux, nous allons en parler, en
nous adressant toujours aux citoyens actifs et intelligens, qui sont aussi dociles à écouter les le-
çons de l'expérience, que prompts à les mettre en
pratique.

§ III.

*Qualités du feuillage propre à la nourriture des
vers à soie, et de celui qui leur est nuisible.*

Les feuilles de mûrier d'une ampleur ordinaire,
d'une certaine épaisseur, tendres, peu intenses, d'un
beau vert et presque lisses, sont les plus propres à
la nourriture du ver à soie. Tels sont les caractères

constans des mûriers blancs et noirs sauvages;
seulement la feuille du mûrier noir a plus d'intensité dans la couleur et dans l'épaisseur. Ces qualités indiquent un bon feuillage dans les deux espèces, surtout si les arbres végètent dans un bon
sol, un bon climat et une bonne exposition; les
feuilles, au contraire, qui sont très-amples, rudes
au toucher, grossières, trop juteuses, sont peu favorables pour l'insecte, et lui sont souvent nuisibles, surtout si les mûriers qui les donnent croissent dans un climat peu convenable, dans une exposition froide, où ne donne pas le soleil, et dans
un terrain stérile et humide.

Les feuilles du mûrier blanc ' sont préférables à
celles du mûrier noir, celles des mûriers sauvages
à celles des mûriers greffés, celles des mûriers à
feuilles de rose, qu'on appelle mûriers d'Italie ou
d'Espagne, à celles de toute autre espèce, celles
des mûriers adultes à celles des mûriers jeunes et
vieux; les feuilles des vieux mûriers à celles des décrépits; enfin le feuillage qu'on cueille sur des arbres bien situés pour le sol, le climat et l'exposition soumis à l'influence solaire et à sa lumière,
est celui qu'il faut choisir. Il faut abandonner au

' L'expérience prouve qu'elles conviennent mieux à l'économie animale du ver, qu'elles le soutiennent mieux, qu'elles
entretiennent sa santé, qu'elles fournissent plus facilement
la matière de la soie, et lui font produire par conséquent
d'excellens cocons, des papillons robustes et des graines parfaites.

contraire le feuillage jauni et rouillé, comme inutile et presque nuisible. D'ailleurs, ce serait faire grand mal à l'arbre en l'effeuillant alors, ce serait le priver de ses organes respiratoires, le mettre dans un état de malaise et hâter sa mort.

On doit récolter toujours le feuillage : 1° deux heures ou une heure et demie au moins après le lever du soleil.

2°. Si les mûriers se trouvent couverts d'une rosée abondante, il faut alors que la récolte ait lieu trois heures au moins après le lever du soleil ; on secouera adroitement les branches, pour en faire tomber l'eau avant de les cueillir. Il faudra agir de même lorsque la pluie aura mouillé le feuillage.

3°. Il ne faut jamais le cueillir plus tard que deux heures avant le coucher du soleil, s'il est nécessaire d'avoir une récolte le soir.

4°. On doit employer beaucoup d'adresse et de soin pour cueillir le feuillage, pour ne pas le chiffonner, ne pas détruire les bourgeons en effeuillant les branches, et ne pas déchirer l'écorce à laquelle tient chaque feuille.

5°. Aussitôt que le feuillage sera cueilli, il faudra séparer celui qui est bon de celui qui est mauvais ; il faudra rejeter les feuilles déchirées, sèches, gâtées et salies.

6°. Si le feuillage qu'on vient de cueillir est encore mouillé, il ne faut pas s'en servir tout de suite, mais l'étendre, pour le faire sécher, sur des filets semblables à celui de la *fig.* 1 ou 4, *pl.* III.

7°. Si le feuillage est couvert de substance miel-
leuse, ou de manne atmosphérique, ou de matières
résineuses ou fécales, d'insectes, etc., il faut le laver
avec soin, l'étendre sur des filets pour le faire sécher, suivant la méthode que nous avons indiquée,
page 137, article des instrumens et ustensiles mécaniques, chapitre III, section 3 des meubles de la
magnanerie, deuxième partie de la Sétifère.

8°. Après avoir lavé le feuillage et en avoir enlevé non-seulement l'humidité, mais toute autre
matière hétérogène, on le placera adroitement
dans les récipiens qui lui sont destinés, de telle
sorte qu'il ne soit ni échauffé ni comprimé dans
la charrette, *fig.* 23, *pl.* III, ou ailleurs.

9°. Lorsque le feuillage sera arrivé à la magnanerie, il faut le retirer et le placer avec beaucoup
de soin, de peur de le chiffonner ou de le salir ; si le
temps est sec ou chaud, on le mettra dans une
chambre un peu humide et fraîche, et si le temps
est humide, dans une chambre bien sèche, afin de
prévenir toute altération.

10°. Lorsque le feuillage sera déposé, d'après les
raisons que nous venons de développer, dans un
endroit propre à sa conservation, on l'étendra adroitement de temps en temps, sur l'aire où il se trouve,
afin de le rafraîchir par le moyen d'un courant d'air,
et éloigner par-là, soit l'humidité de l'atmosphère,
soit la vapeur qui s'exhale des feuilles, où l'air méphitique est renfermé. On évitera encore par ces
soins l'échauffement et l'altération que pourrait

occasioner un mouvement intestin, excité dans l'organisme des feuilles, par une chaleur ou une humidité trop excessive, à cause de la faculté fermentescible du végétal. Il faudra, dans ce cas, transporter immédiatement le feuillage ailleurs, et le placer dans une chambre adaptée aux circonstances et propre à mitiger l'état météorologique de l'atmosphère, et la fermentation des feuilles pour les conserver plus en sûreté. Avec de semblables précautions, on pourra les garder intactes pendant deux et même trois jours, dans les temps sereins ; mais dans les temps d'orage elles résistent moins, surtout si l'intempérie change avec violence.

11°. Outre les soins que nous venons d'indiquer, il faudrait encore séparer le feuillage tendre de celui qui l'est moins, afin de le distribuer successivement, selon que l'on en aura besoin, c'est-à-dire, le tendre aux jeunes vers, le moins tendre à ceux qui sont plus forts ; employer le récent après le moins récent, et le distribuer ainsi avec ordre et économie.

12°. Comme il est de la dernière importance pour les vers qui viennent de naître, de leur offrir les feuilles du sommet des tiges, comme le bouquet *c*, *a*, *i i*, *fig.* 21, *pl.* VI, ou de la cime *a*, *fig.* 8, *pl.* V, pour les préparer à se nourrir, et les changer facilement de lit sans les tuer ; il faut donc conserver avec autant de sollicitude les rejetons et leurs cimes que les feuilles elles-mêmes, et les soigner avec une attention non moins scrupuleuse, pour prévenir les mêmes inconvéniens, quoique les feuilles qui tiennent à leurs branches, adhérant encore à leur point natal, soient moins sujettes à des ravages dans leur organisme et perdent moins de suc alimentaire.

Mais quelque utiles et salutaires que soient les précautions que nous venons d'indiquer, il faut visiter continuellement le feuillage, et en bien examiner les qualités salutaires chaque fois qu'on le vérifie, jusqu'au moment où on en fait la distribution aux vers; si on le néglige, il pourra s'altérer, et on donnerait aux vers un aliment nuisible, qui leur causerait de grands maux. Il est non moins important de le distribuer avec une régularité précise, selon le nombre des vers, sans prodigalité, mais aussi sans avarice; car une économie mal calculée réduirait à rien le produit de la soie.

La plupart des magnaniers ont coutume de hacher le feuillage qui doit servir aux repas, par le seul motif qu'étant ainsi trituré, on peut le distribuer et le répandre avec facilité et égalité sur la superficie où se trouve le ver; qu'il y a même de l'économie, et que par ce moyen l'insecte peut l'attaquer sans peine. Le savant Dandolo lui-même approuve cet usage et le recommande chaudement, mais en réfléchissant sur cette opinion et en l'approfondissant, nous avons découvert qu'elle était erronée, et que la physique et la chimie la réfutaient complètement : 1° parce qu'aussitôt que la feuille est coupée, elle perd par les points incisés une partie de son liquide végétal au détriment de l'économie animale du ver et de l'industrie, par la raison que l'on en distribue plus qu'il n'en faut au ver.

2°. Parce que l'humeur végétale s'extravasant, la substance charnue de la feuille devient plus aride; le ver la ronge moins aisément, la mixtion et la fusion de l'humeur végétale avec les humeurs animales s'opère plus difficilement dans le canal alimentaire du ver, et, par conséquent, l'élaboration en est plus pénible.

3°. Parce que l'humeur végétale de la feuille, en s'extravasant sur les bords de l'incision, acquiert par le contact de l'air et par l'oxide ou matière métallique du couteau une altération et une saveur un peu dégoûtantes pour le ver, ce qui amoindrit le produit qu'il donnerait; d'ailleurs ce liquide ayant une disposition fermentescible, tend à s'aigrir et à se putréfier rapidement.

4°. Parce que la feuille hachée est tellement humide, qu'elle mouille le ver surtout dans les temps humides; elle devient alors très-incommode, elle s'entasse, se colle, couvre désagréablement les insectes, et les ensevelit souvent au point de les étouffer.

5°. Et parce que les feuilles, en se conglutinant, n'offrent plus une entrée facile aux vers qui les abandonnent; elles produisent alors du méphitisme et de l'humidité, ce qui est très-nuisible.

Il n'en est pas de même lorsqu'on donne la feuille

entière; le ver monte dessus facilement, il la parcourt de même, l'attaque à l'endroit où il peut plus
aisément l'entamer, il la ronge entièrement avec
ses compagnons, et toujours avec un profit positif
et salutaire. Le feuillage intact offre un aliment plus
agréable à l'insecte, il ne mouille de son liquide
que le point que celui-ci tranche, et la particule
qu'il avale, et dont il tire dans l'organe digestif ce
qu'il faut pour produire le mélange nécessaire
pour la formation de la soie, sa nourriture vitale
et sa future métamorphose. Il ne nous reste plus
qu'à exposer l'analyse des matières qui constituent
le tissu de la feuille de mûrier pour achever l'objet de cet important article de notre travail; c'est
ce que nous allons développer dans le paragraphe
suivant.

§ IV.

De la nature de la feuille du mûrier.

Les feuilles de mûrier blanc ou noir contiennent
toujours, depuis leur naissance jusqu'à leur plus
grand accroissement, les mêmes principes et par
conséquent les mêmes facultés qui peuvent varier,
cependant, selon leur intensité progressive, les lo-
calités, l'exposition, le climat, l'espèce de mûrier,
sa variété et son âge; malgré cela, les feuilles de
mûrier blanc possèdent un plus grand nombre de
substances nutritives que celles du mûrier noir,
celles du mûrier blanc sauvage, plus que celles du

mûrier blanc domestique; et celles du mûrier noir sauvage, plus que celles du mûrier noir domestique. En effet, l'analyse chimique opérée par la voie humide sur les feuilles du mûrier sauvage blanc, donne non-seulement l'eau de la végétation, mais encore une substance sucrée, une autre résineuse, une autre gommeuse, et une autre fibreuse. Ces mêmes matières se retrouvent dans le mûrier blanc domestique, mais les substances gommeuses et sucrées sont en plus grande abondance, et les substances résineuses et colorantes sont en bien moindre quantité.

Dans les feuilles de mûrier noir sauvage, la matière gommeuse est plus abondante que dans le mûrier blanc domestique ou sauvage, ainsi que la substance féculante, tandis que les substances sucrées, résineuses et colorantes, y sont également peu considérables; mais la substance fibreuse y domine, les substances gommeuses et féculentes sont encore plus abondantes dans le mûrier noir domestique, où la substance sucrée est en très-petite quantité; les substances résineuse et colorante y sont encore moindres, et la fibreuse y surabonde.

Les compositions que nous venons d'indiquer et qui varient du mûrier blanc sauvage au même mûrier domestique, et du mûrier noir sauvage au même mûrier domestique, nous mettent en état de conclure que le feuillage du mûrier blanc sauvage est préférable sous tous les rapports à tous les autres, à cause de ses propriétés utiles et bienfaisantes qui résultent de la nature mieux adaptée des matériaux qui composent sa substance végétale, riche de tout ce qui est propre à hâter le développement et la maturité du ver.

Il est également facile de conclure que les mûriers blancs ou noirs indigènes, greffés ou non, et leurs variétés, sont préférables aux exotiques, et surtout les mûriers indigènes de la Calabre et de la Sicile. Les propriétés chimiques de leurs feuilles égalent presque celles des mûriers tartare et indien, sous l'influence vivifiante du beau ciel des Siciles et de leurs campagnes fertiles. Elles peuvent nourrir et conduire à bon terme chaque année de petites mais de très-nombreuses couvées de vers à soie. Le mûrier tartare n'est donc pas plus utile chez nous que nos propres mûriers, il y produirait au moins les mêmes effets que chez les habitans d'Azow; c'est pourquoi si on le transplantait dans nos terres, ou dans tout autre pays méridional de l'Europe, il ne ferait que donner une espèce de plus.

Nous avons épuisé ce que nous avions à dire du feuillage dans cet article que nous avons cru d'une nécessité indispensable pour servir de préliminaire à l'incubation, et de terme moyen entre les connaissances théoriques de l'art d'élever les vers à soie que nous avons exposés, et l'éducation pratique de ces mêmes vers. Nous allons développer la méthode que nous avons adoptée pour cette éducation, parce que, depuis beaucoup d'années,

l'expérience nous a constamment donné des résultats avantageux, parce qu'elle est extrêmement
économique, et qu'elle est d'un produit beaucoup
plus grand et plus sûr que celui des méthodes ordinaires qu'on a suivies jusqu'à présent, comme
nous en avons été convaincu par nos observations
successives, dont nous allons faire part à nos lecteurs.

Nous comparerons en même temps notre méthode à celles qui l'ont précédée, et nous remplirons par-là les idées paternelles du gouvernement
de notre pays, en répondant au second point du
premier programme, reproduit à Naples par l'Institut royal d'encouragement aux sciences naturelles, c'est-à-dire : « Indiquer dans un mémoire, par
» des expériences démonstratives, quelles sont les
» méthodes que l'on a mises en usage, ou que
» l'on pourrait suivre pour obtenir une récolte
» plus abondante de cocons et mieux choisie. »
Car nous avons déjà satisfait au premier point du
même programme, ainsi qu'au dernier point, à
la description des magnaneries, au chapitre II de
la deuxième partie de notre Sétifère.

CHAPITRE VII.

PREMIÈRE SECTION.

Éducation des vers à soie.

ARTICLE PREMIER.

Incubation pratique de la graine des vers à soie.

§ Ier.

INTRODUCTION.

C'est donc l'influence vivifiante du printemps qui invite l'agriculteur aux opérations des magnaneries ; c'est entre avril et mai qu'il visite attentivement les mûreraies, qu'il examine quel est le degré de protubérance des bourgeons, et quel est le développement des feuilles qui viennent d'éclore en très-petit nombre : car il ne se détermine à l'incubation que d'après une certitude probable, qu'il aura le feuillage nécessaire pour nourrir les vers à soie à leur naissance. En effet, ce n'est que d'après les raisons que nous avons rapportées plus haut, que l'actif agriculteur se dispose à vérifier la graine qu'il a achetée et gardée. Il fixe en même temps la quantité d'œufs qu'il faut pour sa couvée, et il en met de côté, exposés à une basse température, une quantité égale, qui servira à donner une seconde couvée, dans le cas où la première manquerait, par suite d'événemens météorologiques, pour ne pas perdre, 1° le feuillage qu'on a acheté pour la magnanerie, 2° les autres frais que l'on a pu faire, et enfin le gain qu'on s'est proposé.

L'agriculteur ou le magnanier doit, sans aucun retard, soumettre les œufs à l'incubation, lorsque le temps opportun est arrivé, parce que pendant le temps qui s'écoulera du jour où les œufs sont soumis à l'incubation, à celui de la naissance des vers, les mûriers auront développé assez de feuilles pour les nourrir et leur fournir successivement tous leurs repas [1]. En effet, cet intervalle est ordinairement de neuf ou douze jours; l'agriculteur qui aura bien prévu le progrès des bourgeons peu ouverts, ou peu développés, ne manquera pas de savoir si la récolte des feuilles de mûrier aura lieu ou non, lorsque l'époque de nourrir ses nouveau-nés sera arrivée, et si cette récolte pourra suffire à tous leurs besoins.

§ II.

Appareil de l'incubation.

C'est après ces données presque certaines que l'a-

---

[1] Il est prudent de préparer des mûriers dans des caisses remplies de terre excellente et de les déposer dans une chambre chaude pour faciliter leur végétation et avoir un feuillage précoce, qui assurera les premiers repas des vers à soie dans le cas où la végétation extérieure serait retardée.

griculteur et le magnanier font établir leur incubatoire, d'après les règles que nous avons exposées
à l'article des meubles et instrumens mécaniques,
en décrivant la *fig.* 22, *pl.* III; il le met en état et
le garnit, 1° du thermomètre *g*, qu'il place sur le
volet *f*, à jour dans toute l'étendue du thermomètre (cette ouverture est recouverte d'un verre blanc
transparent, de manière que l'échelle du thermomètre puisse se voir en dehors, et que l'on puisse en
observer facilement les variations); 2° de la lampe
graduée, décrite à l'article ci-dessus cité des meubles et instrumens mécaniques, *fig.* 18, *pl.* III.

Tout cet appareil étant terminé, on le placera dans
la chambre de l'incubation et de l'enfance, c'est-à-
dire au n° 3 du plan, *fig.* 1, *pl.* I, côté droit S. E.,
et dans l'endroit de cette chambre le plus reculé et
le plus exposé à la lumière du jour et au midi; parce
que les œufs éclosent plus facilement sous l'influence de la clarté; 3° on apportera ensuite le nombre de carrés destinés à l'incubation; 4° lorsque
l'incubatoire sera ainsi meublé et conditionné, on
visitera les linges auxquels adhère la graine mise
en réserve, on en vérifiera soigneusement l'intégrité
et le poids, et on notera sur un livre journal, selon
que l'on trouvera, 1° le nombre des linges; 2° leur
poids en général avec les œufs, et 3° le poids des
linges en particulier, que l'on soustraira et dont on
tiendra compte pour avoir le véritable poids des
œufs. Ce qui mettra en état de comparer, lors de la
naissance des vers, le nombre des insectes éclos

avec celui des graines incubées ; pour savoir s'ils sont tous bien venus ou s'il en manque, et pouvoir vérifier facilement, lors de la récolte des cocons, si leur nombre est égal ou non à celui des vers qu'on aura comptés, et relever le nombre des morts pendant le cours de leur éducation.

4°. On notera encore sur le livre journal le jour et l'heure où l'on commencera l'incubation, pour bien régler, depuis le moment de la naissance des vers, le cours périodique de leurs mues et de leurs repas, et opérer sans dégât le changement des claies pendant les intervalles des mues ; 5° on doit commencer par placer avec adresse les linges couverts de graines sur les carrés qui leur sont destinés, sans soumettre ces œufs à aucune influence, sans les détacher des linges où ils adhèrent, pour ne pas altérer leur nature. On fixera ces linges par le moyen des clous qui existent aux quatre coins des carrés, et on les placera dans l'incubatoire sur la boîte *n* ¹ où on les disposera en forme de pile, en mettant un carré sur l'autre, comme l'indique la *fig.* 12, *pl.* III, où on fera une ou deux piles, ou un plus grand nombre, selon le plus ou moins d'œufs que l'on fera incuber, mais toujours de manière qu'on puisse les vérifier et les manier facilement.

Une fois que l'appareil de l'incubatoire sera ter-

¹ Sa dimension devra être plus grande et plus large de deux pouces que le diamètre des carrés, afin que si les vers viennent à tomber, ils ne s'égarent pas hors du nid.

miné, on le vérifiera en général, et surtout le
thermomètre *i*, placé de telle sorte que les degrés seize et dix-sept, dix-huit dix-neuf et vingt,
soient toujours en dehors de la partie supérieure
de l'incubatoire, pour mieux observer le degré de
température, et mieux régler l'incubation; on apprêtera ensuite la lampe, qu'on garnira d'une
bonne mèche et qu'on remplira d'huile d'olive
très-fine. On la placera dans l'intérieur de l'étuve
k k, au centre gauche et latéral de son bas-fond [1].

Enfin on garnira les parois intérieures de la chambre d'incubation de deux thermomètres de Réaumur, ou plus, d'un baromètre et d'un hygromètre
dans l'endroit le plus éclairé. On y apprêtera encore des étagères qui doivent soutenir les claies
garnies de vers au fur et à mesure qu'ils seront reti-
rés de l'incubatoire. On placera ces claies en ordre,
et on observera aussitôt la température ordinaire
de la chambre, si elle n'est pas au quatorzième degré et demi, ou au quinzième degré de l'échelle
de Réaumur, qui correspond au dix-huitième et
dix - neuvième degré centigrade et au soixante-
deuxième et soixante-deuxième et demi de l'échelle
de Fahrenheit; on la réglera selon qu'il sera besoin au moyen d'un poêle qui se trouve contigu à
la chambre de l'incubation [2].

---

[1] Il importe de préparer plusieurs autres lampes semblables
pour remplacer la première, s'il est besoin, afin de ne pas interrompre le degré de température nécessaire.

[2] Au cas où la température s'élèverait rapidement, on pour-

ARTICLE II.

§ Ier.

Opération de l'incubation.

Lorsqu'on aura ainsi achevé l'appareil de l'incubatoire, et qu'on sera prêt à commencer l'incubation, on allumera la lampe avec une bougie, et jamais avec une allumette ; on l'allumera toujours en dehors de l'incubatoire et de l'étuve même, et lorsque sa flamme sera bien établie, qu'elle sera régulière, qu'elle ne fumera pas, on l'introduira dans l'étuve kk, à l'endroit indiqué ; on l'y enfermera par le moyen de la porte l, et on fermera également les autres portes ef de l'incubatoire ; mais la soupape supérieure h restera plus ou moins entr'ouverte par le moyen d'une vis ou d'un coin, selon qu'il faudra modérer la haute ou la basse température. L'atmosphère de la capacité intérieure de l'incubatoire, se raréfiant ainsi, peut se dégager facilement et se renouveler dans le haut comme dans le bas-fond de cet appareil.

On veillera continuellement à la température de l'incubation, jusqu'à ce que la chaleur répandue par la flamme de la lampe l'ait portée au quinzième degré de Réaumur. On maintiendra cette chaleur pendant vingt-quatre heures ; mais le jour suivant,

rait la mitiger en ouvrant aussitôt, mais par degré, une communication avec une chambre voisine.

au lever du soleil, on l'élèvera dans l'incubatoire à quinze degrés et demi de Réaumur, au moyen d'une mèche un peu plus volumineuse et plus haute que la précédente, mais qui ne fume point.

Le troisième jour de l'incubation on élèvera encore la température de l'incubatoire aussi, vers le lever du soleil, au seizième degré de Réaumur, que l'on y maintiendra jusqu'au quatrième jour inclusivement.

Le cinquième jour on l'élèvera au dix-septième degré, et le sixième et le septième jour au dix-huitième degré.

Le huitième et le neuvième jour on l'élèvera au dix-neuvième degré, le dixième et le onzième à dix-neuf et demi, et le douzième ainsi que le treizième à vingt degrés, surtout si la température commune est basse.

§ II.

Naissance des vers à soie.

Les vers à soie commencent à éclore ordinairement, dans les climats chauds le dixième et le onzième jour de l'incubation, le onzième et le douzième jour dans les climats tempérés, et le douzième et le treizième dans les climats froids. Ce sont précisément à ces époques et pendant cet espace de temps qu'il faut régler avec une scrupuleuse attention la température de l'incubatoire, pour l'amener et le maintenir au vingtième degré de Réaumur ;

18

qui correspond au vingt-cinquième du centigrade, et au soixante-treizième et demi de Fahrenheit ; il faut la conserver toujours égale sans la laisser jamais diminuer, afin que les vers puissent agir toujours avec la même énergie, et sortir de l'œuf sans aucune variation dans la chaleur : car ces changemens subits peuvent attaquer leur frêle constitution, et les faire tomber malades, surtout si cette impulsion provient d'une trop haute ou trop basse température et de l'absence de la lumière [1].

C'est aux époques que nous venons de désigner, qui précèdent la naissance prochaine des vers à soie, que l'aspect de la semence incubée change visiblement. L'œuf examiné à l'œil nu se trouve changé de couleur dès le dixième jour de l'incubation à peu près également dans tous les climats.

Les caractères avant-coureurs de la prochaine naissance, se montrent ordinairement de la manière suivante. L'œuf, au lieu d'être aplati et déprimé au centre, devient sphéroïde ; la superficie visible de la semence change de couleur par degrés ; elle passe du cendré au gris, du gris au brun clair ; enfin elle devient blanchâtre, et l'on y découvre à la loupe, à cause de la transparence de sa

---

[1] La clarté du jour favorise la naissance des vers, puisqu'ils éclosent en bien plus grand nombre le jour que la nuit, à cause de l'action vivifiante de la lumière. Ce serait nuire au progrès de ces insectes que de les priver d'une semblable influence en les faisant naître dans les ténèbres.

coque, un petit ver arrondi sur lui-même de couleur rougeâtre, ou cendré, ou noirâtre.

§ III.

De la récolte régulière des petits vers.

Aussitôt que ces caractères qui annoncent la
prochaine naissance des vers ont été observés ; il
faut préparer les filets nécessaires pour enlever les
vers nés ; on doit avoir autant de ces filets qu'il y a
de carrés à l'incubation [1] ; leur tissu doit avoir la
même forme et la même dimension que les carrés
de la *fig.* 12 ou 13, *pl.* III ; leur bord sera garni
d'un fil de fer très-mince, ou d'os de baleine pour
les affermir et les rendre maniables. On en appliquera un sur chaque carré incubé, afin de pouvoir
répandre sur ces filets ainsi placés, autant de flocons de feuilles de mûrier qu'il en faut pour attirer
les vers au fur et à mesure qu'ils sortiront des graines. On réunira ensemble tous les vers nés le même
jour, et on les placera dans une petite boîte où
ils seront à l'aise. Cette boîte sera de la même dimension, ou d'une dimension un peu plus grande
que celle des filets des carrés *fig.* 12 ou 13, *pl.* III.

[1] Leur tissu devra être de fil blanc ou de petites lames
de paille jaune, ou d'os blanc de baleine, ou plutôt de crins
blancs de cheval qui auront été bien lavés. On pourra y distinguer facilement sur le blanc les vers qui s'y trouveront répandus et qui y auront été attirés par les petites feuilles de
mûrier.

Chaque périmètre des filets doit être garni d'un rebord haut d'un pouce, de même que les boîtes représentées par la *fig.* 13 et 14, *pl.* VI. Il faudra encore placer aux quatre angles des bases de ces derniers quatre pieds semblables à ceux des carrés *fig.* 13, *pl.* III, propres à les élever au moins d'un demi pouce au-dessus du plan où elles seront posées.

L'intérieur de chaque boîte sera revêtu de papier blanc; on distinguera la récolte de la première journée, en numérotant la boîte n°. 1, et en écrivant, sur l'extérieur de son rebord, le jour et le mois où la récolte aura été faite.

On préparera de même la seconde boîte pour la couvée de la seconde journée, on la marquera du n° 2, on y inscrira de même le jour et le mois de l'année; on préparera et l'on distinguera également chaque jour les autres boîtes destinées aux autres récoltes, et l'on évitera ainsi toute erreur. Lorsqu'on devra suivre à temps fixe dans la suite de l'éducation pour les mues, on ne confondra point les premiers vers éclos avec ceux qui leur sont postérieurs, et *vice versa*. On distribuera les feuilles à ceux qui mangent, et non à ceux qui dorment; on changera à temps les claies sales; on saura, quand la fin de l'éducation approchera, l'époque à laquelle il faudra établir les ramages, quand il faudra récolter les cocons, et quels sont ceux qu'il faudra mettre de côté pour la reproduction, et ceux qu'il faudra dévider. Toutes ces opérations se feront alors en toute sûreté et sans le moindre risque.

La marche de la naissance des vers, de la ponte des papillons et de la sortie de ces mêmes papillons hors des cocons, a lieu, à peu près, de la même manière, et demande le même espace de temps ; en effet, les vers ne sortent des œufs incubés qu'aux douzième et treizième jours, à moins qu'un événement imprévu n'abaisse la température ; ce qui les retarderait, et même alors les vers ne passeraient pas (pour éclore) le quinzième jour, depuis leur incubation.

Le papillon procède de même depuis le moment de la fécondation jusqu'à la ponte totale de ses œufs ou de l'ovipération. Les œufs ne se colorent jamais avant le dixième ou le quinzième jour, dans les plus grands retards que peuvent causer des intempéries.

Et les papillons encore n'emploient que dix ou douze jours, après que la chrysalide est formée, pour sortir de leur cocon, si la température est favorable ; si la température est basse, ils mettent quatorze ou quinze jours au plus à se déprisonner ; ainsi chacune de ces trois opérations demande à peu près le même espace de temps [1].

[1] L'espace de temps que nous venons d'indiquer pour l'incubation et la naissance des vers, donne la faculté de conduire cette opération sans désordre ni perte, lorsqu'on suivra la véritable méthode qui doit assurer le succès, et qu'on

Lorsqu'on observe les vers qui viennent de naître, ils paraissent châtains à l'œil nu ; mais si on
les examine à l'œil armé, on voit que la couleur
de leur peau est blanchâtre, et qu'elle est recouverte de poils châtains, à une égale distance, qui
se succèdent de point en point en lignes régulières
et parallèles, surtout sur la partie postérieure de
leur corps, où l'on observe, entre ces touffes, d'autres poils semblables à l'épine, un peu plus longue et de la même couleur. La peau de l'insecte,
se développant avec l'accroissement progressif de
son corps, et les poils restant toujours les mêmes
et gardant leur même proportion, leur couleur se
perd peu à peu avec le temps, et la couleur pré-
dominante du corps de l'insecte est la couleur
blanche.

Il est utile de prévenir que le châtain dominant
sur les vers jusqu'à leur première mue, les assistans inexperts pourraient commettre des erreurs
graves dont nous nous hâtons de les avertir. On
trouve bien souvent réunis sur la même feuille une
foule de petits vers imperceptibles ; cette feuille est
souvent tendre, et semble d'un vert clair. Ce tas
d'insectes fait croire, au premier coup-d'œil, que la
feuille est tachée, ou salie, ou flétrie, de sorte que,
dans cette croyance, on la relègue pêle-mêle parmi
les matières fécales, ou bien on la manie sans pré-

prendra toutes les précautions nécessaires pour éloigner les
maux et faire prospérer l'entreprise.

caution et avec violence, et l'on écrase les insectes qui y sont entassés, ce qui détruit une partie des vers et dérange les calculs de l'entreprise. Les opérations ne répondent plus aux dépenses, et il ne peut s'ensuivre que des pertes.

Il est facile de prévenir ces malheurs ; il faut répandre sur les filets, lors des récoltes et des premières époques des vers, des flocons de trois ou quatre petites feuilles de mûrier, ou des cimes, ou même des feuilles détachées, mais placées de manière qu'il soit facile de les retirer ; ce qui deviendra aisé, si pour prendre ces feuilles, ces bouquets, ou ces cimes de mûrier, on se sert d'une espèce de crochet semblable à celui de la *fig.* 14, *pl.* III ; on peut même le faire avec les doigts ; c'est ainsi qu'on sauvera la vie de l'insecte, et qu'on veillera au succès des opérations de la magnanerie.

Maintenant que nous avons fini ces digressions, qui nous ont semblé utiles, nous allons reprendre le fil de ce qui est nécessaire pour faire la récolte journalière des vers, lors de leur naissance, et les conduire sains et saufs de l'incubatoire dans la chambre de l'enfance, et de celle-ci dans la magnanerie.

§ IV.

Récolte journalière des petits vers à soie.

On procèdera à cette récolte toutes les vingt-quatre heures, et seulement le soir, au coucher du soleil, parce que c'est à cette époque que la naissance des nouveaux insectes se trouve suspendue, et qu'ils ne recommencent à éclore que le lendemain matin au point du jour.

Pour opérer cette récolte, on apprêtera, 1.° la boîte qui doit contenir tous les vers nés dans les vingt-quatre heures qui viennent de s'écouler, et sur l'un des quatre côtés on écrira le n° 1, parce qu'elle doit contenir la récolte du premier jour ; on écrira aussi sur un autre de ses côtés, outre le numéro, le jour, le mois et l'heure où la récolte a eu lieu ; 2.° on apprêtera les filets collectifs qu'on destine à cette récolte ; 3.° les petites feuilles, ou flocons, ou cimes de mûrier, qui doivent attirer et nourrir les vers, ce qui aidera à les prendre et à les sortir du nid ; 4.° les trois lampes graduées, pour les remplacer au besoin dans l'incubatoire, les uns par les autres ; 5.° on amènera d'abord la température de la chambre où sera établi l'incubatoire, au même degré que celui de la température du couvoir, afin de ne pas surprendre désagréablement les vers en ouvrant l'incubatoire pour en faire la récolte ; 6.° on ouvrira les châssis $e\,f$ de l'incubatoire, on changera la lampe dans l'étuve $k\,k$, on la remplacera par une autre qui sera toute prête, afin de maintenir la même température sans interruption ; 7.° on visitera ensuite les carrés du nid, et on les garnira chacun d'un filet formé comme nous l'avons dit plus haut ; il sera bien tendu, et placé de telle sorte qu'il touche presque les œufs des carrés; 8° on distribuera les petites feuilles, ou trochets, ou les flocons, ou les cimes de mûriers sur ces filets ainsi posés, et on attendra que les insectes s'en emparent et qu'ils s'en nourrissent. Ce n'est qu'alors qu'on commencera à les retirer avec un crochet ou des pinces, en employant autant de soins que d'adresse, et on les placera en ordre dans la boîte [1], dont nous venons de parler; lorsque les vers de la première récolte y seront réunis avec leurs feuilles, on mettra cette boîte sur le plan $d\,d$, dans l'intérieur de l'incubatoire, et à côté de l'étuve $k\,k$, et vers le point t, pour l'en éloigner selon qu'il sera besoin, et la passer par degrés du point t au point s, de-là au point r, ensuite au point q, puis au point p, et enfin au point o.

A la seconde récolte, on placera la boîte qui contiendrait les vers, c'est-à-dire ceux du second jour, et qui sera désignée du n° 2 sur les quatre côtés, dont un seul présentera la date, le jour et l'heure de cette récolte; elle sera également déposée dans l'incubatoire, et parcourra par degré les mêmes stations que la première, ce qui sera observé pour les récoltes suivantes. La seconde sera remplacée par la troisième, et ainsi de suite jusqu'à ce que chacune parvienne au point o : c'est alors

---

[1] Dans les petites couvées la récolte du jour pourra occuper une seule boîte; mais dans les grandes couvées il en faudra plusieurs, il y en aura jusqu'à quatre au plus, comme on le voit sur les plans a, b, c, d, de l'incubatoire, fig. 22, pl. III.

qu'on les retirera et qu'on les mettra à côté de l'incubatoire, sur celui des porte-claies qui se trouvera
dans la chambre de l'incubation ou de l'enfance.

9°. Lorsqu'une boite sera dans la chambre de
l'enfance, la température de celle-ci devra être de
dix-neuf degrés de Réaumur le matin, et l'élever jusqu'à vingt degrés le soir, surtout si l'ambiant commun est plus froid, et que le climat soit naturellement
froid ; mais dans les climats chauds, il faut la fixer
à dix-sept degrés le matin et dix-huit le soir, si la
température commune est basse ; autrement on
peut la porter à seize degrés le matin et à dix-sept
le soir, afin de ne pas accélérer, par l'impulsion
de la chaleur, l'accroissement des insectes ; car il
faut qu'ils marchent avec le développement des
feuilles, si l'on n'en veut pas manquer, et si l'on veut
qu'elles soient toujours à la portée du physique du
ver. Il est nécessaire de régler la température selon
le climat, les mouvemens de l'atmosphère et le besoin des larves.

En procédant à la récolte journalière des vers, si,
lors de leur naissance on les fait passer et stationner
successivement du point t au point s, de celui-ci au
point r, de-là au point q, puis au point p, et enfin au
point o, il arrivera que chaque récolte, parcourant
les mêmes stations, passera six jours consécutifs
dans l'incubatoire avant de parvenir à la chambre
de l'enfance [1]. Là on placera ces boites dans l'or-

____
[1] Il faut qu'ils restent dans l'incubatoire jusqu'à la première

dre suivant : la première sur le porte-claie auprès de l'incubatoire, elle y sera remplacée par la seconde, et ainsi de suite ; alors chacune passera, selon son rang de naissance, aux lieux les plus éloignés. Cette gradation les habituera à éprouver indifféremment les impulsions de l'état naturel et variable de l'atmosphère, et à celle du passage des boîtes sur les claies où ils devront être placés par la suite.

Les vers à soie, séjournant dans l'incubatoire jusqu'à la seconde mue, acquerront plus de volume, pour être mieux distingués, et une énergie assez grande pour être moins sujets à des accidens nuisibles ; ils seront donc plus en état de supporter le changement des superficies où ils se trouvent lorsqu'on les séparera des matières fécales, et qu'on leur donnera progressivement un plus grand espace.

Cependant, nous croyons qu'il est utile de prévenir qu'on peut laisser les vers dans leurs boîtes jusqu'à la troisième mue ; comme alors ils seront plus longs et plus volumineux, il sera plus facile de les faire passer des boîtes sur les claies, auxquelles ils pourront se faire plus commodément que s'ils étaient plus petits ; car dans leur enfance, ces vers étant presque imperceptibles, on a de la

et la deuxième mue surtout dans les climats variables et dans les climats froids ; mais il n'en est pas de même dans les pays chauds.

peine à les manier ; et comme leurs excrémens sont tels que des atômes, et qu'ils se sèchent promptement, ils ne peuvent jamais communiquer des qualités nuisibles à l'air qu'ils respirent.

Lorsque le temps sera venu de faire passer les vers de leurs boîtes sur les claies, il est important de continuer à marquer les numéros et les dates des récoltes des vers à soie, et de les distinguer toujours afin de reconnaître tout de suite, et prévoir, comme nous l'avons dit plus haut, selon la succession des naissances, leurs époques ou mues, et pourvoir sans erreur à leur nourriture dans tout le cours de leur vie.

Pendant que les petits vers demeureront dans les boîtes, il faudra avoir soin que leur superficie soit bien nette. Il faut pour cela les laisser sur les filets même, d'où les matières fécales tomberont dans le fond de la cassette, et se sépareront d'eux s'il en reste quelque peu ; elles tomberont bien vite si on les remue avec adresse. Mais il est également nécessaire et utile de leur assigner une aire où ils pourront circuler et se retourner avec facilité, et de manière que chaque ver puisse jouir en surface d'un espace au moins égal en diamètre à la longueur de son corps, et la proportionner toujours sur cette mesure pendant le cours de l'éducation, afin d'éviter tout accident, jusqu'au moment où le ver cessera de se nourrir pour rechercher l'endroit où il doit faire son cocon.

ARTICLE III.

Translation locale des vers à soie.

Si pour une raison quelconque il faut transporter ailleurs les vers, soit pour les changer de demeure, soit pour les vendre, il faut se faire construire une caisse de transport, dont la dimension puisse contenir le nombre voulu de claies, d'après le nombre de vers qu'on veut transporter. Son intérieur devra être distribué de la manière suivante : 1°. Que chaque claie puisse être placée solidement, horizontalement et parallèlement, depuis le bas jusqu'au haut de la caisse ; 2° qu'une des parois de la caisse soit mobile, pour pouvoir introduire et retirer les claies ; 3° que les claies soient placées les unes sur les autres, de manière qu'il y ait entre elles au moins un espace d'un pouce. Elles seront appuyées sur de petites barres de bois horizontales ; 4° que l'intérieur de la caisse ait une douce communication avec l'extérieur, au moyen de petits trous ; 5° que la caisse soit pourvue d'un thermomètre et d'une lampe graduée. Celle-ci sera placée en bas, elle sera isolée, afin que sa vapeur puisse se dégager sans réagir sur l'organisme des vers. Cette lampe sert à élever la température, ou à la diminuer, ou à la conserver au degré convenable, surtout dans les temps et les climats froids. Cette précaution est inutile dans les climats chauds.

Lorsqu'on voudra transporter les vers, on commencera par en déterminer le nombre d'après les claies, ensuite on préparera et on mettra la lampe à sa place, afin qu'elle porte la température du dix-huitième au vingtième degré de Réaumur, ou à un degré plus élevé si la température commune l'exige, et enfin on introduira les claies sur les différentes étagères intérieures de la caisse. Lorsque les claies garnies de vers seront ainsi placées, on vérifiera le tout, et particulièrement la température; on fermera la caisse, et dans cet état on pourra la suspendre à des tringles, comme sur un brancard, et la faire porter à la main, à sa destination, par deux ou plusieurs hommes. Mais avant d'y introduire les vers à soie, cette nouvelle demeure devra réunir toutes les conditions requises de l'enfance, afin de ne pas altérer la bonne santé dont ils jouissent; la température surtout devra être au moins de dix-huit degrés et demi.

Nous voici enfin arrivés presque au terme des connaissances nécessaires à la magnanerie : nous possédons celles de l'opération pratique de l'incubation : nous avons même commencé l'éducation pratique de nos insectes : nous sommes près de parvenir au but de notre entreprise. Il ne nous reste plus qu'à exposer la méthode pratique dont nos expériences réitérées nous ont assuré le succès, et que nous avons adoptée comme la plus économique et la plus lucrative.

DEUXIÈME SECTION.

Cours des phénomènes qui ont lieu pendant la vie du ver, soit qu'il se nourrisse, qu'il soit tisserand, chrysalide, ou papillon.

INTRODUCTION.

Avant d'exposer les phénomènes qui se manifestent pendant le cours de l'éducation pratique des vers à soie, il faut avertir :

1°. Que les instrumens physiques dont nous avons fait usage pour les observations que nous avons faites chaque jour, et pour suivre le cours météorologique, ont été l'anémoscope [1] commun, appliqué au paratonnerre vertical de Franklin, qui se trouve établi sur le sommet central de la magnanerie, l'hygromètre de Saussure, le thermomètre de Réaumur, le baromètre de Toricelli, l'électromètre de Henly, avec les perfectionnemens qu'ils ont reçus de nos jours, et qui les ont mis en état de nous donner des résultats plus satisfaisans : de sorte que chaque fait météorologique consigné dans cet ouvrage, doit être considéré comme ayant été observé sur ces instrumens.

2°. Que de toutes les éducations expérimentales de vers à soie, que nous ayons faites avec succès en Calabre, en Sicile, à Naples, à Marseille et ail-

[1] L'indicateur des vents.

leurs, nous n'avons rapporté ici qu'un seul exemple des essais que nous avons répétés toujours avec succès, d'après notre méthode, sur les jolies collines qui environnent Paris ; c'est l'éducation que nous avons faite en 1818, à Ménil-Montant, à l'est de cette célèbre capitale : elle a été comparativement plus avantageuse que celle que nous avons essayée en 1817, à Auteuil, à l'ouest de la même ville et proportion gardée aux très — riches récoltes du midi de la France. A Auteuil, l'atmosphère est plus grossière, plus hétérogène et humide, et l'intempérie de cette année fut plus grande et plus nuisible. Nous aimons d'autant plus à décrire nos essais de Ménil – Montant, que l'art d'élever les vers à soie, quoique connu à Paris par ceux qui sont versés dans cette matière, n'y est cependant pas cultivé parce qu'on craint qu'il n'entraîne trop d'ennuis, que le climat n'est pas convenable et que l'entreprise manquerait ; tandis que tout y est favorable à la culture des mûriers, à l'éducation des vers et au succès de cette industrie.

3°. Qu'en tête de chaque journée, pendant le cours de notre éducation expérimentale et pratique, nous placerons le *tableau météorologique* de nos observations journalières faites aux trois époques du jour, le matin, à midi et le soir, afin de mieux motiver le gouvernement quotidien que nous avons suivi, et corroborer ainsi les raisons qui ont guidé notre choix.

4°. Que nous donnerons des avertissemens, sur le titre de *prémisses*, préparatoires et nécessaires à la bonne administration des vers ; nous les mettrons en tête de chaque époque avec le titre de prémisses d'éducation, afin de présenter d'avance tout ce qui est nécessaire, comment il faut pourvoir à la prospérité de l'insecte et en éloigner les causes délétères.

5°. Que les feuilles seules du mûrier blanc des environs de Paris, cueillies sur les collines à l'est ou au midi de cette ville, comme sur celles de Montmartre, de Belleville, de Ménil-Montant, de Chaillot, etc., présentent aux vers, pendant tout le cours de leur éducation, non-seulement un aliment exquis, mais un végétal qui réunit les meilleures conditions, quoique les arbres soient disséminés. Sur ces collines et dans les environs, on ne peut maintenant nourrir que difficilement quelques couvées de vers à soie : ces mûriers végètent avec vigueur dans les maisons de campagne des environs de Paris ; car il n'existe pas encore de mûreraies régulières destinées à de grandes entreprises. On trouve aussi beaucoup de mûriers, mais épars dans quelques jardins de la capitale, et on ne les y a plantés que pour jouir de leur ombre et de leur belle verdure. A l'époque de la fructification, on en recueille les mûres, moins par goût que par curiosité. Enfin, nous aimons à rappeler ce que nous avons dit dans la préface, que dans la vue de mettre notre ouvrage à la portée du pays pour lequel il a été prin-

19

cipalement écrit, nous avons fait usage des poids napolitains [1] pour les quantités de feuillage de mûrier que l'on a distribuées, et pour les quantités des produits des cocons que l'on a obtenues. Quant aux mesures de superficie, nous avons adopté les anciennes mesures de Paris, comme étant plus généralement employées dans tous les pays.

ARTICLE PREMIER.

Première période de la vie du ver, pendant qu'il se nourrit.

§ Ier.

Première époque et première mue.

Premières prémisses d'éducation.

Nous avons fait éclore une once de semence; nous en avons recueilli les vers, et tout a réussi à merveille. Nous avons observé la graine, et nous l'avons trouvée toute ouverte; le poids des coques était d'un 5me du poids primitif, ou de l'once que formaient les œufs avant l'incubation. Nous avons étendu, et nous avons distribué la récolte entière, sur l'aire de plusieurs claies dont la totalité était d'environ huit pieds carrés ; elles étaient bien garnies de papier blanc, et assez grandes pour contenir ces insectes de manière à les distinguer aisé-

[1] Il faut consulter le tableau sur le rapport des poids italiques de Naples avec les poids métriques de France, page VIII.

ment, et nous les avons transportés, deux jours après, dans la chambre de l'enfance selon la succession de leur naissance.

Cependant nous avons distribué sur ces claies, et nous avons placé au centre de chacune, la part qui lui revenait : c'est là que nous avons posé nos feuilles de mûrier ; nous en avons même distribué sur toute la surface, et les insectes s'y sont répandus pour se nourrir de ce feuillage.

AVERTISSEMENT.

Si au second repas on remarque beaucoup de petits vers réunis en un seul point, on pourra les séparer en les environnant de flocons de feuilles, de cimes ou de rejetons de mûrier, pour les attirer et les éloigner les uns des autres judicieusement et sans les maltraiter avec les mains.

Il importe pour cela d'avoir toujours prête la quantité de feuilles destinées aux repas : elles doivent toujours être de bonne qualité. Il faut en peser exactement douze onces, pour être divisées en six parties égales, ne distribuer que deux onces par repas, et ne donner que six repas à des intervalles égaux pour le jour et la nuit, c'est-à-dire dans les vingt-quatre heures.

Le ver ronge toujours sa part de nourriture dans une heure et demie plus ou moins, à toutes les époques de sa vie alimentaire ; cette nourriture se réduit à peine à une feuille de mûrier par ver le premier jour. Ainsi, si l'on donne six

repas en vingt-quatre heures, comme les vers emploient une heure et demie pour s'en repaître, il
leur reste deux heures et demie pour digérer, dormir et évacuer leurs excrémens.

Quelques auteurs font distribuer les feuilles en
quatre repas par vingt-quatre heures, et les placent aussi à des intervalles égaux ; mais en mettant
six heures entre chaque repas, l'insecte pendant ce
temps devient affamé ; alors ou il se nourrit du restant des feuilles qu'il a quittées, qui sont altérées,
ou il se laisse abattre par le besoin, ou il se jette
avidement sur la nouvelle pâture de manière à fati-
guer sa bouche en la rongeant, ou bien il avale
avec tant d'empressement, qu'il digère mal et se
nourrit plus mal encore.

D'autres recommandent de partager la nourriture
en deux parts et de n'en faire que deux repas, ce
qui produirait de plus graves inconvéniens ; ce serait non-seulement troubler les vers dans leur action de ronger la feuille, mais ce serait affaiblir
leurs mâchoires et rendre leur élaboration diges-
tive plus pénible, ainsi que l'accumulation du liquide qui doit former la soie.

D'autres pensent qu'il faut administrer le feuillage peu à peu et à mesure qu'il est rongé. Ces
auteurs sont sans contredit les moins éloignés de
la marche de la nature : car les insectes étant abandonnés à eux-mêmes sur un arbre, se nourrissent
souvent, et peu à la fois, faisant succéder le sommeil au moindre repas.

Sans doute, il est important d'adopter une méthode analogue à celle de la nature, en dirigeant le ver à soie, et en le soumettant à une suite régulière de repas, afin que le ver puisse se nourrir suivant son besoin et que son organisme puisse exécuter toutes ses fonctions avec facilité; mais il faut aussi que le magnanier puisse les assister sans peine ni fatigue, et sans être exposé à des maladies. Cette raison suffit pour persuader, et c'est elle qui nous a déterminé à penser qu'il n'était pas contraire à l'hygiène du ver, de lui distribuer la nourriture en six fois, à des intervalles égaux, dans les vingt-quatre heures.

Il nous reste encore à prévenir qu'on ne saurait trop se prémunir contre certains ennemis des vers à soie, et qu'à cet effet, il faut semer sur le pavé-plancher de la magnanerie et de la chambre de l'enfance, des pastilles d'arsenic propres à attirer les rats et à les détruire; autrement les vers en seraient bientôt dévorés.

Après avoir donné ces avertissemens indispensables pour la réussite des vers, nous pouvons passer à l'exposition du gouvernement journalier qu'il faut suivre, et développer l'application de nos principes réglés selon le cours météorologique quotidien de l'atmosphère.

GOUVERNEMENT DES VERS.

Premier jour, 20 mai 1818.

Premier Tableau météorologique.

EPOQ. DU JOUR.	THERM.	BAROMÈTRE.	HYGRO.	VENT.	ÉTAT DU C.
A 4 h. 174 du m.	10° — 8	27 p. 11 l. 10	70 ——	N. E.	Nuageux.
A midi	15° — 4	27 11 72	68 ——	N. E.	Très-nuag.
A 3 h. du soir.	16° — 5	27 11 56	72 172	N. E.	Très-nuag.

Les phénomènes météorologiques s'étant montrés très-favorables le matin 20 mai, ainsi qu'on l'observe sur le tableau, nous résolûmes d'amener la chambre des vers à soie à vingt degrés : nous fîmes distribuer un peu plus de feuillage au premier repas que dans les cinq suívans ; car le vent, quoique N. E. et un peu moins humide, soutenait bien la faim de l'insecte ; et au lieu de les rendre languissans, il développa chez eux une grande énergie.

En distribuant le feuillage, le premier jour nous avons préféré un choix de petites feuilles pesant douze onces à cause de l'enfance des vers, et nous avons eu soin de les clair-semer à chaque repas sur le lit, à des distances égales et peu éloignées ; parce que la température étant basse, et l'ambiant commun étant plus respirable, cela ne pouvait nuire en aucune manière aux vers, d'autant plus que la variation de l'atmosphère n'a pas été considérable, si ce n'est pour la quantité des nuages.

Second jour, 21 mai.

Second Tableau météorologique.

ÉPOQ. DU JOUR.	THERM.	BAROMÈTRE.	HYGRO.	VENT.	ÉTAT DU C.
A 4 h. 1/4 du m.	7° — 6	28 p. o l. 40	78 —	N. E. pl.	Couvert.
A midi. . . . ,	11° — 4	28 o 68	64 —	*Id.*	Beau ciel.
A 3 h. du soir.	12° — 13	28 o 62	70 172	E. N. E.	*Id.*

Ce jour, la tête du ver était plus grosse, elle était blanchâtre ; son corps était plus long et moins châtain, ses mouvemens plus énergiques, et ses poils restèrent dans le même état ; c'est pour cela qu'il paraissait moins velu, et que ses poils paraissaient plus clair-semés. On lui découvrait déjà, à l'œil armé, des pieds et même l'éperon bien prononcés : la peau du reste de son corps était blanche, et ses stigmates mieux développés. Ses excrémens étaient d'un vert noirâtre, et produisaient dans l'eau un vert tendre gommeux, et d'une telle durée qu'on pourrait l'employer utilement dans la peinture. Le ver se nourrissait alors avec avidité, il mangeait cependant moins le matin ; car depuis midi jusqu'au soir il dévora le double de feuillage.

Nous avons distribué vingt-quatre onces de petites feuilles de mûrier, choisies, bien tendres, comme le premier jour. Nous en avons fait six parts égales et nous les avons distribuées en six intervalles égaux dans les vingt-quatre heures. La portion du soir était un peu plus forte et nous avons fait en sorte de disperser les vers sur leurs lits, et de leur donner à chacun un espace plus grand.

Lorsque la température extérieure a baissé, nous avons fait élever celle de l'intérieur à vingt degrés et demi, à trois heures et demie du matin, et nous l'avons maintenue dans cet état jusqu'à midi; mais comme elle s'est radoucie vers le soir, nous l'avons réduite à vingt degrés; nous l'avons maintenue à ce degré toute la nuit, et aucun accident fâcheux ne s'est manifesté.

Troisième jour, 22 mai.

Troisième Tableau météorologique.

ÉPOQ. DU JOUR.	THERM.	BAROMÈTRE.	HYGRO.	VENT.	ÉTAT DU C.
A 4 h. 1/2 du m.	5° — 2	28 p. 1 l. 40	60 ——	N. E.	Beau ciel.
A midi.	12° — 6	28 1 84	62 ——	E. N. E.	*Id.*
A 3 h. du soir.	13° — 2	28 1 80	61 ——	N. E.	*Id.*

La température extérieure ayant baissé vers l'aube, nous avons élevé celle de l'intérieur à vingt-deux degrés, et nous l'avons maintenue dans cet état jusqu'à midi; alors nous l'avons réduite à vingt degrés, à deux heures après-midi, à dix-neuf degrés, et nous l'avons élevée de nouveau à vingt degrés à sept heures du soir.

Nos vers allaient très-bien au point du jour, ils n'avaient pas laissé la moindre parcelle de leur repas. Ils s'étaient disséminés, et ils étaient éloignés les uns des autres, au point d'occuper au moins les deux tiers de la surface des claies.

Ils se montrèrent blanchâtres, plus allongés, la tête presque blanche, les pieds et l'éperon mieux développés; les poils étaient imperceptibles, on ne les apercevait qu'à l'œil armé, encore étaient-ils moins éclaircis; la peau de l'insecte avait l'air d'être luisante, elle était presque argentine et un peu diaphane, ils recherchaient les alimens avec impatience, et ils les dévoraient avec tant de promptitude, qu'en moins d'une heure ils avaient fait disparaître tout ce qu'on leur avait donné. Il fallut leur partager en six repas, quarante – huit onces d'excellent feuillage bien choisi.

Vers trois heures après-midi, ils paraissaient plus faibles, et leur marche était inégale; nous vîmes qu'ils approchaient de la première mue, et nous résolûmes de faire changer aussitôt de claies. On couvrit leurs claies avec des filets d'égale grandeur, semblables à ceux des *fig.* 12 et 13, *pl.* V, de manière à ce qu'ils touchassent presque le dos des vers. On retarda le troisième repas, dans l'intention de les attirer facilement sur ces filets qu'on avait couverts de feuillage frais. Ils y montèrent rapidement et en dévorèrent toutes les feuilles. On retira alors les filets, ce qui nous donna la facilité de substituer aux claies sales des claies propres.

Lorsqu'on eut placé les nouvelles claies, nous attendîmes que les vers eussent fini le repas qu'ils avaient commencé sur les filets; quelque temps après qu'il eut été entièrement consommé, on dis-

tribua le nouveau feuillage du troisième repas sur
les claies vides , et on plaça dessus adroitement
les filets qui étaient occupés par les vers. Ceux-ci,
s'étant approchés du nouveau feuillage, descendirent tous petit à petit, et ils abandonnèrent enfin
les filets que nous fîmes enlever de suite.

Quand ce changement fut terminé, il fallut visiter attentivement les claies, pour rechercher les
vers égarés et les disséminer également sur leur
surface respective. Nous fîmes distribuer au temps
marqué les trois autres repas successifs ; mais le
dernier ne fut pas entièrement dévoré par les vers.

Quatrième jour, 23 mai.

Quatrième Tableau météorologique.

ÉPOQ. DU JOUR.	THERM.	BAROMÈTRE.	HYGRO.	VENT.	ÉTAT DU C.
A 4 h. 1/4 du m.	5° — 2	28 p. 1 l. 40	60 ——	N. E.	Beau ciel.
A midi. . . .	13° — 6	28 1 84	62 ——	E. N. E.	*Id.*
A 3 h. du soir.	14° — 2	28 1 82	61 ——	N. E.	*Id.*

Au point du jour, les vers avaient presque tous
la tête levée, qu'ils balançaient; un petit nombre
était tranquille et immobile, quelques-uns prenaient lentement un peu de nourriture; ils levaient
souvent la tête, qu'ils laissaient un peu de temps
immobile. En les examinant de plus près, nous
découvrîmes que la tête était plus volumineuse,
elle était diaphane et luisante, ainsi que le corps;
mais ils étaient livides, et ne devinrent jaunes que

vers midi. Ils cessèrent tous de manger et devinrent tous immobiles; nous les observâmes à l'œil armé, et nous remarquâmes qu'ils étaient luisans presque sur tout le corps, et qu'ils n'avaient plus d'excrémens dans le ventre : ces caractères indiquaient que les vers se préparaient à leur première mue; la longueur de leur corps n'était alors que d'une ligne.

En supposant, dans ce cas, que la peau de l'insecte est extrêmement mince, que le mécanisme en est altéré, ce qui fait que sa transpiration est troublée ou suspendue, nous résolûmes de piquer adroitement quelques-uns de ces vers, et nous découvrîmes à l'œil armé une larme d'une couleur blonde, qui se manifesta à l'endroit de la piqûre, et aussitôt le corps de l'insecte cessa d'être transparent.

Cette expérience que nous répétâmes sur d'autres vers, produisit constamment le même effet, et nous porta à penser que l'enveloppe extérieure de l'insecte, parvenue à la prédisposition de la mue, ue laisse plus aucun passage aux matières de la transpiration : celles-ci, étant renfermées entre la première et la seconde peau, gonflent le ver, rendent sa peau transparente, et aident l'insecte à s'en dépouiller.

Comme la température extérieure continuait à être basse, nous fimes maintenir celle de l'intérieur à vingt degrés, et nous la portâmes la nuit à vingt degrés et demi pour faciliter la mue.

Lorsque nous découvrîmes quelques vers disposés à manger, nous approchâmes d'eux quelques feuilles, ce que nous répétâmes tant qu'ils nous parurent en demander; nous étions toujours présens, toujours attentifs à nourrir ceux qui semblaient avoir besoin, faisant attention de ne pas déranger ceux qui dormaient. C'est ce qu'il faut faire, et se garder de suivre les conseils de certains auteurs, qui assignent aux insectes, en cet état, les repas ordinaires; car, non—seulement ces alimens leur sont inutiles, mais ils les dérangent dans leur opération, et souvent ils les rendent malades, ou ils les ensevelissent et les étouffent.

Le peu de feuillage dont se nourrirent les vers qui en prirent dans ces vingt—quatres heures, ne monta pas à neuf onces, malgré l'état favorable de l'ambiant commun.

Cinquième jour, 24 mai.

Cinquième Tableau météorologique.

ÉPOQ. DU JOUR.	THERM.	BAROMÈTRE.	HYGRO.	VENT.	ÉTAT DU C
A 4 h. du mat.	7° — 3	28 p. 3 l. 8	63 ——	N. E.	Beau ciel.
A midi.	16° — 1	28 3 38	61 ——	E. N. E.	*Id.*
A 3 h. du soir.	16° — 8	28 3 30	60 ——	E.	*Id.*

Lorsque le jour commença à paraître, il était très—beau, mais la température extérieure était un peu fraîche, ce qui nous engagea à soutenir la température de la chambre de l'enfance à vingt degrés, jusqu'au lever du soleil ; alors nous la fimes réduire à dix-sept degrés, jusqu'à midi, où nous fûmes obligés de la faire descendre encore d'un degré, et de la maintenir en cet état jusqu'à la nuit ; alors nous la fimes élever à dix – huit degrés.

La plus grande partie des vers était endormie et immobile, quelques–uns remuaient la tête ; mais ils étaient tous immobiles vers le soir, excepté quelques – uns qui étaient véritablement éveillés ; ayant été les premiers à se préparer à la mue, ils furent les premiers à se débarrasser de leur peau.

Parmi ceux qui étaient endormis, il y en avait quelques-uns qui avaient à la bouche un fil de soie très-mince, très-court, bien blanc et très-luisant ; d'autres, observés au jour ou à la lueur d'une lampe, paraissaient diaphanes, et d'autres offraient un point noir vers l'extrémité du canal des excrémens : c'étaient des atômes de matière fécale.

Les vers prêts à déposer leur première dépouille se déchargeaient un peu auparavant du reste des matières excrémentitielles, et de gonflés qu'ils étaient, ils devenaient flasques et languissans ; nous nous décidâmes à leur procurer une chaleur mieux soutenue, pour leur éviter des maladies. Lorsqu'ils sont en cet état, leur peau se ride bientôt, surtout la peau cartilagineuse de leur tête, et chaque insecte, en s'agitant, détache son enveloppe et s'en dépouille.

Lorsqu'ils s'en furent débarrassés, ils étaient fatigués, la tête était plus blanche, le corps presque cendré, les stigmates et les pieds garnis de poils : leurs mouvemens étaient plus souples, leurs formes étaient mieux développées, leur marche plus régulière, plus facile et vermiculaire ; car ils allongeaient et raccourcissaient bien facilement leur corps, qui avait déjà cru, et était enfin de quatre lignes et demie.

Quelques insectes étaient avides de nourriture, et on distribua partiellement à ceux qui avaient faim des feuilles bien tendres et bien propres, privées de toutes matières hétérogènes et de toute humidité ; mais, nous le répétons, on n'en distribua qu'à ceux qui en avaient besoin, et peu après chaque fois, ils la cherchaient, et quatre onces de feuilles nous suffirent.

Lorsque les vers se sont dépouillés et ont atteint en cinq jours le terme de leur première époque, ils ne recherchent pas davantage de nourriture ; quoique les nôtres fussent plus volumineux et plus actifs, nous pensâmes qu'il était prudent de les laisser et de les assister dans la chambre de l'enfance, jusqu'au moment de la prédisposition à la seconde mue : alors nous changeâmes les claies, les vers commencèrent leur mue et se dépouillèrent de leur seconde peau. Ce n'est qu'après ce moment que nous fîmes passer les vers de la chambre de l'enfance dans la magnanerie, en les entourant de toutes les précautions nécessaires.

Nous devons déclarer que pendant tout le temps de notre administration, jusqu'à la fin de la première époque ou mue, le feuillage qui fit la pâture des vers à soie ne fut pas considérable. Cela n'est pas étonnant, car ils n'étaient encore que dans l'enfance, et ils ne pouvaient en ronger par conséquent qu'une petite quantité. En effet ils n'en consommèrent :

Le premier jour que 12 onces.
Le second jour que 24 onces.
Le troisième jour que 48 onces.
Le quatrième jour que 8 onces et demie.
Le cinquième jour que 4 onces.

      TOTAL. . 96 onces et demie de feuillage pour tout le cours de la première époque, c'est-à-dire jusqu'au moment où ils quittèrent leur enveloppe.

Maintenant nous allons exposer les soins que nous eûmes de nos élèves jusqu'à la seconde époque ; nous décrirons leur marche, et nous indiquerons les précautions qu'il faut prendre pendant ce temps.

§ II.

Seconde époque et seconde mue.

Secondes prémisses d'éducation.

Les vers doivent être bien placés et bien espacés dans les claies que l'on substitue aux claies sales, à la fin de la première époque, jusqu'à ce qu'on les découvre prêts à opérer leur seconde mue. Qu'on se garde d'écouter ces hommes qui suivent aveuglément des habitudes erronées, laissent ces malheureux insectes dans la pourriture, et ne conseillent de changer les claies que lorsque les larves vont vers le bord de leur lit, moment où ils s'éloignent, ne pouvant résister à l'infection; c'est précisément lorsque les vers sont malades qu'on les délivre des exhalaisons meurtrières du feuillage en putréfaction. Quant à nous, ce sont les démonstrations de l'expérience qui nous ont guidé dans le sentier que nous parcourons.

Après chaque mue, les vers sont plus sensibles; ils sont plus tendres et par conséquent plus susceptibles et moins en état de ronger le feuillage: ils acquièrent de la force et de l'énergie par degrés, sous l'action de l'atmosphère, surtout lorsqu'elle est sèche; ils ont besoin de soins de plus en plus suivis, particulièrement après la première et la seconde mue, et principalement après cette dernière, parce qu'alors ils sont très-sujets à la maladie que nous avons nommée *passis* ou *arpion* (*macilenza*), surtout dans les magnaneries mal situées, mal pourvues et mal gouvernées. Les symptômes avant-coureurs de cette affection, sont le manque d'appétit et la maigreur des insectes; et les précurseurs du développement de cette maladie, sont une couleur jaunâtre, ainsi que nous l'avons dit dans l'histoire des maladies du ver à soie, classe première, *art.* III, *parag.* II.

Pendant cette époque, les vers attaquent irrégulièrement le feuillage, ils le percent par-ci, par-là ; cependant ils finissent par le consommer en totalité.

Si l'on en découvre quelques-uns dont le développement physique soit arriéré, comparativement aux autres, il faut les recueillir et les placer sur une claie à part, afin qu'ils ne soient pas ensevelis et détruits sous les feuilles. On les tiendra dans un endroit plus chaud, on les nourrira surtout avec plus d'assiduité, et on accélérera leur accroissement, pour leur faire rattraper ceux qui sont nés en même temps, et pouvoir les unir à eux sans risque et sans embarras.

Comme dans les climats froids la température dominante de l'extérieur de la magnanerie est toujours basse vers l'aube, il faut soutenir celle de l'intérieur, au moins du dix-neuvième au vingtième degré jusqu'à midi ; on pourra la réduire le soir à dix-sept degrés, et l'élever pendant la nuit à dix-huit. Il n'est pas aussi urgent de régler la température dans les climats réguliers chauds et peu variables. Avec de la vigilance, on, peut mitiger partout tout événement dangereux ; et nulle part, dans quelque pays et dans quelque saison que ce soit, il ne faut pas négliger d'échanger l'air intérieur avec celui de l'extérieur ; mais toujours avec précaution.

Si cette négligence avait lieu dans les premiers jours de cette époque, elle pourrait être funeste aux insectes et leur causer des maux destructeurs. On aura donc soin de prévenir les assistans et de les rendre attentifs, afin d'éviter des accidens aussi malheureux.

Sixième jour, 25 mai.

Sixième Tableau météorologique.

ÉPOQ. DU JOUR.	THERM.	BAROMÈTRE.	HYGRO.	VENT.	ÉTAT DU C.
A 4 h. du mat.	9° — 0	28 p. 3 l. 20	62 ——	N. E.	Beau ciel.
A midi. . . .	15° — 2	28 2 98	60 ——	N. E.	*Id.*
A 3 h. du soir.	15° — 6	28 2 52	61 ——	N. E.	*Id.*

Persuadé de la grande utilité de toutes les précautions, qui viennent d'être indiquées, et de leur nécessité, nous avons commencé à diriger la seconde époque, dont le premier jour est le sixième de l'incubation ; aucun ver ne mourut, aucun ne se montra malade, ils étaient tous très-énergiques, mais ils parurent ronger encore le feuillage avec peu de facilité. Leurs poils, presque ras, semblaient un peu bruns, et placés régulièrement sur leur peau devenue plus blanche, formaient un fond tigré de noir, et offraient un aspect différent de celui que présentaient ces mêmes insectes lors de leur première époque.

Leurs corps étaient à peu près longs de quatre lignes, leurs excrémens étaient plus volumineux, d'un vert plus foncé, et ils étaient plus gommeux ; leur solution, opérée dans l'eau, offrait un beau vert.

Convaincu que les vers se portent constamment bien lorsqu'ils sont espacés et isolés sur leurs claies, et qu'ils sont éloignés de leurs matières fécales pourries et de tout feuillage en putréfaction, nous avions toujours soin de tenir extrêmement propres les claies, d'en faire opérer à temps le changement, et de les tenir à une certaine distance, afin que les vers, entourés d'un espace proportionnel et d'un convenable volume d'air, pussent se retourner commodément sans s'entasser les uns sur les autres et respirer librement.

Comme les insectes nous parurent bien portans, nous leur fîmes distribuer cinquante-six onces d'excellent feuillage bien treillé; il fut divisé en six repas, qu'on donna à des intervalles égaux dans les vingt-quatre heures : le premier fut plus copieux que les suivans, et quoique les vers s'en emparassent avidement, cependant ils le consommaient irrégulièrement.

L'état météorologique fut favorable, aussi les mouvemens des insectes étaient-ils faciles jusqu'au coucher du soleil, ils se portèrent même très-bien pendant toute la nuit.

Septième jour, 26 mai.

Septième Tableau météorologique.

ÉPOQ. DU JOUR.	THERM.	BAROMÈTRE.	HYGRO.	VENT.	ÉTAT DU C.
A 4 h. du mat.	8° — 9	28 p. 2 l. 34	60 ——	N. E.	Très-b. c.
A midi	15° — 5	28 2 38	60 ——	E.N.E. f.	*Id.*
A 3 h. du soir.	16° — 4	28 2 12	60 ——	E.N.E. f.	*Id.*

Le ciel était beau, l'aurore qui l'annonça fut
superbe, et le soleil naissant éclairait de feux purs
l'horizon; aussi l'ambiant commun fut-il plus favorable encore qu'à l'ordinaire, nos vers jouissaient d'une santé excellente. Quelques-uns avaient
la tête élevée et immobile, d'autres la balançaient
avec des symptômes qui nous paraissaient indiquer
une prédisposition à la seconde mue.

Ces observations nous décidèrent à nous prémunir de tout ce qui serait nécessaire pour opérer à
temps et avec commodité le changement des claies;
ce qu'il faut faire plutôt qu'à la première mue,
parce que les petits insectes étant plus agiles éva-
cuent une plus grande quantité d'excrémens, et
que ceux-ci peuvent fomenter plus aisément la
putréfaction et sont par conséquent plus dangereux.

Nous assignâmes aux quatre femmes qui nous
assistaient huit livres de très-bon feuillage, partagé en six repas égaux, pour les distribuer aux
mêmes intervalles que ci-dessus. On distribua bientôt le premier repas. Les nouvelles claies occupaient trente-quatre pieds carrés, le tissu était
bien serré, elles étaient revêtues de papier, les filets destinés à effectuer le changement étaient
d'une dimension égale. Le changement eut lieu
avant le second repas, qui fut retardé à cet effet.

Tout était prêt un peu avant l'heure du second
repas, et aussitôt que nous aperçûmes les insectes avides de nourriture, nous fimes placer les fi-

lets garnis de feuilles sur les claies que les insectes occupaient. Nous restâmes à observer la marche des vers qui montèrent bientôt et s'établirent
sur le feuillage en moins d'un quart d'heure ; quand
ils furent tous montés, on rechercha ceux qui
étaient restés sur l'ancien lit, on les réunit aux autres, et on commença à substituer avec ordre les
nouvelles aux anciennes claies ; on éloigna celles-ci, on distribua à l'heure accoutumée le troisième repas sur les nouvelles claies, et on y plaça
les filets où se trouvaient les vers qui y avaient
déjà pris leur second repas ; ils descendirent petit
à petit sur les claies garnies de feuilles ; il n'en resta
sur les filets que quelques-uns, qui étaient endormis, nous les fîmes enlever, et nous les joignî-
mes aux autres, de manière à ce qu'ils ne fussent
pas troublés.

On éloigna les filets, et l'on prit toutes les précautions nécessaires pour faire tenir les insectes à
une distance égale les uns des autres. On choisit et
l'on prépara le feuillage pour chaque repas, on
prit les déterminations indiquées par l'état météorologique, qui fut constamment bon, car à l'ex-
ception de quelques légères modifications, occa-
sionées par le coucher du soleil, nous ne fûmes
obligé d'élever que la nuit la température intérieure de notre magnanerie à dix-neuf degrés et
demi, et de l'y maintenir jusqu'à l'aube.

Huitième jour, 27 mai.

Huitième Tableau météorologique.

ÉPOQ. DU JOUR.	THERM.	BAROMÈTRE.	HYGRO.	VENT.	ÉTAT DU C.
A 4 h. du mat.	8° — 8	28 p. 2 l. 62	60 ——	E.N.E.	Q. n. à l'or.
A midi. . . .	15° — 0	28 2 52	64 ——	—— f.	Faib. n. bl.
A 3 h. du soir.	15° — 7	28 2 06	70 ——	—— f.	Nuageux.

L'état de l'atmosphère commun s'étant troublé comme on le voit sur le tableau ci-dessus, nous fûmes obligé de fermer quelques fenêtres de la magnanerie, du côté de l'est-nord, et une grande partie de celles du côté du midi ; le soir nous en fermâmes un plus grand nombre, pour diminuer l'action du vent, élever la température intérieure, et le soir pour mitiger l'état hygrométrique.

Les vers ne montraient aucun appétit, néanmoins nous leur fîmes distribuer à leur repas huit livres, onze onces d'excellent feuillage, privé de son humidité surabondante, par une très-faible chaleur. Les insectes le rongèrent avec régularité, mais avec indifférence ; ils le percèrent par intervalle dans les repas du soir, et surtout dans ceux de la nuit.

Un grand nombre de vers avait la tête non-seulement gonflée, mais élevée et immobile, au coucher du soleil; d'autres, dont la tête était plus enflée, la balançaient; d'autres étaient assoupis, ils étaient bien espacés. Quelques-uns se nourrissaient encore, quoique l'humidité fût alors sensible, au point de nous engager à faire circuler des flambeaux d'alcool entre les étagères de la magnanerie, pour en mitiger l'action. Aussitôt, un calme inattendu de l'atmosphère nous détermina à agiter les ventilateurs, pour changer l'air intérieur, activer un peu les poêles, et entretenir le degré convenable de chaleur pour le bien-être des vers.

Neuvième jour, 28 mai.

Neuvième Tableau météorologique.

ÉPOQ. DU JOUR.	THERM.	BAROMÈTRE.	HYGRO.	VENT.	ÉTAT DU C.
A 4 h. du mat.	8° — 4	28 p. 1 l. 62	70 ——	N. N. E.	Couvert.
A midi. . . .	15° — 4	28 1 20	68 ——	N. E.	Nuageux.
A 3 h. du soir.	16° — 12	28 0 80	69 ——	N. E.	*Id.*

Le ciel était couvert et presque obscur, au point du jour, et l'atmosphère était agitée, la température était tellement basse, qu'il fallut élever celle de l'intérieur de la magnanerie à 20 degrés, afin de ne pas craindre son action sur les vers qui étaient endormis pour la plupart. Quelques-uns balançaient la tête, et d'autres prenaient encore un peu de nourriture; nous ne leur assignâmes que trente-sept onces de très-bon feuillage intact, que nous ne fîmes distribuer qu'à ceux qui en demandaient, ayant bien soin de n'en poser qu'auprès d'eux, de peur de déranger les vers prêts à s'endormir et d'éveiller ceux qui étaient endormis.

En visitant attentivement, le long du jour, la

chambre de l'enfance et surtout à midi , nous observâmes que le nombre de ceux qui se nourrissaient, était tellement diminué, que le soir ils
étaient presque tous assoupis ; nous en trouvâmes
la nuit un grand nombre qui étaient éveillés, et
sur le point de se dépouiller de leur vieille enveloppe, tellement, qu'au point du jour ils avaient
changé de vêtemens, et quoique ce fût le dernier
jour de la seconde époque, aucun insecte ne fut
malade, aucun accident fâcheux ne se manifesta,
et dans tous ces quatre jours, ils ne consommèrent
que deux-cent quatre-vingt-seize onces de feuilles
de mûrier ; savoir :

Le premier jour. . . .		56 onces.
Le second jour. . . .	8 liv.	
Le troisième jour. . . .	8 ,	11
Et le quatrième jour. . .		37

§ III.

Troisième époque, troisième mue.

Troisièmes prémisses d'éducation.

Nous voici en état de faire passer nos vers de
la chambre de l'enfance dans la magnanerie ;
déjà ils paraissent mieux disposés à ce changement,
non-seulement parce que leur énergie est plus
forte, mais parce que leur corps a grandi ; ils ont
déjà presque six lignes et demie, leurs poils se
découvrent à peine à l'œil nu, ce n'est qu'avec une
loupe qu'on voit qu'ils sont comme ils étaient lors

de leur naissance; ces poils sont tellement ras et
tellement courts, qu'on aperçoit à peine leur couleur sur leur peau qui est devenue de plus en plus
blanche.

Au commencement de cette époque leur museau
est un peu plus dur que dans la dernière, et de
blanchâtre qu'il était, il est devenu noir et corné;
on découvre sur le dos un signe distinctif de plus,
ce sont deux lignes convergentes comme une pa-
renthèse entre le premier et le second anneau du
côté de la tête; deux autres lignes semblables se
remarquent entre le quatrième et le cinquième
anneau du corps; ces deux parenthèses sont noires
et longitudinalement placées.

Pour transporter les petits vers, il faut: 1° que les
feuilles des repas soient arrangées avec un tel soin
qu'elles se trouvent, lors de la distribution, à une
distance assez grande pour éclaircir les vers sur
leurs lits, afin qu'étant bien espacés et isolés, ils
puissent sentir aisément l'action de l'air et que leur
respiration ne soit pas gênée; 2° il faut renouveler souvent l'air de la chambre de l'enfance afin
d'habituer les vers aux impulsions fréquentes de
l'air extérieur et de les rendre moins susceptibles; 3° on préparera le local de la magnanerie
où ils doivent demeurer afin que la translation puisse
s'effectuer sans embarras; 4° on distribuera des
pastilles arsenicales le long des côtés du sol de la
magnanerie pour délivrer les vers des ennemis
qui les détruiraient; 5° si le climat ou la tempéra-

ture est froid, on préparera les quatre poêles de la magnanerie; on les allumera et on fera échauffer cette habitation de manière que sa température soit partout égale à celle de la chambre de l'enfance; cette précaution sera prise avant que le transport ait lieu, afin que les insectes ne soient pas surpris par l'action malfaisante d'une trop basse ou trop haute température

Dixième jour, 29 mai.

Dixième Tableau météorologique.

ÉPOQ. DU JOUR.	THERM.	BAROMÈTRE.	HYGRO.	VENT.	ÉTAT DU C.
A 4 h. du mat.	7° — 8	28 p. o l. 42	70 ——	N. E.	Convert.
A midi.	10° — 8	28 o 38	64 ——	N. E.	Nuageux.
A 3 h. du soir.	11° — 6	28 o 38	60 ——	N. pl.	*Id.*

L'allure des vers et leur extérieur étaient satisfaisans, ils paraissaient en bonne santé, leur nombre devait être intact, puisqu'aucun corps mort ne s'était offert à nos yeux; après les avoir attentivement inspectés, nous vîmes qu'ils se montraient avides de nourriture; nous leur en assignâmes sept livres et demie divisées en six repas; on leur distribua la portion qui leur revenait par repas aux intervalles ordinaires; les feuilles étaient séparées avec soin de manière à contenir chaque ver dans son lit, et à ce qu'il rongeât sa petite part de végétal sans gêner ni être gêné.

Comme le ciel était couvert, nous ne pûmes distinguer les poils des insectes qu'avec la loupe à cause de la blancheur de la peau qui avait augmenté; l'ambiant extérieur était sensiblement froid, ce qui nous obligea à élever la température de l'intérieur à vingt degrés et à la varier plus ou moins dans le cours des vingt-quatre heures.

Le soleil étant presque caché et son action étant encore affaiblie par la fréquence et l'activité du vent, nous résolûmes de fermer les fenêtres du nord de la magnanerie. Le vent augmenta vers le soir et devint nord plein, ce qui nous obligea à fermer presque toutes les ouvertures de la magnanerie et à maintenir la température intérieure à vingt degrés et demi; le thermomètre marquait à l'extérieur onze degrés un sixième, l'hygromètre soixante degrés, et l'indicateur des vents le nord plein; malgré cela on faisait changer à des temps convenables l'atmosphère intérieure.

Les vers rongeaient régulièrement leurs repas; le mouvement oscillatoire bien marqué de leurs corps à la moindre impression de l'atmosphère, nous assura de leur état de santé. Ils étaient commodément sur leurs claies, l'air intérieur ne sentait pas le renfermé. Le volume des vers avait augmenté, surtout celui de leur museau, leur peau s'était beaucoup blanchie, leurs mouvemens étaient plus énergiques et plus vermiculaires. Toutes ces remarques nous engagèrent à entreprendre volontiers leur translation de la chambre de l'enfance dans la magnanerie, à cette époque et avant leur pré-

disposition à la troisième mue, afin que ce transport
eût lieu sans accident, et comme leur nouvelle demeure était prête, on décida que ce serait le lendemain que les vers seraient transférés.

Onzième jour, 3o mai.

Onzième Tableau météorologique.

ÉPOQ. DU JOUR.	THERM.	BAROMÈTRE.	HYGRO.	VENT.	ÉTAT DU C.
A 4 h. du mat.	5° — 3	28 p. o l. 74	6o ——	N. E.	Beau ciel.
A midi. . . .	11° — 6	28 o 5o	65 ——	N. E.	Très-nuag.
A 3 h. du soir.	12° — 4	28 o 22	68 ——	N. N. E.	*Id.*

Comme la magnanerie était prête à recevoir la
couvée des vers à soie, nous fîmes distribuer au
plutôt les premiers repas afin d'opérer à midi le
passage des claies sur les étagères de l'habitation
contiguë. On choisit à cet effet douze livres d'excellent feuillage qu'on divisa en six portions égales,
y compris les premiers repas déjà distribués. A
midi on commença le transport qui eut lieu à
souhait, on administra tout ce qui était nécessaire
pour élargir les vers, on leur servit les repas plus
égaux, les vers s'emparèrent du feuillage et le
dévorèrent en moins d'une heure à chaque distribution.

Quelques-uns offraient déjà quelques prédispositions à la troisième mue, ce qui nous engagea à
préparer d'avance le changement ordinaire des
claies et à l'effectuer avant les deux derniers repas,

ce qui eut lieu avec les soins et les précautions ordinaires au moyen d'une surface de claies de trente-
huit pieds carrés. Aucun événement fâcheux ne se
manifesta, on ne perdit aucun insecte. Les vers
consommèrent l'avant-dernier repas avec avidité
et promptitude, mais le dernier ne le fut que faiblement, sans doute à cause de la grande humidité
et de la grande agitation de l'atmosphère de la
nuit.

Douzième jour, 31 mai.

Douzième Tableau météorologique.

ÉPOQ. DU JOUR.	THERM.	BAROMÈTRE.			HYGRO.	VENT.	ÉTAT DU C.
A 4 h. du mat.	4° — 8	28 p.	o l.	60	70 ——	N. N. E.	Nuageux.
A midi . . .	12° — 7	28	o	42	69 ——	Id.	Id.
A 3 h. du soir.	13° — 2	28	o	12	64 ——	Id.	Id.

Au point du jour le bruit de nos insectes était
considérable, ils montraient un grand appétit; nous
leur assignâmes la quote-part du premier repas
prise sur vingt-six livres de feuillage choisi et divisé
comme de coutume en six portions égales qu'on
devait distribuer à l'ordinaire avec les mêmes soins,
non-seulement pour espacer nos vers, mais encore
pour les contenir dans leur propre lit. Les premiers
repas furent rapidement consommés ainsi que les
suivans. Aussi lorsque nous observâmes nos insectes
à la clarté du soleil, étaient-ils plus développés,
leur peau était plus blanche, leur tête était plus
allongée et leur corps presque transparent, ils pa-

raissaient à la loupe couverts d'une imperceptible poussière, ils étaient couleur de paille. Dans la multitude il y en avait une partie qui balançait la tête fréquemment et irrégulièrement; ils élevaient et jetaient par-ci par-là un fil de soie très-mince comme pour soutenir leur corps, d'autres en petit nombre avaient la tête levée et immobile, un plus petit nombre était encore endormi.

Avertis par ces apparences que les vers préludaient au changement de peau, nous nous décidâmes à prendre sévèrement toutes les précautions nécessaires dans l'intérieur de la magnanerie, comme celles relatives à la température, à la dissipation de l'humidité et du brouillard du soir et de la nuit; nous fîmes circuler entre les étagères des flambeaux d'alcool pour agiter l'atmosphère intérieure.

Treizième jour, 1er juin.

Treizième Tableau météorologique.

ÉPOQ. DU JOUR.	THERM.	BAROMÈTRE.	HYGRO.	VENT.	ÉTAT DU C.
A 4 h. du mat.	5° — 9	28 p. o l. 5o	73 ——	Calme.	Q. n. à l'hor.
A midi. . . .	15° — 1	28 o 8o	74 ——	N. E. l.	Q. n. blancs.
A 3 h. du soir.	16° — 4	28 o 6o	79 ——	N. E. l.	Nuageux.

Dans les premières heures du matin la plus grande partie de nos vers étaient endormis; chacun de ces insectes était attaché légèrement à un fil de soie très-mince qui partait de leur bouche et tenait à un point adjacent; d'autres étaient disposés à dormir et d'autres à manger. On apprêta aussitôt quatorze onces et demie de feuillage choisi pour les distribuer aux vers qui se nourrissaient dans leur propre site afin de hâter leur sommeil et de les contenir dans les limites qui leur étaient assignées. On soutint la température de la magnanerie à dix-huit degrés dans la matinée, à cause de la fraîcheur de l'ambiant commun et du brouillard de l'atmosphère plein de méphitisme et d'humidité, ce qui nous décida à agiter les ventilateurs et à faire circuler les flambeaux d'alcool.

Le ciel devint nuageux vers midi, l'atmosphère terrestre était trop calme et la température extérieure trop élevée; il fallut faire activer les ventilateurs pour introduire l'atmosphère extérieure par le moyen des ouvertures du nord de l'habitation, et fermer celles du midi jusqu'au soir et pendant quelques heures de la nuit. L'ambiant commun devint tout-à-coup agité, il fallut entrefermer petit à petit les ouvertures de la magnanerie, en fermer aussi quelques-unes et arrêter la rotation des ventilateurs.

Quatorzième jour, 2 juin.

Quatorzième Tableau météorologique.

ÉPOQ. DU JOUR.	THERM.	BAROMÈTRE.	HYGRO.	VENT.	ÉTAT DU C.
A 4 h. du mat.	9° — 8	28 p. 1 l. 10	73 ——	N. E.	Très-nuag.
A midi	17° — 8	28 1 36	79 ——	N. E.	Nuageux.
A 3 h. du soir.	18° — 3	28 1 12	77 ——	N. E.	*Id.*

A l'aube du jour la température s'était adoucie et l'influence atmosphérique était agréable; nos vers étaient presque tous assoupis, quelques-uns cherchaient à s'endormir et un plus petit nombre encore cherchait du feuillage. Nous assignâmes quatre onces et demie de bon feuillage qu'on ne distribua à chaque ver que selon son besoin pour hâter son sommeil qui arriva vers le soir.

L'atmosphère fut très-chaude à midi et beaucoup plus encore vers le soir; et quoique le ciel fût nuageux, l'humidité de l'ambiant commun était peu sensible; cependant il fallut faire tourner les ventilateurs de la magnanerie, fermer les fenêtres du sud, ouvrir celles du nord pour tempérer la chaleur intérieure, la rendre moins étouffante, pour évaporer le fluide atmosphérique renfermé et le méphitisme qui pouvait exister dans l'intérieur.

Les vers étaient très-diaphanes, leur transparence laissait découvrir que leur canal excrémentitiel était vide; leur corps était d'un jaune très-tendre, leur peau tant soit peu ridée : aussi quelques-uns avaient-ils vers le soir détaché leur enveloppe et s'en étaient-ils séparés.

Quinzième jour, 3 juin.

Quinzième Tableau météorologique.

ÉPOQ. DU JOUR.	THERM.	BAROMÈTRE.	HYGRO.	VENT.	ÉTAT DU C.
A 4 h. du mat.	11° — 4	28 p. 1 l. 48	79 ——	Calme.	Couv., br.
A midi. . . .	18° — 0	28 1 72	79 ——	N. léger.	Nuageux.
A 3 h. du soir.	19° — 4	28 1 60	74 ——	N.	Q. éclairs.

A la faible lueur du jour naissant beaucoup de nos vers étaient éveillés, ils le furent presque tous à midi. La couleur de leur peau était un peu plus blanche, mais elle tirait encore sur le jaune tendre, leur tête était plus ridée, leurs poils semblaient arrachés, à l'œil nu, et avec la loupe on en découvrait à peine, si ce n'est aux stigmates et aux pieds. Les deux pieds postérieurs et contigus à l'organe excrétoire étaient seuls garnis de deux griffes qui s'attachaient facilement. Ce sont ces petits crochets qui, lorsque les vers se tournent sur le feuillage, font entendre, jusqu'à ce qu'ils se fixent pour ronger la feuille, un murmure doux mais suivi, semblable au bruit d'un temps légèrement pluvieux, c'est-à-dire lorsqu'il tombe des gouttes presqu'imperceptibles. Le poids de feuillage que nous assignâmes pour les vingt-quatre heures de ce jour fut de douze onces, et il suffit aux besoins de ceux qui se nourrissaient encore.

Le corps des vers était plus volumineux et leur longueur était de douze lignes; malgré un développement aussi avantageux les insectes sont à cette époque tellement susceptibles, que si on les néglige et s'ils ne sont pas assez espacés, ils tombent malades, ils enflent au point que l'on voit mourir toute la couvée de la maladie que nous avons décrite et nommée *infarcito (mort gras)*, *paragraphe IV*, *classe II*, des maladies du ver à soie pendant qu'il se nourrit, article III; nos soins et nos attentions éloignèrent toute sorte de désastre, et nous n'avons consommé, pendant cette époque, que quarante-sept livres et cinq onces de feuillage, savoir :

Le premier jour 7 livres   6 onces.
Le second jour 12 livres.
Le troisième jour 26 livres.
Le quatrième jour   14 onces et demie.
Le cinquième jour   4 onces et demie.
Le sixième jour   12 onces.

TOTAL . . . 47 livres et 5 onces.

§ IV.

Quatrième époque et quatrième mue.

Quatrièmes prémisses d'éducation.

A cette époque la température ordinaire est tellement chaude que l'emploi des poêles dans la magnanerie causerait des dangers et des frais inutiles. La température commune et stationnaire de cette époque est ordinairement du dix-huitième au dix-neuvième degré : elle ne fait aucun mal, mais elle oblige de mettre la ventilation en activité, dans les climats chauds, surtout si l'atmosphère est calme et si l'humidité accompagne le calme : il faut alors, outre la rotation des ventilateurs, faire circuler quelquefois des flambeaux alcooliques entre les étagères de la magnanerie.

Lorsque la chaleur s'élève si haut, il faut faire communiquer l'air intérieur avec celui de l'extérieur du côté du nord, au moyen des ouvertures existantes près du sol de la magnanerie et du même côté; dans les plus grandes chaleurs, il ne faut employer que les soupiraux du rang *d. d.*, *fig.* 1, *pl.* I, fermer les ouvertures de l'est, dès le lever du soleil, et celles du sud et de l'ouest à son coucher, et fermer même les volets de fenêtres.

Il importe d'employer des claies plus grandes du double en surface sur les étagères du sud et de l'ouest de la magnanerie, pour que les vers soient à l'aise, et pour les isoler sainement sur leur lit dans un volume d'air convenable; il faut même pratiquer des plans doucement inclinés, en élevant un peu un des côtés des claies. Le tissu de ces claies devra être presque réticulaire pour faciliter la circulation de l'air autour des insectes, en éloigner le méphitisme et faire évaporer les matières fécales.

Si la forte chaleur cause une grande aridité dans l'habitation, il faudra avoir recours à de légers arrosemens d'eau fraîche que l'on fera avec soin entre les étagères au moyen d'arrosoirs à trous très-petits. Les mêmes raisons exigent de se précautionner pour le feuillage, et de le placer dans un souterrain frais, mais où l'air sera libre et pas trop humide. On y serrera le feuillage sans craindre aucun danger, il s'y conservera frais, il ne s'échauffera pas, il ne se chiffonnera pas, et ne sera pas trop juteux.

Il faudrait, pour cette époque et la suivante, récolter chaque jour le feuillage nécessaire le matin

au lever du soleil; on emploierait le double de
personnes destinées à cette récolte, pour la terminer commodément, avant que le soleil ait rendu
les feuilles arides et ne les ait chauffées ; on les
transportera dans un chariot couvert , et si on les
garde bien, elles pourront être assez tendres lorsqu'on les emploiera ; elles n'auront pas encore
éprouvé de mouvement intestin excité par l'é-
chauffement, d'où nait la fermentation qui déna-
ture la substance des feuilles de mûrier, et les rend
nuisibles aux vers.

Seizième jour, 4 juin.

Seizième Tableau météorologique.

ÉPOQ. DU JOUR.	THERM.	BAROMÈTRE.	HYGRO.	VENT.	ÉTAT DU C.
A 4 h. du mat.	12° — 0	28 p. 2 l. 00	79 ——	N. lég.	Nuageux.
A midi. . . .	19° — 1	28 2 58	79 ——	N. E.	*Id.*
A 3 h. du soir.	19° — 4	28 2 40	78 ——	*Id.*	*Id.*

Ce jour les vers déployèrent peu d'énergie jusqu'à midi et montrèrent peu d'appétit, mais le soir
ils furent plus vigoureux. En effet, de dix-sept livres de feuillage choisi qu'on leur distribua en six
repas, ils consommèrent les premiers en une heure
trois quarts, et chacun des autres fut dévoré avec
voracité en moins d'une heure et demie. Le volume du corps des vers était sensiblement plus
gros, leur peau plus blanche et leurs mouvemens
plus faciles.

Quoique la température fût élevée en ce jour, il ne fut point nécessaire de fermer les ouvertures du sud et de l'ouest. Le ciel s'étant couvert de nuages et s'étant maintenu en cet état pendant toute la journée, la chaleur fut moins étouffante, et l'atmosphère moins aride ; nous ne fûmes obligé que de mettre un peu en mouvement les ventilateurs.

Dix-septième jour, 5 juin.

Dix-septième Tableau météorologique.

ÉPOQ. DU JOUR.	THERM.	BAROMÈTRE.	HYGRO.	VENT.	ÉTAT DU C.
A 4 h. du mat.	12° — 2	28 p. 2 l. 80	79 ——	N.	Nuag. lég.
A midi.	20° — 0	28 3 10	80 ——	*Id.*	Pet. nuag.
A 3 h. du soir.	20° — 4	28 3 84	81 ——	*Id.*	*Id.*

Au point du jour nous visitâmes la magnanerie, les insectes montrèrent de l'appétit, aussi nous leur assignâmes dix-sept livres de fort bon feuillage pour leurs six repas, sans d'autres précautions qu'un soin scrupuleux en répandant les feuilles pour espacer les vers sur les claies, les y distribuer également et les y maintenir.

A midi, nos vers avaient bonne mine ; leur peau était plus blanche, leurs mouvemens plus faciles et plus énergiques, et quoique la température de l'ambiant commun ait été étouffante à l'extérieur, elle ne leur faisait pas de mal ; nous fîmes fermer avec précaution toutes les ouvertures de l'est, du sud et de l'ouest, et de celles du toit *h.*

h. du côté du nord, excepté les soupiraux du rang *d. d.* à l'est du rez-de-chaussée de la magnanerie.

Le mouvement atmosphérique était un peu soutenu par un vent léger du nord, mais il en fallut encore activer le mouvement par les ventilateurs ; il fallut même arroser le pavé de la magnanerie avec de l'eau fraîche, quoique l'air ne fût pas trop aride : c'était pour mitiger l'action élevée de la température.

Aucun signe de malaise ne s'offrit à nos yeux dans l'examen que nous fîmes des vers ; aucun n'était mort par accident. En les observant avec la loupe, nous ne remarquâmes aucun insecte parasite et aucune lente ; nous n'eûmes à combattre par précaution que leurs autres ennemis en plaçant des pastilles arsenicales à toutes les communications de la magnanerie et dans son intérieur seulement.

Dix-huitième jour, 6 juin.

Dix-huitième Tableau météorologique.

ÉPOQ. DU JOUR.	THERM.	BAROMÈTRE.	HYGRO.	VENT.	ÉTAT DU C.
A 4 h. du mat.	12° — 0	28 p. 2 l. 90	74 —	N. E.	Beau ciel.
A midi. . . .	19° — 5	28 2 86	75 —	*Id.*	Nuageux.
A 3 h. du soir.	20° — 5	28 2 56	75 172	*Id.*	*Id.*

Nos vers avaient encore ce jour-là bonne mine comme à l'ordinaire : cette journée se passa sans accident, ils mangèrent régulièrement leur repas, mais le soir ils parurent tellement affamés, que les derniers de six repas composés de vingt-six livres de feuillage bien choisi furent dévorés chacun en moins d'une heure et demie. Le ciel était beau, la chaleur ne fut pas insupportable jusqu'à midi. Elle s'éleva vers le soir, mais les soins accoutumés, et les précautions nécessaires rendirent la température de l'atmosphère intérieure au degré convenable.

Dix-neuvième jour, 7 juin.

Dix-neuvième Tableau météorologique.

ÉPOQ. DU JOUR.	THERM.	BAROMÈTRE.	HYGRO.	VENT.	ÉTAT DU C.
A 4 h. du mat.	11° — 8	28 p. 1 l. 96	74 ——	N. E.	Nuageux.
A midi	20° — 1	28 1 95	75 ——	*Id.*	*Id.*
A 3 h. du soir.	20° — 6	28 1 70	76 ——	E.	*Id.*

Le volume du corps de nos vers était étonnant vers le matin; ils avaient un pouce et demi de longueur, la blancheur de leur corps avait augmenté; ils étaient pleins d'énergie et d'existence, aussi cherchaient-ils avec impatience leur nourriture, et dévoraient-ils chaque repas; on leur divisa en six repas trente-six livres de feuillage choisi.

Leur voracité fut pour nous un signe qu'ils préludaient à la mue, nous fîmes donc tout préparer pour hâter le changement des claies d'un tissu moins serré, et autant de claies réticulaires d'une dimension égale et sans bords.

En effet, on opéra le changement des claies vers midi, suivant la méthode ordinaire, seulement pour plus de facilité on employa six assistans, et on en vint aisément à bout avec de l'adresse. On chercha les vers égarés, et on n'en trouva aucun de mort ou de malade. On leur distribua des feuilles, de manière à espacer les vers et à les contenir dans leur lit. On employa toutes les précautions accoutumées; le soir les insectes se nourrirent légèrement et la nuit avec indifférence.

Vingtième jour, 8 juin.

Vingtième Tableau météorologique.

ÉPOQ. DU JOUR.	THERM.	BAROMÈTRE.	HYGRO.	VENT.	ÉTAT DU C.
A 4 h. du mat.	12° — 8	28 p. 2 l. 24	69 ——	E.	Beau ciel.
A midi. . : .	19° — 2	28 2 52	70 ——	Id.	Id.
A 3 h. du soir.	19° — 6	28 2 32	71 ——	Id.	Id.

La veille, l'appétit des vers avait diminué au dernier repas, et il diminua de plus en plus pendant tout ce jour, quoique les insectes eussent pris jusqu'à vingt-une lignes de longueur. Leurs anneaux étaient colorés d'un vert très-tendre; on distribua dix-sept livres de feuillage bien choisi à ceux qui mangeaient encore, à mesure qu'ils demandaient de la nourriture, et seulement là où on en cherchait, afin de ne pas le distribuer inutilement et de ne pas déranger les vers endormis.

Le ciel fut si beau qu'il ne fallut qu'adoucir la température vers midi, et comme elle n'était pas

étouffante, nous fîmes tourner légèrement les ventilateurs.

Vingt-unième jour, 9 juin.

Vingt-unième Tableau météorologique.

ÉPOQ. DU JOUR.	THERM.	BAROMÈTRE.	HYGRO.	VENT.	ÉTAT DU C.
A 4 h. du mat.	12° — 2	28 p. 2 l. 40	59 ——	E.	Tr. b. ciel.
A midi. . . .	18° — 9	28 2 50	60 172	*Id.*	Pet. nuag.
A 3 h. du soir.	19° — 5	28 2 28	60 172	*Id.*	Beau ciel.

Presqu'au lever du soleil les vers se montrèrent
un peu plus pâles; leur physique semblait appauvri;
déchargés de leurs excrémens, ils parurent transparens à la lumière. Leur peau, à midi, était opaque
et ridée; le ton un peu vert de leurs anneaux
n'existait plus, leur museau était considérablement
allongé, leur tête était enflée, elle était élevée et
immobile chez les uns, d'autres la levaient en la
balançant; quelques-uns paraissaient vouloir s'endormir, une grande partie était endormie, d'autres étaient éveillés et se nourrissaient encore un
peu.

On désigna par conséquent cinq livres de très-
bon feuillage pour être distribué judicieusement,
suivant le besoin de ceux qui étaient encore éveillés et qui se nourrissaient.

L'ambiant commun n'était pas inquiétant, le ciel
était d'une beauté ravissante, on vit à midi quelques assemblages de nuée, mais vers le soir le ciel

redevint très-beau ; malgré un temps aussi favorable, on ne négligea aucune précaution nécessaire ; on fit mouvoir légèrement les ventilateurs à cause du calme de l'atmosphère. A l'entrée de la nuit tous nos vers étaient endormis, il n'y en avait que quelques-uns d'éveillés.

Vingt-deuxième jour, 10 juin.

Vingt-deuxième Tableau météorologique.

ÉPOQ. DU JOUR.	THERM.	BAROMÈTRE.	HYGRO.	VENT.	ÉTAT DU C.
A 4 h. du mat.	12° — 0	28 p. 2 l. 62	68 ——	E.	Beau ciel.
A midi . . .	18° — 8	28 2 62	70 ——	Id.	Id.
A 3 h. du soir.	20° — 3	28 2 18	72 ——	Id.	Id.

C'est le dernier jour de la quatrième époque : aussi trouvâmes-nous nos vers éveillés et occupés à se débarrasser de la peau qui s'était détachée ; ils étaient en partie d'un jaune très-tendre tirant sur le blanc, et en partie d'une couleur brune tirant sur le gris, et d'autres étaient d'une couleur cendrée tirant sur le rougeâtre.

L'état ordinaire de l'action de l'atmosphère en masse était d'une influence salutaire, on n'eut qu'à mitiger l'action directe des rayons du soleil en fermant le matin les ouvertures de l'est, à midi celles du sud, et le soir celles de l'ouest ; ce qui produisit une agréable température pour les vers éveillés. L'indicateur des vents marquait l'origine de la direction du mouvement atmosphérique du côté de l'est ; mais comme il était léger, nous fîmes mettre en mouvement les ventilateurs, quoique l'humidité ne fût pas grande, et nous fîmes circuler les flambeaux alcooliques dans les corridors de la magnanerie et entre les étagères. Comme parmi les vers éveillés il y en avait quelques-uns qui recherchaient de la nourriture, nous leur fîmes distribuer six onces de feuillage.

Dans le cours de cette époque ils n'en consommèrent que cent dix-neuf livres, savoir :

Le premier jour 17 livres.
Le second jour 17 livres 1/2.
Le troisième jour 26 livres.
Le quatrième jour 36 livres.
Le cinquième jour 17 livres.
Le sixième jour 5 livres.
Le septième jour 1/2 livre.

———————

Total. . . . 119 livres.

§ V.

Cinquième époque et cinquième mue.

Cinquièmes prémisses d'éducation.

Les soins réguliers, les inspections assidues, les secours prompts et constans qu'on prodigue aux vers pendant leur éducation, leur donnent une bonne et saine constitution. C'est leur prospérité qui est la récompense du magnanier ; c'est elle qui encourage aussi l'agriculteur en présentant à l'un

et à l'autre un gain certain dans le produit des cocons, à moins qu'un désastre imprévu ne les dé-
truise, et que des causes meurtrières ne naissent
de l'ignorance ou de la négligence, suite naturelle
de la paresse, et en rendent l'entreprise, non–seulement onéreuse, mais nuisible à l'économie domestique.

Au contraire, si on assiste assidument les vers
à soie pendant le court période de leur vie, leur
succès sera certain, si toutefois, nous le répétons,
des météores extraordinaires, imprévus et indomp-
tables, ne viennent les détruire en les frappant d'un
coup aussi violent que rapide.

Le mal ne serait pas considérable si les vers
mouraient lors de l'incubation, ou au plus tard à la
fin de la première époque; car on perdrait peu de
soins et peu de frais. Dans ce cas le magnanier et
l'agriculteur pourraient tourner d'un autre côté
leurs vues, s'ils ne persistaient point dans leur premier projet en achetant de nouveaux vers, ou en
faisant incuber une nouvelle dose de graines; mais
lorsque les accidens mortels arrivent aux dernières
époques, au moment où les vers touchent à la fin
de leur éducation, que les avances de soins et
d'argent sont tous faits, et qu'on est à la veille d'en
recevoir le prix, c'est alors que le malheur est
dans toute son étendue et qu'il n'y a point de
remède.

Il n'est donc pas inutile d'apprendre à l'infatiga-
ble agriculteur par quelle méthode il pourra par-

venir au but de son entreprise; il n'est pas moins important, ce nous semble, d'exposer partiellement ce qui peut entretenir la santé des vers dans les dernières époques; ce sera empêcher tout danger dans l'application de cette méthode qui doit donner le plus grand nombre d'excellens cocons, et éloigner du ver toute maladie au moment où il se dispose à commencer son tissu.

Il est donc convenable ou plutôt essentiel de faire connaître les moyens opportuns pour conserver les vers en santé pendant le cours rapide de leur vie, surtout dans le dernier période! C'est alors qu'il faut que le magnanier et sa famille redoublent de soins et de vigilance, s'ils veulent que cette époque ne devienne pas fatale aux vers, et par conséquent à l'industrie domestique et à l'économie rurale; outre les précautions ordinaires, ils doivent épier attentivement, et prévenir les intempéries atmosphériques, cause fréquente de la mort des insectes; ils doivent combiner et appliquer les secours que leur offre la science physico-chimique pour maîtriser les impulsions funestes des fortes chaleurs de la saison où les vers vivent souvent condamnés, malgré le vœu de la nature, à respirer l'ambiant pernicieux des magnaneries, que l'incurie d'assistantes paresseuses et l'ignorance concourent à rendre insalubre.

En effet, les vers se nourrissant davantage en grossissant, produisent une plus grande quantité d'excrémens, ils se trouvent par conséquent dans la puanteur et les miasmes de ces ordures, qui, tombant en putréfaction à la haute action de la chaleur et de l'atmosphère calme, peuvent altérer les fonctions de la respiration et de la transpiration des vers; et les rayons solaires, étant très-actifs pendant ces jours, ils rendent, 1° non-seulement l'atmosphère d'une chaleur insupportable, mais ils la raréfient et rendent très-nuisible l'influence du miasme.

2°. Une telle raréfaction étant produite dans l'air, il absorbe l'humidité évaporée du corps des vers, des excrémens et des feuilles de mûrier, il se mêle à un nombre infini de matières hétérogènes, et il devient de plus en plus impropre à la respiration.

3°. La haute chaleur, si elle altère les matières fermentescibles, produit en eux un mouvement interne, et leur fait développer un gaz méphitique, qu'ils ne peuvent respirer, et qui est par conséquent funeste.

4°. La haute température accélère aussi le cours des humeurs qui circulent dans les vers, et fatiguent par conséquent leur organisme. Elle leur fait dépenser l'humidité animale nécessaire et organique essentielle à leur économie. Elle sèche encore trop le feuillage au détriment de l'élaboration et de l'assemblage de la matière de la soie, en sorte que par des causes semblables, elle forme un conflit d'influences nuisibles, qui agissant en masse sur le corps du ver, lorsqu'il se trouve dans une magnanerie mal réglée, le rendent certainement malade, si elles ne le tuent pas, et rendent son existence languissante et infructueuse. Il faut donc, à cette époque plus qu'à toute autre, que les magnaniers et leurs assistans doublent leurs soins, leur vigilance et leur assiduité; il faut réprimer promptement l'affluence de ces causes nuisibles, en éloigner et en détruire les sources.

Ces causes les plus funestes ne se développent et n'existent que dans les matières qui émanent de la transpiration des feuilles gâtées et des excrémens en putréfaction; elles se joignent à l'action humide et étouffante de l'atmosphère, réagissent ensemble sur le tégument des vers, rendent leur transpiration très-difficile, et troublent ainsi leur respiration, que dans l'état de santé ils opèrent avec un ordre admirable par un grand nombre d'organes respiratoires; elles paralysent aussi le système des vaisseaux absorbans. Ainsi l'équilibre des fonctions organiques des vers à soie étant rompu, leur économie physique est interrompue, leur appétit diminue, ils se boursoufflent, ils restent engourdis et exténués, et ils meurent enfin.

C'est pourquoi et pour se prémunir contre ces circonstances meurtrières, il faut à cette époque et à la suivante, 1° renouveler de suite et souvent l'atmosphère de la magnanerie, au moyen des ouvertures qui sont à portée de la rotation des ventilateurs et du mouvement des portes et volets, surtout dans les temps humides et trop chauds, et quand l'atmosphère est calme : toute négligence est alors condamnable parce qu'elle est mortelle.

2°. Fermer les volets des portes au fur et à mesure qu'elles sont frappées par le rayon solaire pour éviter une trop grande chaleur dans l'intérieur de la magnanerie, qui ne ferait qu'altérer les matières fermentescibles, et accélérer l'émanation de leur dangereux méphitisme.

3°. Substituer des claies nues, et d'un tissu moins serré, aux claies garnies de papier, pour offrir à l'air le moyen de les pénétrer, de les sécher, et donner aux vers un air libre et en mouvement.

4°. Donner à chaque ver une aire spacieuse, de manière que la longueur de son corps, comme nous l'avons dit ailleurs, soit au moins le diamètre de son emplacement.

5°. Eloigner sans retard les matières fécales et le reste du feuillage qu'on a distribué, afin que l'insecte puisse être isolé de suite dans l'air, et que ses organes respiratoires ne soient pas en contact avec des émanations excrémentitielles aussi nuisibles à son existence.

6°. Prévenir, le plus qu'on peut, les transitions imprévues de l'atmosphère, surtout celles du chaud au froid, en observant assidument les mouvemens des instrumens météorologiques, placés *ad hoc* dans la magnanerie, afin de mitiger tout excès, détruire ce qu'il y a de nuisible, et entretenir les moyens salutaires.

7°. Il faut distribuer du feuillage bien choisi, de nature à rassasier les insectes dans les intervalles convenus, et ne pas en être parcimonieux dans leurs repas, lorsqu'ils mangent avec avidité et qu'ils exécutent facilement leurs fonctions.

8°. On doit enfin rechercher avec une grande attention les vers languissans et malades, et les placer dans un lieu mieux conditionné, s'ils en valent la peine, ou les détruire et les mettre au rebut, comme une source de méphitisme et d'immondices. Il faut, dans ces cas, exciter la vigilance des assistans de la magnanerie, et les engager, par la régularité la plus sévère et la plus attentive, aux travaux nécessaires, pour remplir toutes les opérations demandées dans la vue d'arrêter les maladies et de prévenir tout malheur futur.

Ces idées préliminaires, sur l'administration des vers, nous paraissent réunir toutes les instructions suffisantes pour nous permettre de reprendre le cours de nos expériences journalières, puisque nos insectes sont au vingt-troisième jour de leur vie alimentaire, et le premier de leur cinquième époque.

Vingt-troisième jour, 11 juin.

Vingt-troisième Tableau météorologique.

ÉPOQ. DU JOUR.	THERM.	BAROMÈTRE.	HYGRO.	VENT.	ÉTAT DU C.
A 4 h. du mat.	13° — 0	28 p. 1 l. 82	68 ——	E.	Vap. légèr.
A midi.	21° — 0	28 1 l. 60	70 ——	E. S. E.	Beau ciel.
A 3 h. du soir.	21° — 8	28 1 l. 2	71 ——	E.	*Id.*

A l'aube du jour, les vers étaient tous réveillés,

la température extérieure avait un peu baissé, il nous fallut élever celle de l'intérieur à dix-sept degrés ; l'hygromètre marquait presque l'humidité atmosphérique ; l'indicateur des vents annonçait que le courant d'air venait d'orient, quoique le baromètre fût au variable. Cependant l'état météorologique s'améliora de suite, la température du jour fut très-chaude, mais un peu d'attention suffit pour la rendre convenable.

Les insectes recherchaient le feuillage et le dévoraient à chaque repas avec avidité et régularité ; aussi on leur distribua vingt-cinq livres de très-bon feuillage, séparées en six parts pour six repas ; aucun signe de maladie ne se présenta à nos regards, pas même une seule momie ; accident qui se manifeste assez souvent à cette époque dans les magnaneries mal administrées, ainsi que nous l'avons démontré au paragraphe momie, dans la seconde classe des maladies de vers à soie. Ce jour, notre insecte était plus animé, il avait vingt-une lignes de longueur.

Vingt-quatrième jour, 12 juin.

Vingt-quatrième Tableau météorologique.

ÉPOQ. DU JOUR.	THERM.	BAROMÈTRE.	HYGRO.	VENT.	ÉTAT DU C.
A 4 h. du mat.	13° — 0	28 p. 0 l. 64	68 ——	E.	Vap. légèr.
A midi.	22° — 9	28 0 l. 52	62 ——	S. E.	Nuageux.
A 3 h. du soir.	23° — 0	28 0 l. 40	69 ——	E.	*Id.*

Il y eut du brouillard et de l'humidité pendant la nuit, la température ne fut point trop incommode, mais au point du jour elle était suffisamment modérée. Il fallut cependant exciter la vigilance des assistans pour leur faire mettre en œuvre les moyens convenables, et défendre la magnanerie d'une chaleur excessive qui se manifesta graduellement et qui devint incommode à midi, à cause du calme de l'atmosphère; on entrebâilla le matin les fenêtres de l'est, on ferma à midi celles du sud, et le soir celles de l'ouest; on obtint ainsi une température convenable : la rotation des ventilateurs y contribua aussi en donnant du mouvement à l'atmosphère et en changeant celle de l'intérieur.

On leur distribua vingt-deux livres d'un feuillage choisi, partagé en six repas; les vers prirent chaque repas en moins de temps qu'à l'ordinaire; la température s'élevait, l'air devenait immobile; la chaleur se fit fortement sentir vers le soir, c'est pourquoi on fit circuler des flambeaux alcooliques dans la magnanerie, et on fit tourner les ventilateurs.

Au coucher du soleil, le corps du ver était beaucoup plus développé, il était d'un blanc très-beau. L'état météorologique fut le même pendant la nuit suivante, ce qui nous décida à ordonner la continuation des soins et de la surveillance.

Vingt-cinquième jour, 13 juin.

Vingt-cinquième Tableau météorologique.

ÉPOQ. DU JOUR.	THERM.	BAROMÈTRE.	HYGRO.	VENT.	ÉTAT DU C.
A 4 h. du mat.	14° — 0	28 p. 0 l. 28	76 ——	Calme.	Trou., nua.
A midi	22° — 5	28 0 l. 48	66 ——	O.	Trou., nua.
A 3 h. du soir.	23° — 8	28 0 l. 16	64 ——	O.	Nuageux.

Au lever du soleil les vers étaient encore d'un plus beau blanc que la veille; ils étaient actifs, et montraient de l'appétit; leurs corps étaient encore plus développés; ils avaient vingt-sept lignes environ, ils jouissaient tous d'une bonne santé; ils consommèrent cinquante-huit livres de bon feuillage, et chaque repas était pris sans interruption. La température était un peu chaude le matin, elle augmenta depuis midi; le calme de l'atmosphère fut tel le matin, qu'il fallut faire tourner les ventilateurs, et faire circuler en même temps les flambeaux alcooliques pendant toute la journée.

Quoique l'atmosphère de la magnanerie n'eût pas été souillée, et que l'air fût sain, nous n'en fîmes pas moins espacer les vers du double, sur des claies d'un tissu moins serré et sans papier. On les avait substituées à l'instant aux claies sales, en employant le nombre convenable d'assistans, et avec de l'ordre et des soins on ne perdit pas un ver.

Vingt-sixième jour, 14 juin.

Vingt-sixième Tableau météorologique.

ÉPOQ. DU JOUR.	THERM.	BAROMÈTRE.	HYGRO.	VENT.	ÉTAT DU C.
A 4 h. du mat.	13° — 4	28 p. o l. 38	70 —	O.	Éclairs.
A midi	18° — o	28 1 l. 28	71 —	N. O.	Nua., pluie.
A 3 h. du soir.	19° — 6	28 1 l. 6	71 172	N. O.	Nuageux.

Pendant ce jour, la température extérieure fut moins chaude, mais il éclaira; l'atmosphère était agitée; il fallut fermer les ouvertures du rang *h. h.* du toit de la magnanerie, et toutes les fenêtres du côté du couchant; on entrebâilla seulement les fenêtres de l'est et du sud, à cause de la pluie imminente qui eut lieu après midi, et à cause de l'humidité de l'atmosphère. La température intérieure n'était pas incommode pendant le jour, la nuit elle fut un peu chaude, mais avec des précautions on évita toute influence fâcheuse.

Les vers jouissaient d'une excellente santé, ils recherchaient et rongeaient la nourriture sans interruption, et avec une telle promptitude, que de soixante-dix-huit livres de feuillage bien choisi, il n'en resta pas le moindre résidu à chaque repas.

Non-seulement les vers montraient les symptômes d'une bonne santé, mais ils avaient plus de volume, ils étaient plus vifs et plus énergiques; ils se retournaient avec facilité. Leur longueur était de trente-deux lignes environ.

Vingt-septième jour, 15 juin.

Vingt-septième Tableau météorologique.

ÉPOQ. DU JOUR.	THERM.	BAROMÈTRE.	HYGRO.	VENT.	ÉTAT DU C.
A 4 h. du mat.	12° — 8	28 p. 1 l. 84	71 1/2	O.	Q. écl., plui.
A midi.	19° — 7	28 2 l. 0	72 —	O.	Très-nuag.
A 3 h. du soir.	19° — 6	28 1 l. 65	70 —	O. N. O.	Nuageux.

A la première lueur du jour, les vers avaient bonne mine; ils étaient forts et très-volumineux, ils rongeaient facilement la feuille, et en moins de temps qu'à l'ordinaire. On leur distribua cent neuf livres de feuillage en six repas; ils se déchargèrent facilement de leurs matières excrémentitielles qui étaient molles et d'une couleur verdâtre. Le vent léger, mais frais du matin, et la pluie, exigèrent qu'on entretint un peu de chaleur dans l'intérieur, et qu'on prît les précautions nécessaires contre l'humidité et contre l'agitation de l'atmosphère, qui dura tout le jour, en faisant craindre une grande pluie.

Vingt-huitième jour, 16 juin.

Vingt-huitième Tableau météorologique.

ÉPOQ. DU JOUR.	THERM.	BAROMÈTRE.	HYGRO.	VENT.	ÉTAT DU C.
A 4 h. du mat.	11° — 3	28 p. 1 l. 62	72 —	O.	Couvert.
A midi.	17° — 5	28 1 l. 58	73 —	N. O.	*Id.*
A 3 h. du soir.	16° — 5	28 1 l. 58	74 —	N. O.	*Id.*

Les progrès qu'avait faits le physique de nos vers étaient surprenans pour le volume et la longueur de leur corps ; ils avaient trente-huit lignes environ, ils se déchargeaient facilement d'abondantes matières fécales, ce qui obligea de faire changer les claies. Leur peau était d'un très-beau blanc, mais l'extrémité postérieure de leur corps était un peu dorée et tant soit peu luisante.

Ils mangèrent le matin avec facilité et une très-grande avidité, et sans la moindre interruption ; mais leur avidité diminua dans le cours de la journée. Les six repas de feuilles qu'on leur assigna, furent de cent trente livres ; en ce jour même, la tête du ver était d'un plus grand volume, l'extrémité de son museau présentait l'appendice corné, luisant et noir ; il était tellement fort qu'il dévorait les feuilles, surtout dans le premier repas, jusqu'aux côtes et aux parties les plus dures. Ces feuilles étaient distribuées de manière à espacer les vers ; ceux-ci charmaient l'œil par leur bonne mine, ils étaient doux au toucher comme du velours, et leur énergie faisait plaisir.

On éleva un peu la température de l'intérieur vers l'aube, et on fit circuler des flambeaux alcooliques dans la magnanerie.

Vingt-neuvième jour, 17 juin.

Vingt-neuvième Tableau météorologique.

ÉPOQ. DU JOUR.	THERM.	BAROMÈTRE.	HYGRO.	VENT.	ÉTAT DU C.
A 4 h. du mat.	12° — 8	28 p. 0 l. 20	70 —	S. O.	Quelq. écl.
A midi.	21° — 7	27 11 l. 72	71 —	S. S. O.	Nuageux.
A 3 h. du soir.	21° — 6	27 11 l. 24	71 —	S. S. O.	*Id.*

Ce jour-ci, nos vers n'étaient ni si vifs ni si affamés que la veille; nous les nourrîmes avec cent vingt livres d'excellent feuillage, partagées toujours comme de coutume en six repas, et distribuées selon le besoin particulier de chaque insecte, et de manière à les espacer également entre eux. Cependant, quoique leur appétit fût diminué, et qu'ils eussent pris moins de nourriture, ils étaient plus volumineux et plus longs : nous en trouvâmes qui avaient trente-sept lignes de longueur; d'autres en avaient trente-huit et trente-neuf, et d'autres enfin quarante.

Leur extrémité postérieure était plus dorée et plus luisante que le jour précédent; ils étaient prédisposés à leur maturité, ils pesaient encore davantage le matin; ils furent vigoureux jusqu'au soir, mais ils diminuèrent insensiblement de poids et de longueur, peut-être parce qu'ils avaient pris moins de nourriture.

Ces dispositions nous firent exiger plus de soins et d'attention de la part des assistans, pour observer les phénomènes météorologiques qui n'étaient pas violens, et faire rester les vers sur leurs claies. L'état des insectes parut encore nous annoncer que c'était le moment favorable pour préparer les ramages, aussi donnâmes-nous les ordres nécessaires pour les faire préparer et les distribuer en ordre entre les claies.

Trentième jour, 18 juin.

Trentième Tableau météorologique.

ÉPOQ. DU JOUR.	THERM.	BAROMÈTRE.	HYGRO.	VENT.	ÉTAT DU C.
A 4 h. du mat.	13° — 4	27 p. 10 l. 64	71 ——	O.	Couvert.
A midi	17° — 3	27 10 l. 48	72 ——	O. S. O.	Pluie fine.
A 3 h. du soir.	18° — 3	27 9 l. 90	73 ——	O. S. O.	Couvert.

Les vers montrèrent une plus grande disposition à leur maturité; leur appétit avait bien diminué, puisqu'il nous suffit du poids de quatre-vingt-huit livres de feuillage, qu'on distribua plus copieusement le matin que le soir, et selon le besoin des vers qui se nourrissaient. Leur couleur dorée augmentait et courait rapidement depuis l'extrémité postérieure presque jusqu'à la tête; le dos de chaque insecte était luisant, et la couleur de leurs anneaux diminuait graduellement et s'évanouit le soir.

Le volume et la longueur de leur corps s'amoindrissaient aussi, mais leur santé était excellente; les matières excrémentitielles n'étaient pas altérées, quoique plus abondantes, plus grossières et moins compactes ; on y découvrait en elles des brins de végétal intacts et non triturés, mais arides. Ce qui nous fit ordonner de changer promptement les claies, et de les remplacer par d'autres d'un tissu moins serré encore, pour faciliter le jeu de l'air et la chute des excrémens.

L'état hygrométrique de l'air rendait désagréable la température intérieure ; on la mitigea en faisant circuler souvent des flambeaux alcooliques tout le long du jour et de la nuit, en fermant, surtout la nuit, les ouvertures du côté du nord et du couchant.

Trente-unième jour, 19 juin.

Trente-unième Tableau météorologique.

ÉPOQ. DU JOUR.	THERM.	BAROMÈTRE.	HYGRO.	VENT.	ÉTAT DU C.
A 4 h. du mat.	11° — 6	27 p. 11 l. 24	71 ——	O.	Couvert.
A midi. . . .	17° — 7	28 0 58	72 ——	*Id.*	Très-nuag.
A 3 h. du soir.	17° — 5	28 0 38	73 ——	S. O.	Nuageux.

Le jour naissait lorsque l'agitation de l'atmosphère nous obligea de fermer toutes les ouvertures de la magnanerie, excepté celles du rang inférieur *d. d.*, et quelques soupiraux supérieurs du côté de l'orient *h. h.* La partie antérieure des vers était très-blanche, leur dos se dorait toujours de plus en plus et devenait luisant. Quelques insectes recherchaient avec persévérance les bords des claies ; là ils élevaient leur tête, et ils la tenaient presque verticalement, ils se déchargeaient de leurs excrémens ; leur museau était rougeâtre et très-mobile, ils se retournaient avec la plus grande facilité, ils étendaient légèrement l'appendice corné de leur museau, et ils le dirigeaient avec une telle rapidité, qu'en les regardant ronger leur feuillage l'œil pouvait à peine suivre leurs mouvemens.

Ils étaient robustes et sains, doux au toucher, d'une température agréable, c'est-à-dire un peu fraîche, comme celle des êtres privés de sang rouge, et dont la transpiration insensible est active.

On distribua çà et là un feuillage très-choisi, selon le besoin de ceux qui se nourrissaient encore ; il y en eut soixante-cinq livres, qu'ils consommèrent sans hâte : les quantités réunies de feuillage employé pendant cette époque, forment sept cent quatre-vingt-dix-neuf livres, c'est-à-dire :

Le premier jour   28 livres.
Le second jour   23
Le troisième jour   58
Le quatrième jour   178
Le cinquième jour   109
Le sixième jour   130
Le septième jour   120
Le huitième jour   88
Le neuvième jour   65

TOTAL. . . . 799

Il faut ajouter que des soixante-cinq livres de feuillage employé dans la dernière journée, nous en avons réservé seize livres de feuilles bien choisies et bien tendres, qui furent employées pendant le peu de jours qu'il fallut pour conduire les vers à leur parfaite maturité et les mettre tous en état d'entreprendre leur cocon; ce qui compléta la pâture nécessaire au cours de la vie alimentaire de nos vers dans cette époque, et jusqu'à ce qu'ils commencèrent à tisser leur cocon. C'est dans cette cinquième époque, que les vers à soie mangent plus de feuillage que dans les époques précédentes et dans les jours qui la suivent. Or, en additionnant toutes les quantités de feuillage distribuées en pâture aux vers à toutes les époques de leur vie, il en résulte qu'ils mangèrent en tout, neuf cent quatre-vingt-dix-neuf livres trois onces et demie de feuilles choisies de mûrier, c'est-à-dire :

Dans la première époque	8 liv.	1 on. et dem.
Dans la deuxième époque	24	7
Dans la troisième époque	48	1
Dans la quatrième époque	119	6
Dans la cinquième époque	799	

TOTAL. . . . . 999 liv. 3 on. et dem[1]

On ne négligea aucune précaution pour mitiger

[1] Cette quantité d'aliment, bien inférieure à celle que le comte Vincent Dandolo de Venise a employée pour le même nombre de vers, démontre jusqu'à l'évidence, que l'usage de hacher le feuillage que l'on distribue aux larves, fait perdre une partie de cet aliment, soit qu'ils l'abandonnent ou

le désordre atmosphérique, et pour entretenir la chaleur convenable dans la magnanerie et y renouveler l'air de l'intérieur.

ARTICLE II.

Seconde période de la vie du ver à soie ou ver tisserand.

§ Ier.

Sixièmes prémisses d'éducation.

On peut dire que la cinquième époque du ver à soie est la plus heureuse et la plus favorable, lorsqu'il vit avec énergie, et qu'à force de soins on le conduit à son entier développement physique. Cette époque forme le terme entre la première et la seconde période de la vie du ver, sur les trente-sept jours de pâture, où il atteint tout son accroissement jusqu'à ce qu'il se mette à tisser son cocon et qu'il entre dans sa troisième période. Quant aux nôtres, ils vinrent à merveille et jouirent d'une parfaite santé, depuis leur naissance jusqu'à leur entier développement et à leur plus grande pesanteur, pendant l'espace de trente jours. Ils avaient une ligne de longueur à leur naissance, ils en avaient quarante à cette époque, et leur poids était

qu'ils ne peuvent le manger à cause de l'agglomération des parcelles du feuillage, ou que ces parcelles en s'agglutinant forment un tas inattaquable qui produit des effets nuisibles. Voyez le chapitre V, première partie, et chapitre VI, article 9, deuxième partie de la Sétifère.

neuf mille cent fois plus grand; mais si leur plus grand accroissement a lieu le trentième jour, c'est aussi en ce jour qu'ils commencent à diminuer en grandeur et en poids, mais non en force; ils conservent toute leur énergie jusqu'à ce qu'ils aient terminé leur cocon. Alors le ver s'engourdit, s'assoupit et il commence sa métamorphose en déposant sa cinquième dépouille. La cinquième époque finie, le ver devenu chrysalide commence la sixième époque. C'est le vingtième jour précisément, que le ver éprouve le premier degré de changement dans les matières qui composent son physique, il parviendra petit à petit à n'être qu'un composé de deux substances animales seulement, l'une de soie et l'autre adipeuse. Son tube intestinal se vide des matières fécales, qu'on peut nommer les dernières que produisent ses organes excrétoires. Avant d'entreprendre son cocon, tout son corps se dore vers la fin du neuvième jour de la cinquième époque, il abandonne graduellement toute nourriture le dixième jour de cette époque ou le trente-deuxième de sa vie; il atteint sa maturité, il devient tisserand. C'est le moment où il faut l'attention la plus sévère et la plus suivie pour faciliter au ver la confection de son cocon, et le lui faire conduire à sa plus grande confection. A ce terme il faut avoir grand soin d'éloigner toute cause qui pourrait interrompre son travail, et le préserver de plus en plus de tout accident funeste.

Pendant cette époque, il faut surveiller les vers

tardifs dont les progrès ne sont pas aussi avancés; ils demandent les plus grands soins et les plus grands secours pour les disposer avec précaution au terme de leur maturité, au moyen d'une nourriture tendre, légère et souvent renouvelée; il leur faut une douce température, il faut leur changer souvent l'atmosphère et éloigner d'eux toute matière fécale, en tenant leurs claies bien propres et bien espacées.

L'humidité est très-dangereuse, surtout si l'état hygrométrique de l'ambiant extérieur s'y joint: car alors les émanations humides du ver lui-même sont considérables; l'accumulation de l'influence de semblables matières deviendrait très-puissante et meurtrière. Aussi, lorsque les vers n'atteignent pas leur maturité le dixième jour de la cinquième époque, ils tombent souvent malades : cependant il n'est pas rare de voir une masse entière de vers ne parvenir à leur maturité que le onzième jour de cette époque, quoiqu'ils soient entourés des circonstances les plus favorables, ce qui peut être produit par le moindre accident. Dans ce cas comme dans le cas précédent, il faut conduire les vers avec soin, sans hâte ni retard au terme de leur maturité; à moins que les circonstances n'obligent à ce retard toujours très-court, afin de préparer et de disposer les ramages s'ils ne l'étaient pas, en suivant les règles établies au chapitre IV de la seconde partie de notre Sétifère, et au chapitre VII, section II, article II.

Trente-deuxième jour, 20 juin.

Trente-deuxième Tableau météorologique.

ÉPOQ. DU JOUR.	THERM.	BAROMÈTRE.	HYGRO.	VENT.	ÉTAT DU C.
A 4 h. du mat.	11° — 6	27 p. 10 l. 68	78 ——	S. O.	Pluie.
A midi.	16° — 4	28 11 00	74 ——	Id.	Très-nuag.
A 3 h. du soir.	16° — 1	28 11 22	76 ——	Id.	Nuageux.

Au lever du soleil, les vers portaient les caractères de la maturité, la peau du cou était ridée et tout leur corps était doux et agréable au toucher. Parmi tous les insectes, il y en avait une partie qui levaient presque la moitié de leur corps comme pour la fixer quelque part, d'autres se tournaient de tous côtés avec inquiétude, ayant à la bouche quelques fils de soie très-minces, d'autres se reposaient sur des feuilles de mûrier sans en manger, quelques-uns se nourrissaient encore un peu.

Les vers qui étaient presque debout, frappés par les rayons du soleil, paraissaient d'une couleur d'ambre très-tendre et transparente. Les anneaux de presque tous nos vers étaient dorés et déprimés, un grand nombre abandonnait leur place et se transportait ailleurs, d'autres s'arrétaient le long de leurs claies respectives, balançaient leur tête et jetaient par-ci par-là des fils de soie, comme pour chercher le ramage et pour annoncer qu'ils avaient atteint leur maturité, et qu'ils étaient près de tisser leur cocon. Tous avaient évacué plus ou moins de matières fécales d'un aspect grossier, mais très-abondantes.

La vigilance de nos assistantes était extrême, elles prodiguaient les plus grands soins aux vers tant que dura cette importante situation. On disposa et on établit de suite les ramages, on prit toutes les précautions nécessaires pour entretenir à seize degrés la température de l'intérieur de la magnanerie, surtout pendant la nuit, et pour se prémunir contre l'humidité; on activa doucement les ventilateurs, on fit circuler encore les flambeaux alcooliques, on forma en même temps de légers courans d'air pour le renouveler sans cesse et éloigner tout méphitisme sans nuire à la chaleur: enfin on transporta le long des corridors de la magnanerie les ramages tout préparés, ainsi que nous allons bientôt l'exposer.

Cependant on n'oubliait pas de distribuer, de temps en temps, quelques poignées de feuilles de mûrier aux vers qui en demandaient. Ils ne purent en consommer le poids entier de seize livres et demie. Ce feuillage était excellent, il avait été cueilli sur des mûriers adultes et presque vieux, mais vigoureux; on l'avait mis de côté pour les vers arriérés.

Il nous a semblé découvrir, à cette époque, que les vers qui se nourrissaient encore, mais qui étaient voisins de leur maturité, ne mangeaient que pour absorber leurs sucs digestifs et nettoyer ainsi leur tube intestinal plutôt que pour se nourrir. En effet, leurs excrémens étaient composés de brins de végétaux avalés, grossièrement rongés, ni digérés, ni conglutinés et qui avaient la même odeur, la même couleur et la même saveur que les feuilles avant qu'elles eussent été coupées et avalées. On remarqua que beaucoup de vers étaient placés sur différens côtés de leurs claies, ils étaient en train de tisser leur cocon avant les autres; de tels indices nous engagèrent à leur présenter de suite les ramages convenables de la manière suivante.

§ II.

Vérification et collocation des ramages sur les claies.

Les ramages étaient préparés, et chaque espèce de végétal était en plus ou moins grand nombre, soit de chiendent, de fougère, de petites branches de châtaignier, de chêne ou de genêt et de mûrier, plutôt que tout autre végétal; ils étaient disposés et entrelacés de la manière que nous avons décrite, *art.* III, *chap.* IV, *sect.* 4, *seconde partie de la Sétifère, pag.* 148. Après les avoir examinés un à un et vérifié qu'ils étaient en bon état, on les porta à la magnanerie, on en mit auprès de chaque étagère, puisque les vers se montraient si bien disposés à filer leur cocon; lorsqu'ils furent ainsi distribués, on commença à fixer les ramages, en faisant bien attention :

1°. De ne pas maltraiter les insectes, et de les

éloigner avec adresse du point où devait être placé le pied du ramage;

2°. De fixer les ramages en hauteur, dans l'espace qui se trouve entre les plans des claies qui soutiennent les étagères;

3°. De les placer entre eux à la distance de six pouces environ l'un de l'autre, afin que les vers qui en sont près, ne se pressent pas en y montant, et ne forment des cocons doubles, difficiles à filer, et afin que l'air pénètre facilement de tous côtés;

4°. D'écarter les ramages en forme d'éventail, afin que l'air puisse aisément passer entre les petites branches ainsi que les vers;

5°. De les arranger de manière qu'ils ne soient pas trop rapprochés, et de les incliner diagonalement sur le plan de chaque rangée de ramage, comme on le voit à la *fig.* 6, *pl.* VI, et non verticalement comme à la *fig.* 5, *pl.* VI; de bien les établir en bon ordre, afin que les vers puissent se placer commodément, qu'ils soient bien espacés, et qu'on puisse voir facilement les insectes qui sont tardifs, et qui ne montent pas encore sur les ramages, ayant encore besoin de se nourrir;

6°. De ne pas presser les vers tisserands de monter dans les quatre premières heures où ils atteignent leur juste maturité, afin de ne pas troubler leur disposition naturelle, et afin qu'ils puissent se vider de leurs derniers excrémens, avant de monter et de commencer leur travail, en jetant les lignes fondamentales de leur cocon ; autrement ils les saliraient ;

7°. D'observer la position des ramages , qu'ils soient placés de manière qu'aucune de leurs extrémités ne dépasse les bords de sa claie respective , afin que si les vers en se retournant dessus tombent , ils ne tombent pas dehors , au risque de se tuer ou d'être écrasés par les assistantes , ce qui ferait tort à l'entreprise ;

8°. D'affermir les ramages sur leurs plans, pour éviter leur déplacement au moindre mouvement , qui pourrait suspendre le travail des vers ;

9°. De faire continuellement circuler les assistantes autour des claies , pour surveiller les vers qui montent , et aider ceux qui ont des difficultés à gravir ; afin qu'ils ne s'égarent pas , et qu'ils ne consomment pas la matière de la soie avant d'avoir tissé leur cocon.

10°. De placer au bas de chaque ramage quelque brin d'orme , ou de chêne , ou de châtaignier , ou de fougère , afin d'attirer les vers tardifs, de les engager à commencer leur travail , en leur offrant un moyen plus commode ;

11°. De fermer ou d'entrebâiller les petits rideaux ou les volets de la magnanerie , aussitôt que les ramages seront placés ; afin d'opposer un obstacle aux courans d'air , qui ne doivent pas frapper les vers tisserands , et les troubler avant qu'ils soient enfermés dans leur cocon , autrement ils suspendraient leur travail et embrouilleraient tellement leurs cocons, qu'il serait difficile de les dévider.

Trente-troisième jour, 21 juin.

Trente-troisième Tableau météorologique.

ÉPOQ. DU JOUR.	THERM.	BAROMÈTRE.	HYGRO.	VENT.	ÉTAT DU C.
A 4 h. du mat.	7° — 9	28 p. o l. 02	71 1⁄2	O. N. O.	Lég. nuag.
A midi. . . .	16° — 0	28 2 08	74 1⁄2	*Id.*	Très-nuag.
A 3 h. du soir.	17° — 0	28 1 96	76 1⁄2	N. O.	*Id.*

Hier, nous avions un grand nombre de vers tisserands ; ils étaient tellement en train de travailler, que plusieurs avaient non – seulement établi leurs lignes fondamentales, mais qu'ils avaient déjà formé l'ellipse de leur cocon ; d'autres étaient plus avancés, ils avaient presque fini leur premier tissu. Le nombre des vers qui montaient augmentait de plus en plus, les rameaux en furent bientôt tous couverts, de sorte qu'à minuit la plupart des larves s'étaient emparées de l'emplacement propre à leur travail ; le plus grand nombre avaient commencé leur cocon, ils ne tardèrent pas à s'y cacher.

La marche des vers qui grimpaient fut si bien suivie, qu'en peu d'heures tous les rameaux furent occupés et garnis de cocons transparens, placés à des distances égales. Vers le soir de ce même jour, un cinquième des vers arriérés se disposait aussi à monter : il fallut élever pour la nuit suivante la température intérieure de la magnanerie. L'agitation de l'atmosphère nous obligea de fermer alternativement tantôt les ouvertures à l'occident, tantôt celles au nord.

L'humidité était supportable. On ne découvrit aucun caractère de méphitisme et de malaise sur nos tisserands; ils jouissaient d'une bonne santé et d'une grande activité, ils continuaient leurs travaux avec une assiduité qui faisait plaisir. On aimait à entendre le doux murmure que produisait la rapidité des mouvemens des tisserands, et la couleur de leurs cocons au milieu de la verdure variée des rameaux charmait les regards. L'état météorologique du soir était d'un augure favorable, mais il tendait au changement; ce qui exigea des soins et des précautions pour la nuit : on entretint essentiellement la température intérieure à seize degrés et demi : on l'éleva ensuite à dix-huit degrés pendant toute la nuit; précaution très-importante pour la réussite des cocons et la force des vers.

On visita toutes les étagères et les claies de la magnanerie. On rechercha avec soin les insectes tardifs, on les sépara soigneusement de la masse générale; on les plaça ainsi dans un lieu plus propre à accélérer leurs dispositions, on les exposa à la température de dix-huit à dix-neuf degrés et demi, avec la portion nécessaire de feuillage; les claies étaient bien proportionnées et garnies de petites branches touffues de châtaignier et de chêne, fixées à des distances peu éloignées et inclinées diagonalement, afin de leur faciliter le moyen de trouver un emplacement pour leur travail, et empêcher qu'ils ne fussent touchés et remués par les assistantes.

Trente-quatrième jour, 22 juin.

Trente-quatrième Tableau météorologique.

ÉPOQ. DU JOUR.	THERM.	BAROMÈTRE.	HYGRO.	VENT.	ÉTAT DU C.
A 4 h. du mat.	10° — 4	28 p. 1 l. 68	71 1/2	O.	Très-nuag.
A midi. . . .	17° — 2	28 1 14	73 ——	S. O.	Couvert.
A 3 h. du soir.	16° — 6	28 0 52	74 1/2	S. S. O.	*Id.*

A l'aube du jour, on visita les vers tardifs qu'on avait placés la veille dans une position plus favorable, et l'on vit qu'ils avaient avancé en partie leurs cocons. On visita en même temps, peu à peu, tous les ramages de la magnanerie, et on découvrit avec surprise que presque tous les vers avaient formé leurs cocons sans les avoir tachés. Un très-petit nombre s'était débarrassé d'un reste d'excrémens, en jetant leurs premières lignes, cela avait eu lieu avant qu'ils se fussent voilés. Nous observâmes, comme d'autres fois, que les vers tardifs entreprenaient plus facilement le tissu de leurs cocons au milieu de grandes feuilles, que parmi des tiges; celles-ci sont incommodes, ils y tissent à regret, ils prodiguent leur fil, et le perdent au détriment de l'entreprise.

L'agitation de l'atmosphère et l'humidité qui régnèrent le long du jour, commandèrent les soins nécessaires pour mitiger leur influence sur nos tisserands, qui ne ralentirent point leurs travaux. Cependant le bruit de leurs mouvemens avait diminué, soit parce qu'un grand nombre de vers avait fini leur cocon et passait en métamorphose, soit que le tissu des cocons, devenant de plus en plus serré, rendît leur murmure plus sourd, et s'affaiblit; parce que le vent qui régnait augmenta par degrés, surtout au fort de la nuit, lorsque la température ayant baissé sensiblement exigea qu'on augmentât la chaleur au moyen des poêles.

Quelques vers restaient oisifs, ils n'avaient pas encore effectué leur dernière évacuation fécale pour commencer leur tissu, ce qu'ils font par instinct.

Trente-cinquième jour, 23 juin.

Trente-cinquième Tableau météorologique.

ÉPOQ. DU JOUR.	THERM.	BAROMÈTRE.	HYGRO.	VENT.	ÉTAT DU C.
A 4 h. du mat.	8° — 6	28 p. o l. 5o	73 ——	O.	Nuageux.
A midi	15° — 2	28 1 44	74 ——	*Id.*	Très-nuag.
A 3 h. du soir.	16° — o	28 1 52	76 ——	*Id.*	*Id.*

La vigilance assidue et les soins qu'on donne aux vers à soie sont une garantie plus que sûre de leur réussite. La distribution judicieuse de leurs alimens, ni trop abondante, ni trop parcimonieuse et toujours composée de feuillage choisi, exempte les vers de toutes maladies et leur donne une bonne constitution. Une vaste habitation bien tempérée, établie dans un site bien conditionné et bien exposé, égayée par le rayon solaire et par un climat régulier, protége ordinairement les vers à soie de tout accident funeste. Aussi, par des soins infatigables, dans toutes nos éducations de ces insectes, nous sommes parvenu à obtenir le produit opulent de nombreuses couvées, sans qu'aucun accident rendît vains nos travaux. Cela nous est arrivé, surtout dans cette couvée que nous présentons comme un exemple de notre méthode.

Ce jour-ci nous vîmes terminer les cocons qui n'avaient pas été perfectionnés la veille. Tout travail avait cessé, tout était dans le repos, et nous en fûmes averti, en n'entendant plus le murmure semblable à celui de la pluie fine, que produisent les petites pattes des vers dans le mouvement de leur corps lorsqu'ils tissent le cocon. Le tissu des cocons était serré, leur consistance solide et leurs dimensions satisfaisantes. Les cocons semblaient contenir quelque chose d'opaque, lorsqu'on les plaçait à l'extrémité d'un tube pour les observer à la lueur d'une bougie isolée, ce qui nous assura que le ver avait déposé son avant-dernière enveloppe dans le cocon, pour commencer sa métamorphose en devenant chrysalide. Pour vérifier nos conjectures, nous coupâmes le cocon d'un ver tardif, et on découvrit en effet qu'il était dépouillé de son avant-dernière dépouille, qui se trouva auprès de lui, et qu'il était entré en métamorphose. Persuadé que tous les vers étaient aussi avancés, nous ordonnâmes ce qui était nécessaire.

La température de la nuit, et même celle de la matinée jusqu'à midi, à cause de l'humidité de l'ambiant commun, fut tellement basse, qu'il fallut l'adoucir au moyen du poêle. Comme l'atmosphère était agitée, on fit entrebâiller les ouvertures du sud et de l'est, on ferma entièrement celles de l'ouest et du nord. On distribua encore quelques feuilles tendres à quelques vers tardifs qui restaient.

La douceur de l'état météorologique nous mettait d'ailleurs à même de prévoir tout et d'y pourvoir commodément; sa température nous assurait du succès, c'est pourquoi nous nous décidâmes à faire la récolte des cocons. Nous y employâmes douze femmes, dans la persuasion que ce nombre n'est pas trop grand, lorsqu'on veut effectuer cette opération aussi promptement qu'elle doit être faite ainsi que nous allons l'exposer.

ARTICLE III.

Troisième période de la vie du ver à soie ou chrysalide.

§ Ier.

Sixième époque et sixième mue.

Septièmes prémisses d'éducation.

Voici enfin l'époque où le magnanier intelligent, laborieux, soigneux et attentif, doit recueillir sa récompense, et où le curateur ignorant et paresseux expie sa coupable négligence par des pertes considérables. Le ver meurt quelquefois à cette époque avant d'avoir terminé son cocon; il se corrompt et il tache la soie de manière à la rendre presque inutile; d'autres fois avant de devenir chrysalide, il devient momie simple comme nous l'avons dit au § IV, deuxième classe des maladies du ver à soie; ou momie fleurie, comme nous l'avons décrit au § II, troisième classe des maladies du ver chrysalide. Tous ces accidens arrivent lorsque l'insecte est mal gouverné, qu'il monte sur des rameaux mal placés et que les branches des ramages viennent de végétaux nuisibles.

Quand on a résolu d'effectuer la récolte des cocons, on enlève d'abord de dessus les claies les rameaux garnis de ces productions précieuses, on les transporte ailleurs, on les espace bien et on les met, à peu près, dans la même position qu'ils avaient lorsqu'ils ont été envahis par les vers, afin de ne pas remuer de suite la chrysalide; le local de ce nouvel emplacement doit avoir une chaleur convenable de seize à dix-huit degrés. Il faut disposer les rameaux de manière que l'atmosphère puisse circuler facilement, et que les ouvrières puissent faire commodément la récolte des cocons et séparer aisément ceux qui doivent perpétuer l'espèce de ceux qui doivent être dévidés.

Lorsqu'on retire les ramages des claies de chaque étagère, il faut commencer du bas en haut pour chaque porte-claie; car ces rameaux ont été garnis les premiers ; on empêchera par-là qu'ils ne soient continuellement heurtés, on les éloignera de l'humidité, du méphitisme et de la poussière qui s'élève du pavé de la magnanerie, et on les sauvera de toute intempérie. En les transportant dans la chambre destinée à la récolte et à celle du n° 10 S. E. du plan de la magnanerie, *fig.* 2, *pl.* I, dont le pavé doit être formé de planches bien jointes, il faut placer les ramages quatre à quatre à la fois et les appuyer contre de petites poutres horizontales fixées à cet effet sur le pavé, et de la même hauteur à peu près des ramages. Les rameaux seront bien espacés de manière à pouvoir être facilement maniés par les ouvrières qui feront la récolte.

Il ne faut que trois à quatre jours, au plus, pour que le ver termine son tissu, ainsi que nous l'avons observé sur des couvées prospères et bien dirigées ; mais lorsque les couvées sont mal conduites les vers sont en retard, s'ils ne tombent pas malades : ils avancent avec irrégularité, ils dépensent leur bave, et ils mettent plus de temps à confectionner leur cocon.

Comme l'opération du cocon nous paraît très-importante, et que nous regardons comme essentiel le moindre soin qui puisse porter du secours aux vers dans cette époque de richesse et de prospérité, nous entrerons dans les détails les plus minutieux de ces travaux pour en faciliter le produit.

Trente-sixième jour, 24 juin.

Trente-sixième Tableau météorologique.

ÉPOQ. DU JOUR.	THERM.	BAROMÈTRE.	HYGRO.	VENT.	ÉTAT DU C.
A 4 h. du mat.	12° — 8	28 p. 0 l. 30	75 ——	O. S. O.	Pluie lég.
A midi.	18° — 2	28 1 l. 24	74 ——	O. S. O.	Très-nuag.
A 3 h. du soir.	18° — 0	28 1 l. 70	78 ——	O.	Pluie lég.

§ II.

Dépouillement du ramage des étagères.

On surveille attentivement la magnanerie, mais surtout la nuit, à cause de l'intempérie indiquée par les instrumens météorologiques et qui eut lieu en ce jour : la température intérieure se soutint à seize degrés dans le cours de la journée et à seize et demi pendant la nuit; la ventilation atmosphérique était propre à faire changer l'air intérieur et à le faire circuler ; on parcourut la magnanerie avec des flambeaux alcooliques, quoique l'humidité fût médiocre et n'influât pas sur les chrysalides. L'aspect de la magnanerie était superbe et agréable. Les étagères étaient chargées de rameaux, ceux-ci étaient garnis de cocons ; ces cocons étaient d'un tissu bien serré et bien compacte. Ils cédaient difficilement à la pression des doigts, leur ellipse était généralement étranglée à la moitié de son plus grand axe. Ils étaient disposés en tous sens sur les rameaux, et presque à égale distance ; il fallait que les vers eussent conduit leurs travaux avec la plus grande régularité, sans aucun trouble et sans aucune interruption ; car rien n'avait pu les affecter, ni la négligence, ni des chocs, ni l'influence météorologique funeste.

Nous le répétons, la magnanerie offrait un coup-d'œil charmant, et qui semblait annoncer la prospérité qu'amenait la sixième époque de notre couvée, grâce à notre saine administration, basée sur l'hygiène et les sciences physico-chimiques.

Le temps de la récolte étant venu, on commença cette opération vers cinq heures du matin ; on employa douze ouvrières, qui mirent le plus grand ordre et le plus grand soin à dépouiller les étagères, à éloigner les claies, à nettoyer bien partout et à enlever les cocons, à les approprier, à séparer ceux destinés à régénérer l'espèce de ceux qu'on devait dévider. Nos vers n'employèrent que quatre jours environ pour former les cocons, et ils les portèrent à la plus haute perfection.

Trente-septième jour, 25 juin.

Trente-septième Tableau météorologique.

ÉPOQ. DU JOUR.	THERM.	BAROMÈTRE.	HYGRO.	VENT.	ÉTAT DU C.
A 4 h. du mat.	10° — 6	28 p. 3 l. 16	74 1/2	O.	Couvert.
A midi.	16° — 5	28 3 l. 64	76 ——	O.	*Id.*
A 3 h. du soir.	17° — 7	28 3 l. 40	78 ——	O.	Très-nuag.

§ III.

Récolte des cocons.

Sept jours s'étaient écoulés depuis que nos vers avaient commencé leur cocon. Hier avait été un jour vraiment opportun pour enlever les ramages. Nos vers laborieux avaient été précoces, et avaient terminé d'avance leurs travaux. Ils avaient donné un produit parfait pour le tissu et l'intensité : aussi, quoiqu'il n'eût fallu enlever les ramages que le huitième jour, c'est – à – dire le trente – huitième de leur vie, on n'en commença pas moins ce jour la récolte des cocons, puisque les insectes étaient déjà entrés en métamorphose, et que s'il y en avait quelques-uns en retard sur les rameaux, ils auraient eu le temps de terminer leur travail ; car lorsqu'on eut enlevé les rameaux de bas en haut de chaque étagère et qu'on les eut placés ailleurs, dans l'ordre qu'on avait suivi pour les enlever, on continua la même marche pour la récolte.

A cet effet on plaça huit femmes des douze ou-vrières, dans la chambre des ramages ; elles étaient occupées à ôter les cocons de dessus les branches, elles étaient assises sur la même ligne, chacune avait devant elle un tablier de toile assez grand pour les envelopper ; quatre autres femmes égale-ment pourvues de tablier leur apportaient les ra-meaux garnis de cocons et emportaient ailleurs ceux qui en étaient dépouillés. On donna à chacune des femmes assises deux paniers, un plus grand placé à leur droite, un autre moins grand à leur gauche, de sorte que ces femmes ayant leurs rameaux entre leurs pieds pouvaient les dépouiller commodément; c'est ainsi qu'on recueillit les cocons en leur enlevant en même temps leur bourre de soie qu'on déposait dans le plus petit panier avec quelques cocons imparfaits. On plaçait les cocons intacts et parfaits dans le grand panier.

Les femmes qui apportaient les rameaux pleins de cocons enlevaient, en éloignant ceux qui en étaient dépouillés, la bourre grossière qui restait encore attachée à ces derniers et où les vers avaient commencé leur cocon. Quant aux ramages, on les emploiera à des usages domestiques et même à alimenter le feu; car il serait non-seulement inutile, mais nuisible de les conserver à cause des malpropretés et de la crasse, qui peuvent se développer sur les végétaux soumis à l'action de l'air et de l'humidité lorsqu'on les hiverne, et même à cause des insectes qui pourraient les envahir, les ronger et les salir.

Outre les raisons que nous venons de donner pour prouver qu'il est inutile de garder les vieux ramages, il s'en joint une autre, la facilité qu'on a de s'en procurer de nouveaux. Car là où l'on peut élever des vers à soie croîtra aisément le mûrier blanc et noir, ainsi que le genêt, la fougère, le châtaignier, le chêne, l'ormeau, le noisetier et le chiendent; c'est donc une économie coupable et mal entendue que de conserver de vieux ramages gâtés et sales ; elle est conseillée et pratiquée par d'avares agriculteurs qui s'exposent à de grands dangers en suivant obstinément ces idées erronées.

Lorsqu'on eut achevé la récolte des cocons et qu'on les eut dépouillés adroitement de leur bourre, on examina s'il n'y en avait pas quelques-uns de gâtés ou de mous ; mais tous étaient d'une parfaite consistance et d'une bonne couleur, quelques-uns exceptés. Satisfait d'une pareille récolte, nous cherchâmes à savoir quel en était le poids, et nous trouvâmes quatre-vingt-six livres de cocons et six livres de bourre de soie fine, une livre de bourre grossière et une demi-livre de cocons imparfaits. Dans la Calabre ultérieure on obtient quelquefois jusqu'à quatre-vingt-quatorze livres de cocons, six livres de bourre de soie fine, une livre de bourre matérielle et une livre de cocons imparfaits.

Trente-huitième jour, 26 juin.

Trente-huitième Tableau météorologique.

ÉPOQ. DU JOUR.	THERM.	BAROMÈTRE.	HYGRO.	VENT.	ÉTAT DU C.
A 4 h. du mat.	11° — 6	28 p. 2 l. 72	75 ——	O.	Très-nuag.
A midi.	18° — 9	28 3 l. 2	76 1/2	O.	Nuageux.
A 3 h. du soir.	17° — 8	28 2 l. 90	78 ——	O.	*Id.*

§ IV.

Séparation des cocons régénérateurs de ceux qu'on doit dévider.

En suivant le cours de la vie du ver à soie et de

la sixième époque où il se transfigure, nous n'interromprons pas l'exposition de notre éducation pratique, nous continuerons encore à donner le cours météorologique de chaque jour, ce qui est très-utile pour le choix et la préparation des cocons dont on doit extraire la soie de ceux qui doivent reproduire l'espèce et donner les papillons et ceux-ci les œufs qui doivent la perpétuer.

Pour obtenir une excellente semence, nous recherchâmes les rameaux qui avaient été envahis les premiers par des vers forts et vigoureux, d'un développement et d'une maturité égale. Et comme les cocons d'un petit volume, consistans, un peu longs, étranglés presqu'au milieu du plus grand axe de leur ellipse et d'un fil plus fin, contiennent ordinairement des papillons mâles, et que les cocons d'un plus grand volume, obtus à leurs extrémités, peu ou point étranglés, d'un fil plus régulier et plus serré, pesant comparativement le double des petits cocons, renferment des papillons femelles, nous suivîmes ces données pour faire notre choix, et nous les séparâmes les uns des autres chacun en nombre égal. Lorsqu'ils furent ainsi divisés, on plaça chaque part, qui consistait en cent cocons, sur une claie bien proportionnée, et l'on apprêta la chambre des papillons de manière à éviter toute influence nuisible d'humidité et à obtenir une température convenable.

Tel fut le nombre de cocons que l'on choisit pour avoir quatre-vingt-quinze papillons mâles et autant de femelles, et être certain de posséder quatre-vingt-dix [1] insectes de chaque sexe, propres à donner une excellente graine; car d'après les calculs les plus exacts, ce nombre d'insectes donne une once, soixante-quinze grains à peu près de semence, un nombre de quarante six mille cinq cent cinquante œufs ou quarante quatre mille cent au moins. Dans ces circonstances, bien des magnaniers entrainés par des calculs faux emploient ordinairement le soixantième de tous les cocons de leur couvée pour avoir des papillons régénérateurs, ce qui leur fait sacrifier inutilement un grand nombre de cocons. Ils ignorent donc que chaque papillon bien constitué produit ordinairement quatre cents œufs et plus, et trois cent cinquante au moins. D'après ces résultats certains on pourra calculer à coup sûr son affaire et économiser des pertes qui ne doivent arriver qu'à l'entrepreneur ignorant et obstiné. Cependant, puisque nous en sommes à l'œuvre des papillons, nous allons nous occuper de leur naissance et de la manière dont il faut les gouverner.

[1] Si l'entrepreneur veut avoir un plus grand poids d'œufs, il pourra multiplier à son gré le nombre des cocons d'après les bases que nous avons indiquées, et il obtiendra ce qu'il désire.

ARTICLE IV.

Quatrième période de la vie du ver à soie ou du papillon.

Septième époque et septième mue.

Huitièmes prémisses d'éducation.

Après avoir choisi, comme nous l'avons dit, les cocons à chrysalides mâles et ceux à chrysalides femelles, et après avoir placé séparément les premiers et les seconds dans des claies différentes, mais dans la même chambre à papillon, garnie de deux thermomètres aux côtés opposés et échauffée jusqu'au quinzième degré de température ; enfin, après avoir transporté dans ladite chambre les cocons qu'on destine à être dévidés, et ceux dont on doit suffoquer les chrysalides, nous disposâmes les deux espèces de cocons dans deux vastes claies, de manière à ce qu'ils ne fussent pas en contact les uns avec les autres, afin que les papillons ne trouvassent aucun obstacle à leur sortie, qu'ils pussent être facilement aperçus par les assistans et être placés dans l'endroit qui leur est assigné dans leur chambre.

Nous ajoutâmes aux thermomètres un hygromètre, deux chevalets semblables à ceux de la *fig.* 12, *pl.* II, pouvant soutenir huit carrés chacun, comme ceux de la même planche ; deux boîtes divisées en cellules, comme celle de la *fig.* 5, même planche, pour isoler les papillons mâles les uns des autres, et les couvrir sans les priver d'air, mais pour leur ôter la lumière et les empêcher de s'agiter et de perdre leur humeur fécondante ; deux châssis garnis de crochets et de toiles comme à la *fig.* 6, *pl.* II, pour placer sur l'un des deux les papillons femelles, qu'on peut laisser ensemble, parce qu'elles sont calmes : on les y laissera jusqu'à ce que chacune ait évacué son liquide rougeâtre ; on les transportera alors sur l'autre châssis, on les accouplera avec les mâles, et on les y laissera jusqu'à ce qu'ils se séparent naturellement et non par force.

On attendit ensuite la séparation des deux sexes, et à mesure qu'elle avait lieu, on avait soin de jeter au loin le mâle devenu inutile, et on surveillait la femelle, jusqu'à ce qu'elle se fût déchargée de nouveau du liquide rougeâtre, grossier et terreux ; on la plaçait alors sur les carrés des chevalets à semence, *fig.* 12, *pl.* II. Aussitôt que l'un était entièrement couvert d'œufs, on plaçait les papillons sur un autre, et ainsi de suite ; au fur et à mesure que chaque papillon finissait de pondre, on le jetait au loin pour débarrasser la surface des toiles et pour éloigner la putréfaction qui s'exhale de leurs corps morts.

Tels furent les préparatifs de la chambre à papillon et à semence : toutes ces dispositions furent exactement suivies sans jamais retourner les cocons dont on attendait les papillons, et sans jamais les priver de la lumière, qui dans ce moment facilite leur naissance.

§ I⁻.

Suffocation des chrysalides.

Tandis qu'on s'occupait des papillons, une autre partie des assistans était employée à étouffer les chrysalides des cocons qu'on devait dévider. On ne suivit pas les méthodes peu raisonnables dont on se sert, et qui nuisent à la nature et au volume de la soie. On n'employa que la chaleur et la vapeur alternée, et instantanée dans la *chambre chaude* ou suffocateur, dont nous allons donner de suite la description d'après la *fig.* 1, *pl.* VII, consistant en un carré long *a a a a* de bois, placé sur la base *bbbb*, qui est en brique, et où se trouvent les thermomètres 1 et 2 gradués, portant les numéros 64 et 70, le four *c c*, le foyer *e*, la terrine ou globe D, le cendrier *f*, le tuyau circulatoire *gggggg*, la cheminée *h h*, *i*, la capacité *o o o o*, les plans réticulaires K K K K, *fig.* 3, *pl.* VII, au nombre de quatre, ou plus, placés horizontalement les uns sur les autres, de bas en haut, et les volets L L.

Lorsqu'on veut s'en servir, on introduit dans le foyer *e*, le combustible nécessaire de charbon végétal allumé; on l'animera et on l'alimentera suivant le besoin, jusqu'à ce qu'il ait échauffé le carré long ou la chambre chaude, de soixante à soixante-dix degrés au plus, de Réaumur. Lorsque la température sera parvenue à ce degré, on pla-

cera les cocons sur les quatres claies placées sur les
quatre plans ; on fermera les volets L L, et on jettera
aussitôt une cuillerée d'eau à la fois au point n, du
tube m, n, qui conduit à la terrine D. Cette eau se
réduit rapidement en vapeur et se répand dans la
capacité o, o, o, o du carré long ; elle imprime un
mouvement instantané de chaleur tellement violent,
qu'il ne doit être répété que cinq ou six fois, de
trois en trois, ou quatre minutes d'intervalle , si la
température extérieure est basse, pour tuer toutes
les chrysalides qui se trouvent dans la chambre
chaude. En répétant cette opération sur le restant
des cocons, on obtiendra en peu de temps la suffocation des chrysalides sans léser la soie, sans dé-
naturer le tissu du cocon, ni le corps de l'insecte.

On comprend facilement qu'une pareille opération exécutée dans un pareil récipient, est non-
seulement prompte, mais qu'elle est sûre : car d'un
côté la température générale de cet appareil , d'un
autre l'évaporation rapide et dirigée vers chaque
côté des parois de sa périphérie intérieure, moyennant les trous du tuyau circulatoire et l'impulsion soudaine, instantanée et répétée de la vapeur, doit attaquer la faible existence de l'insecte
et l'éteindre facilement. Cette méthode simple, commode et expéditive, offre le moyen d'étouffer en
peu de temps , sans peine et avec très-peu de combustible, les chrysalides de telle quantité de cocons
que l'on voudra. L'appareil pourra être fait en bois
de chêne ou tout autre bois bien compacte et bien

emboîté; il doit avoir quatre pieds et demi de longueur, deux et demi de largeur et quatre de hauteur. La base sera en brique, elle doit être faite de manière à contenir du feu, à le soutenir et à distribuer la chaleur. Les dimensions que nous venons de tracer donnent un appareil qui convient à étouffer une masse de cocons, provenant d'une couvée d'une once.

Trente-neuvième jour, 27 juin.

Trente-neuvième Tableau météorologique.

ÉPOQ. DU JOUR.	THERM.	BAROMÈTRE.	HYGRO.	VENT.	ÉTAT DU C.
A 4 h. du mat.	11° — 2	28 p. 1 l. 52	75 1/2	Calme.	Quelq. vap.
A midi.	22° — 9	28 0 l. 50	78 —	S. E.	Beau ciel.
A 3 h. du soir.	23° — 4	27 11 l. 66	79 —	S. E.	Quelq. vap.

§ II.

Soins propres aux cocons destinés à tirer les papillons, et du local convenable.

On donna aux cocons régénérateurs la température de seize degrés, et on la soutint ainsi pendant toute la nuit. On la mitigea au lever du soleil, et beaucoup plus à midi. L'humidité atmosphérique était supportable; mais le calme nous obligea de faire mouvoir les portes de la chambre pour agiter un peu l'air intérieur et le changer. L'aspect des cocons était très-satisfaisant, on n'entendait aucun bruit; on ne voyait aucune tache; aucun cocon ne faisait de mouvement partiel, de sorte que nous pensâmes que la chrysalide était encore immobile, quoiqu'elle fût sur le point de terminer sa métamorphose : on prit toutes les précautions nécessaires pendant la journée, et on ne négligea pas celle de la nuit.

Quarantième jour, 28 juin.

Quarantième Tableau météorologique.

ÉPOQ. DU JOUR	THERM.	BAROMÈTRE.	HYGRO.	VENT.	ÉTAT DU C.
A 4 h. du mat.	13° — 2	27 p. 11 l. 30	74 1/2	O.	Pluie, ton.
A midi.	17° — 8	28 1 l. 2	78 ——	O.S. à O.	Très-nuag.
A 3 h. du soir.	17° — 6	28 1 l. 21	75 1/2	S. O.	*Id.*

On eut soin de soutenir la température à quinze degrés la nuit comme le jour, quoique la température extérieure fût au-delà de dix-sept degrés. L'intempérie de l'atmosphère nous obligea à fermer les ouvertures de la chambre dès le point du jour jusqu'à onze heures, excepté les soupiraux. A la visite des cocons à papillons, on entendit un bruit sourd qui partait de l'intérieur de quelques-uns d'entre eux, on remarqua à l'extrémité de quelques cocons une tache humide; si on les secouait à l'oreille, on n'entendait plus le bruit que fait le ver encore chrysalide, lorsqu'on secoue le cocon.

D'après ce signe, seul caractéristique de l'existence et du développement du papillon, qui quittait son enveloppe membraneuse, et qui opérait sa dernière mue , on ordonna aux assistantes de redoubler de soin, parce que la naissance des papillons pouvait être très-proche. On veilla continuellement auprès des cocons sans les remuer, afin d'enlever le papillon à sa sortie, de placer chaque mâle dans une cellule particulière, et de réunir les femelles ensemble dans une autre place [1].

Quarante-unième jour, 29 juin.

Quarante-unième Tableau météorologique.

ÉPOQ. DU JOUR.	THERM.	BAROMÈTRE.	HYGRO.	VENT.	ÉTAT DU C.
A 4 h. du mat.	10° — 2	28 p. 2 l. 70	74 —	O.	Nuageux.
A midi.	19° — 4	28 3 l. 52	77 —	O.	Très-nuag.
A 3 h. du soir.	19° — 0	28 3 l. 60	78 —	O. N.O.	*Id.*

§ III.

Naissance des papillons et soins qu'il faut en avoir.

La semence qui proviendra d'une couvée qu'on aura surveillée soi-même, sera toujours meilleure que celle qu'on achètera d'une main vénale; celle que donneront des papillons sortis de cocons sains

---

[1] Si par hasard il se trouvait parmi les cocons quelques papillons qui eussent de la peine à sortir, il faut les négliger et les éloigner comme d'une mince importance, en comparaison de l'embarras et de la perte de temps qu'ils causeraient; et d'autant plus que le nombre des cocons est plus que suffisant pour donner la semence que l'on veut avoir.

obtenus dans une magnanerie bien administrée
sera toujours excellente, quoi qu'en disent des entrepreneurs à préjugés et à vaines superstitions, et
elle sera bonne, quand même elle proviendrait de
la même famille qu'on aurait perpétuée de génération en génération pendant des siècles. L'ovipare
sain et bien constitué pourra se reproduire éter-
nellement, si on l'élève toujours avec soin et
intérêt.

La température extérieure était haute au lever
du soleil; elle augmenta depuis midi jusqu'au soir,
et nous obligea à entrefermer les volets le matin,
et à fermer entièrement toutes les ouvertures pendant la journée; on ne laissa que les soupiraux
inférieurs ouverts pour changer l'air, lui donner du mouvement, et pour ne pas hâter la naissance des papillons. Il y en eut quelques-uns de
plus précoces qui se dégagèrent de leurs liens :
ils sortirent des cocons qui avaient été formés les
premiers.

La prédisposition sensible de la température à
s'élever vers le soir, nous décida à fermer les ouvertures pendant la nuit jusqu'au midi suivant,
pour intercepter la lumière, et retarder ainsi doucement la naissance trop active des papillons. Ils
naîtront toujours trop tôt lorsque les cocons seront
dans une température de dix-sept à dix-huit degrés de Réaumur; ils naîtront alors dix ou douze
jours, au plus tard, après qu'ils seront entrés en
chrysalides, au lieu que s'ils jouissent de quinze

degrés de chaleur, ils sortiront quatorze jours après.

Les papillons naissent constamment trois ou quatre heures après le lever du soleil ; ils naissent graduellement en plus grande quantité du quatrième au cinquième jour ; et toutes les fois qu'on laisse agir sur les cocons le rayon solaire , on voit ordinairement dans ce cas, que les premiers papillons qui sortent sont toujours mâles ; mais dans l'obscurité et toujours après le lever du soleil les mâles et les femelles sortent en même temps.

Le bruit qui partait des cocons devenait de plus en plus sensible , parce que le mouvement des papillons était plus fort ; on remarquait beaucoup de cocons mouillés à une de leurs extrémités : aussi le soir, la température s'étant échauffée , vit-on sortir beaucoup de papillons , ce qui nous annonça qu'un plus grand nombre allait naître. En conséquence , nous ordonnâmes aux assistantes de les examiner assidument pour régulariser l'opération de chaque insecte , et de les placer tous sans trouble ni désordre dans le lieu qui leur était destiné , afin d'éviter toute fécondation imparfaite.

Quarante-deuxième jour, 3o juin.

Quarante-deuxième Tableau météorologique.

ÉPOQ. DU JOUR.	THERM.	BAROMÈTRE.	HYGRO.	VENT.	ÉTAT DU C.
A 4 h. du mat.	9° — 9	28 p. 4 l. 10	60 ——	N.	Lég. nuag.
A midi.	19° — 4	28 3 l. 96	70 ——	E. N. E.	Nuageux.
A 3 h. du soir.	20° — 0	28 3 l. 28	74 ——	*Id.*	*Id.*

§ V.

Fécondation et oviperation des papillons.

A l'aube du jour, on remarqua un grand nombre de cocons tachés, signe avant-coureur de la naissance prochaine des papillons ; aussi peu après un grand nombre de ces insectes parurent-ils sur leurs cocons ; on les prit soigneusement par les ailes au fur et à mesure, et on les plaça dans les endroits qui leur étaient assignés, pour calmer les mâles et laisser les femelles se décharger de leurs matières fécales rousses. Aussitôt après cette évacuation, on transporta la femelle sur le châssis de la fécondation, on en approcha un mâle, les insectes s'unirent, mais on les surveilla jusqu'à ce qu'ils furent bien liés et que le mâle commença à remuer également les ailes à des intervalles presque égaux, indice certain que l'accouplement avait lieu et que la fécondation s'opérait.

On les laissa unis ainsi pendant six heures environ et même davantage ; les papillons s'étant séparés naturellement, on jeta de côté le mâle [1], et on surveilla la femelle jusqu'à ce qu'elle se fût déchargée de nouvelles matières fécales, semblables à celles qu'elle avait rendues en sortant du cocon ;

[1] Il ne peut servir à féconder une autre femelle ; les œufs, dans ce second cas, ne seraient pas fécondés ; ils seraient vides et n'auraient pas cette couleur cendrée qu'on remarque sur les œufs fécondés.

on la porta ensuite sur le chevalet des carrés à semence, *fig.* 12, *pl.* II; on assista à la ponte des
œufs, qui eut lieu sur la toile de ces carrés , pour
la régulariser dans le cas où l'insecte déposerait les
œufs les uns sur les autres, et lorsque la ponte fut
terminée, on se débarrassa de la femelle.

Outre les soins que l'on eut pour la naissance des
papillons, pour leur fécondation et pour leur
ponte, nos assistans eurent une attention extrême
de ne laisser effectuer l'accouplement qu'à une
faible lueur ; parce que l'action de la lumière pourrait éveiller l'excitabilité des insectes accouplés, et
interrompre ou affaiblir l'œuvre de la fécondation
en faisant agiter trop vivement le mâle.

La température commune n'ayant baissé que
vers la nuit, il fallut l'élever; alors on ferma les
volets jusqu'au lever du soleil, et on les entrebâilla pendant la journée, de manière à servir de
para-lumière, et à ne donner qu'un faible demi-
jour.

Voilà la méthode qu'on suivit pour la fécondation, qui eut lieu en huit heures de temps, depuis
sept heures du matin, que les papillons avaient
commencé à sortir, jusqu'à trois heures du soir ;
alors les sexes étaient séparés, et un quart d'heure
après, les femelles étaient déjà placées sur les carrés
où elles devaient pondre.

On les y laissa en repos, et on examina attentivement la ponte. Elles mirent plus ou moins de
temps à déposer leurs graines : les unes terminè-

rent en trente-six heures, les autres en quarante, d'autres en soixante; il y en avait qui étaient calmes dans cette opération, et leur ponte était régulière; d'autres étaient errantes, et il fallut les contenir avec soin et adresse pour régulariser leur ponte et empêcher que les œufs ne fussent placés les uns sur les autres. Toutes les autres occupèrent l'aire qu'on leur avait assignée; elles déposèrent leurs œufs en cercle, avec ordre, à peu près dans les espaces de temps ci-dessus indiqués.

Quarante-troisième jour, 1er juillet.

Quarante-troisième Tableau météorologique.

ÉPOQ. DU JOUR.	THERM.	BAROMÈTRE.	HYGRO.	VENT.	ÉTAT DU C.
A 4 h. du mat.	11° — 4	28 p. 3 l. 2	60 —	N. E.	Beau ciel.
A midi.	21° — 1	28 2 l. 42	63 —	N. E.	Faib. nuag.
A 3 h. du soir.	21° — 0	28 1 l. 88	62 —	N. E.	Nuageux.

Le matin, presque tous les papillons avaient pondu la plus grande partie de leurs œufs, quelques-uns même les avaient tous déposés; la semence était d'une couleur d'or tendre et gaie, la distribution des graines était bien en ordre, on n'y voyait aucune matière excrémentitielle. Le lendemain, presque tous les papillons avaient fini de pondre; les uns étaient morts, c'étaient ceux qui avaient achevé les premiers leur ponte; d'autres étaient à demi-morts. On jeta les uns et les autres.

L'état de l'atmosphère commun fut assez agréable; il ne fallut qu'une légère attention pour conserver la chaleur convenable dans la chambre, d'autant plus que la ponte était achevée : il est utile que la chaleur atmosphérique soit moindre pour le repos de l'embryon, ainsi que nous le dirons dans la suite.

Quarante-quatrième jour, 2 juillet.

Quarante-quatrième Tableau météorologique.

ÉPOQ. DU JOUR.	THERM.	BAROMÈTRE.	HYGRO.	VENT.	ÉTAT DU C.
A 6 h. du mat.	11° — 6	28 p. 1 l. 20	70 ——	N. E.	Pet. n. à l'ho.
A midi.	21° — 2	28 1 l. 8	67 1/2	N. E.	Nuageux.
A 3 h. du soir	17° — 6	28 1 l. 40	70 ——	N. N. E.	Très-nuag.

Les toiles des carrés à semence étaient presque toutes couvertes à midi : presque tous les œufs avaient été déposés, ils offraient un spectacle agréable; leur couleur était un jaune paille, ils n'étaient plus sphériques, ils affectaient la forme de lentille; ils étaient insensiblement déprimés au centre, et presque concavo-concaves. Quelques auteurs pensent que ce phénomène provient de l'évaporation d'une partie du liquide que renferme l'œuf : nous pensons que c'est l'effet naturel de la disposition de l'embryon qui, semblable à un ver, tourne sur lui-même; car c'est ainsi qu'il est placé dans l'œuf; il laisse au centre de cette disposition presque spirale, un point vide sur lequel, gravitant l'atmosphère, la tendre coque se creuse, et prend en se séchant la forme que nous avons indiquée.

Huit jours ne s'étaient pas écoulés depuis que les papillons avaient commencé leur ponte, que les œufs, couleur d'or tendre, devinrent d'un jaune plus foncé; le soir même du huitième jour, le jaune devint plus intense, et tirait sur le bleu de ciel fort tendre. Ceci arrive, dit-on, à cause de la transparence et de la grande ténuité de la coque, au travers de laquelle on voyait l'embryon brun; mais nous pensons que cette couleur appartient à l'intensité de la matière glutineuse qui enveloppe les œufs dès la ponte, et qui les attache sur la toile; cette matière devient luisante comme du vernis, et protége l'œuf de l'humidité et de la poussière de l'atmosphère; c'est elle qui paraît bleue. Notre opinion nous semble d'autant plus probable qu'en ouvrant l'œuf on voit, avec une loupe, le germe plongé dans un liquide muqueux, d'un blanc tirant sur le jaune tendre.

Quarante-cinquième jour, 3 juillet.

Quarante-cinquième Tableau météorologique.

ÉPOQ. DU JOUR.	THERM.	BAROMÈTRE.	HYGRO.	VENT.	ÉTAT DU C.
A 4 h. du mat.	8° — 2	28 p. 3 l. 0	60 ——	N. E.	Beau ciel.
A midi	16° — 0	28 3 l. 40	73 ——	N. E.	Nuageux.
A 3 h. du soir.	16° — 6	28 3 l. 28	75 ——	N. E.	Très-nuag.

A la première lueur du jour, le ciel était beau, il l'avait été pendant toute la nuit; nous observâmes que la ponte était entièrement finie; les œufs devinrent d'une belle couleur de cendre foncée à la température et sous la pression ordinaire de l'atmosphère; le vent nord était agréable, il se soutint jusqu'à midi; alors le ciel s'étant couvert, l'air étant devenu humide, l'atmosphère s'échauffa un peu, sans devenir incommode pourtant à cause de l'air frais.

Le cours météorologique du jour nous annonça que la semence serait précoce, qu'elle mûrirait avant le temps et les signes indiqués par des observateurs sévères, mais peu expérimentés; ils assurent que la graine des vers à soie ne peut être mûre que quinze à vingt jours après le commencement de la ponte. Ces assertions nous paraissent de peu d'importance, car les œufs bien caractérisés peuvent, si la saison est régulière, mûrir avant cette époque, comme cela arrive lorsqu'ils ont été pondus par de forts papillons, et précisément du huitième au neuvième jour. Le contraire arrive lorsque les papillons sont faibles, mal fécondés, mal gouvernés, et qu'ils sont placés dans une chambre humide et froide.

Quarante-sixième jour, 4 juillet.

Quarante-sixième tableau météorologique.

ÉPOQ. DU JOUR.	THERM.	BAROMÈTRE.	HYGRO.	VENT.	ÉTAT DU C.
A 4 h. du mat.	10° — 0	28 p. 2 l. 3o	63 —	N. O.	Nuageux.
A midi.	18° — 0	28 1 l. 8o	74 —	O.	Quelq. écl.
A 3 h. du soir.	17° — 2	28 1 l. 74	75 —	O. fort.	Couvert.

§ VI.

Conservation de la graine de vers à soie, ou hivernage.

Ce fut le dernier jour des soins assidus que nous donnâmes à l'éducation expérimentale des vers à soie; ce sera aussi la fin de notre *Bigattique*, ou l'art d'élever le ver à soie; nous exposerons succinctement, en terminant, la manière de conserver les œufs qui doivent reproduire cet insecte.

Le long du jour le ciel se montra nuageux, l'orage éclata vers midi, et quoique le mouvement de l'atmosphère ne fût pas dangereux, nous ne négligeâmes aucune précaution propre à sauver notre ponte; nous nous armâmes d'une loupe pour examiner attentivement nos petits œufs, et lorsque nous les eûmes considérés sous tous les rapports, comme ils nous offrirent les caractères de perfection les plus satisfaisans, nous nous décidâmes à les faire hiverner, bien conditionnés pour les préserver de tout accident.

A cet effet, nous cherchâmes dans la magnanerie la chambre qui offrit naturellement une température assez régulière, de quatorze à quinze degrés de Réaumur; nous y plaçâmes une armoire, nous y déposâmes les œufs avec les précautions les plus scrupuleuses et les plus salutaires, propres à défendre la graine de l'intempérie, de l'humidité et des insectes qui l'auraient dévorée.

On plaça dans cette chambre, non-seulement

un hygromètre , mais deux thermomètres de Réaumur, un à chaque côté opposé ; on la fit approprier, et on examina le mouvement des thermomètres. Ils marquaient, depuis trois heures du soir jusqu'à minuit, treize degrés et demi ; puis treize degrés jusqu'à quatre heures du matin ; alors ils montaient à quatorze degrés , et même, après midi , ils parvenaient jusqu'à quinze, et chaque jour ils parcouraient les mêmes degrés dans les vingt-quatre heures , à quelques légères variations près ; mais l'armoire où étaient les œufs de vers à soie se maintenait constamment à peu près à quatorze degrés.

Enfin , après avoir déterminé le poids des linges chargés de graine , et après avoir distingué le poids intrinsèque des œufs de celui des linges , que nous notâmes sur les linges même, nous roulâmes ceux-ci attentivement sur eux-mêmes, de manière à laisser circuler l'air ; nous les liâmes par le milieu , et nous les renfermâmes, dans cet état, dans l'armoire que nous avions fait construire , d'après le modèle que nous avons indiqué à l'art. II de l'hygiène pour les vers à soie, pag. 193 et 194.

Il nous semble , par tout ce que nous avons dit, avoir atteint le but que nous nous étions proposé dans cette seconde partie de notre Sétifère ; nous allons donc nous occuper de la troisième partie, c'est-à-dire de l'art de dévider les cocons, de former avec des fils simples de soie, le fil composé, suivant le besoin des différens tissus et différens

usages. Nous apprendrons à travailler la soie utilement, et même économiquement; de manière à populariser la méthode de cette industrie en la rendant avantageuse aux familles qui aiment à élever
des vers à soie, et à tirer parti de leurs produits
pour en recueillir une soie propre à compenser
leurs fatigues et leurs peines.

FIN DE LA SECONDE PARTIE.

TROISIÈME PARTIE.

DE LA SÉTIFICE,

ou

DE L'ART DE TIRER DES COCONS LE BRIN DE SOIE ET DE LE FILER.

CHAPITRE PREMIER.

INTRODUCTION.

Nous avons déjà épuisé la plus grande partie de nos travaux; nous avons obtenu un produit parfait; mais à quoi bon un trésor de cocons, si on ne sait en tirer la soie avec l'adresse, l'économie et l'intelligence convenables aux métiers, pour l'utiliser au moyen de différentes industries, et lui faire rapporter le gain que l'on en attend en la rendant propre aux usages auxquels la société la destine? Ainsi donc on aurait pris tant de peine, tant de soins pour atteindre un but funeste qui vous forcerait à tout abandonner, et qui n'offrirait peut-être d'autre résultat que misère et malheur!

A quoi bon avoir exposé toutes les expériences et les soins assidus dont nous avons parlé, si, satisfait de ces premières conséquences et recherches agricoles, nous négligeons l'art essentiel de tirer la soie des cocons, de la dévider avec patience, soin et économie, d'unir les fils simples pour en former des composés, et de porter ce travail au but que se proprosent les entrepreneurs, les propriétaires, les marchands et les ouvriers en soie? C'est lorsque la soie a les proportions et les qualités nécessaires aux différens tissus, qu'on applaudit aux fatigues des filateurs, et que le vendeur et l'acheteur sont assurés de leur gain. C'est alors qu'elle se prête plus facilement aux inventions des tisserands, qu'elle sourit à l'imagination des artistes, des amateurs, des teinturiers, décorateurs, etc., etc.; c'est ainsi qu'elle vient au secours de l'Industrie et du Commerce pour les varier, pour les enrichir; et l'on sait ce que ces deux sources de prospérité peuvent produire d'effets merveilleux sur un pays industrieux et commerçant. Elles favorisent encore les sciences, les arts, en un mot la civilisation qui fait, comme on sait, la force, la puissance et la stabilité des nations.

Les hommes laborieux, intelligens, amis de leurs semblables, savent acquérir des richesses; les paresseux, au contraire, ceux qui sont les destructeurs de tout ce qui est bien, ces apologistes du mensonge, ces êtres stupides, ces dévastateurs des produits de la terre et de l'intelligence de l'homme, ceux-là, dirons-nous, au contraire, ne peuvent recueillir que la pauvreté; ils n'ont en partage que la honte et le mépris.

Le dédain pour les richesses n'a jamais existé, même dans l'esprit de ceux qui ont propagé un pareil dogme. Cette doctrine a pu être adoptée par ceux qui ont travaillé à la ruine des autres, par des êtres puissans, ennemis du juste et de la félicité des peuples ; par des hommes qui outragent l'humanité en minant sourdement la prospérité des nations et le gouvernement. Et ce sont pourtant les fauteurs de ces dogmes qui recherchent souvent les richesses avec le plus d'avidité, dépouillent celui qui possède, et pillent le bien du prochain ! Il n'y a que l'industrie bien entendue qui rende les peuples opulens : elle seule féconde les sources de la richesse ; mais tous les moyens indirects et illicites de s'enrichir ne conduisent qu'à des malheurs, à des tourmens et à la pauvreté. Cyrus, roi de Perse, enrichit et amollit à la fois ses sujets, non par l'industrie, mais par le pillage des villes asiatiques ; bientôt ces trésors que lui et les siens avaient volés furent épuisés, et Cyrus en peu de temps eut le chagrin de voir ses peuples courir à une prompte misère ! Les Spartiates donnèrent une preuve manifeste de leur avidité pour les richesses, en saccageant la Laconie pendant la vie de Lycurgue, leur législateur, cet homme intègre qui méprisa sincèrement les richesses. Après sa mort, ces mêmes Spartiates dévastèrent la Messénie et en exilèrent les habitans pour s'emparer de leurs biens. C'est une conquête aussi horrible qui les fit craindre et considérer,

mais jamais admirer; cependant ce n'est qu'un faible aperçu de leur cupidité pour l'opulence, en
comparaison du prix qu'ils demandaient pour
rendre la liberté aux prisonniers, et du butin immense qu'ils firent à Platée.

Quoi que puissent en dire les ennemis des richesses, celles que l'on acquiert par son propre
travail et sa propre industrie ne peuvent mériter
aucun blâme. Loin de nous toute pensée de séparer
notre opinion de notre conduite et nos principes de
notre morale : nous nous sommes seulement engagé
à entrer dans des détails convenables pour développer notre entreprise économico-rurale; nous devons
remplir notre plan, observer et indiquer ce qui
peut améliorer le produit et le gain du magnanier;
rendre le revenu particulier et national de la soie,
sûr et avantageux, et en faciliter l'exportation. A cet
effet, nous allons de suite exposer la Sétifice, ou l'art
très-important de bien dévider les cocons ; nous allons décrire les méthodes propres à composer facilement les différens volumes et qualités de la soie,
et nous donnerons dans le peu de pages qui nous
restent les moyens de produire les divers tissus dont
on forme nos étoffes de soie.

Nous commencerons d'abord par traiter du site
propre à une filature de soie, du plan et de la
structure de cet édifice; du plan des fours, suivant
les différentes méthodes de filer, de la forme des
chaudières de cuivre ou de fer et des roues : nous
parlerons ensuite des femmes qui doivent filer, de

celles qui doivent préparer les fils de soie et de celles qui doivent retirer les chrysalides. Nous décrirons les ustensiles que celles-ci doivent employer, en nous occupant du choix et de la préparation des diverses qualités de cocons et de la manière de les dévider. Nous indiquerons la nature et la forme du combustible qu'il faut se procurer ; nous donnerons les règles pour préparer le feu et l'entretenir, celles pour en obtenir la température propre aux différens usages qu'on veut en faire, ainsi que celles qui ont rapport à la nature de l'eau où l'on doit faire infuser les cocons, à l'emploi du four à vapeur et à la production de la vapeur. Nous donnerons enfin la pratique de dévider et de filer les différentes qualités de cocons qu'on aura préparés, de composer les diverses espèces de soie, d'établir les écheveaux, de les rassembler et de les préparer comme on le désire.

§ Ier.

Site et exposition d'une filature.

1°. Le site qui convient le mieux à une filature de soie, est celui qui est exposé au midi ou à l'orient ; de telle sorte, que le rayon de la lumière puisse pénétrer directement et en plein sur la main des fileuses, pour éclairer toujours le point où elles réunissent les fils choisis de soie, dont elles forment un fil composé en dévidant les cocons et en les tournant sur la traverse de la périphérie de la roue : il faut encore que la femme qui prépare les fils simples puisse jouir du même avantage , ainsi que celle qui pêche les chrysalides.

Pour réunir ces conditions utiles et essentielles pour l'accomplissement des conditions de l'emplacement , nous destinâmes à la filature et à l'établissement des fours et des roues, le local n° 2 *sudouest* du côté gauche du plan de la magnanerie , *fig.* 2 , *pl.* I.

2°. *Plan et construction de la filature.*

La figure la plus convenable pour une filature , est un carré long isolé et disposé de manière que les plus grands côtés soient exposés, l'un au sud et l'autre au nord, et que les plus petits côtés soient tournés, l'un à l'est et l'autre à l'ouest; parce qu'avec une telle exposition, on peut jouir d'une clarté très-avantageuse. Si on ne peut avoir un pareil avantage , il faut au moins exposer les grands côtés au sud et à l'ouest. Il faut préférer le rez-de-chaussée à tout autre emplacement , pour l'établissement de la filature, des fours et des roues. La hauteur, la longueur et la largeur peuvent se déterminer et s'établir d'après la volonté du propriétaire et le nombre de fours et de roues qu'il emploiera ; mais l'épaisseur des murs doit être toujours le résultat de l'influence du climat, et la nécessité de mitiger la haute et basse température. Il ne peut y avoir trop de fenêtres , parce qu'on ne peut avoir trop de lumière pour extraire et surveiller le fil de soie. On garnira les fenêtres de châssis vitrés mobiles, pour ouvrir ou empêcher l'entrée à l'air selon qu'il en sera besoin.

3°. *Plan des fours d'après les différentes méthodes pour tirer la soie.*

L'article des fours est de la plus haute importance, car ils doivent servir au dévidage des cocons, sans gêner la main ni l'attention de la fileuse; ils doivent développer et soutenir la température convenable, produire la vapeur aqueuse nécessaire, régulière, bien disposée et bien distribuée. Ils doivent être propres à économiser une partie de combustible, soit du bois ou du charbon fossile ou végétal, échauffer la masse du four suivant qu'il est besoin, avec régularité et sans épancher au dehors une fumée incommode. Ils doivent offrir un mécanisme économique, propre à plonger graduellement les cocons, et à les mettre promptement en état d'être employés; soutenir une chaudière métallique, propre à contenir les cocons qui doivent y être noyés : au besoin présenter de l'eau fraîche pour mitiger à l'occasion la haute température de l'eau de la chaudière, pour arroser de temps en temps les mains de la fileuse, diminuer légèrement l'activité du feu, ou l'augmenter lorsque la combustion est affaiblie, et produire constamment ces mêmes effets. D'après toutes ces conditions, ils méritent l'attention du propriétaire des cocons, des fileuses et de quiconque veut avoir d'excellente soie. Tel est, selon nous, l'intérêt qu'ils présentent : nous chercherons en conséquence à réunir tout ce qu'une expérience répétée nous a engagé à préférer à ce sujet.

4°. *Plan du four simple.*

De tous les plans de four qui ont été employés dans les anciennes filatures, nous n'offrirons qu'un seul modèle, celui qui est représenté *fig.* 3, *pl.* IV, où l'on remarque le solide *m m*, garni du parapet *n*, *o*, où s'appuie la fileuse pour filer ; de la chaudière ovale *a a*, du tube à fumée *b b*, où se trouve la soupape *e* ; de la porte *c*, d'un foyer et d'un cendrier ; des bassins *d d*, et de la base *p*. On voit le coupé de cet ancien four à la *fig.* 2 de la même planche. On y observe la forme de la chaudière *a a*, *b*, *c*, isolée dans la capacité *d*, *e*, du four ; on voit dans ce dernier l'embouchure *j*, du tube *g g*, avec la clef *h*, la grille *p* du foyer, et la porte *m* : de ce point, et depuis *i*, jusqu'à *i*, on aperçoit un espace propre à recevoir la soupape L, *fig.* 1, soutenue de la chaine K, pour fermer et ouvrir la porte *m*, soit au moyen d'une poulie ou de l'axe x, ou autrement ; on remarque encore le cendrier *o*, et sa porte *n*.

Le plan auquel nous avons donné la préférence sur tous ceux qu'on a adoptés jusqu'à présent, est simple et ingénieux ; on peut s'en servir dans les petites, comme dans les grandes magnaneries : il renferme tout ce qui est nécessaire pour faciliter l'œuvre des fileuses ; il offre tous les avantages possibles pour former toute espèce de fils de soie, réguliers ou retors, de deux, trois, quatre, cinq, six brins et plus. Il économise beaucoup de temps et de combustible, soit par, soit sans le moyen de la vapeur. Ce four est celui que nous avons représenté à la *fig.* 5, *pl.* IV, que nous décrirons de suite.

5°. *Four vaporifère.*

Ce four que nous avons inventé est long de six pieds sur deux de large, et a deux pieds et demi de hauteur, qu'on pourra réduire plus ou moins selon le besoin ; il est représenté par la *fig.* 5, mais plus grand du double de ses dimensions, pour bien exposer sur le dessin le mécanisme de son plan ; il a dans sa partie supérieure droite a, c, la petite capsule $e\,e$, en métal, au centre la chaudière métallique et oblongue R R : le creux $h\,h$ est destiné à recevoir le combustible nécessaire pour alimenter le feu. On y remarque le socle i ; au côté gauche sont les bassins d, e, le récipient g, le robinet s, le tube vertical à fumée $f\,f$, garni de la soupape t, le robinet q, qui apporte l'eau et la concaméra-tion v, dans le coupé de ce même four, *fig.* 4, même planche. On découvre, outre le plan supérieur, les mécanismes de l'intérieur et les avantages qu'il présente. La capacité interne du foyer $a\,a\,a\,a\,a$ renferme le récipient métallique $b\,b$, qui étant en rapport avec la caisse métallique $c\,c\,c\,c$, renvoie au moyen du cou d, la vapeur de l'eau dans cette même caisse, sur laquelle est placée la chaudière $e\,e\,e$, pleine d'eau, où doivent être mis les cocons. La caisse $c\,c\,c\,c$ communique la vapeur à la capsule métallique f, par un tube mince mais proportionné, qui est inséré au point o. La vapeur, y pénétrant les cocons contenus dans la capsule f, se convertit en liquide, et passe de cette même capsule f, au bassin g, par le moyen du tube intérieur $b\,b$, que l'on voit sur la *fig.* 5 de ce bassin; elle court au bassin h pour s'introduire dans le récipient b, b, au moyen du robinet i, ou, si on le croit plus économique et plus utile, on peut la laisser s'échapper au travers d'un robinet adapté à la base de la capsule f.

Le four $a\,a\,a\,a$ reçoit le combustible par la porte к, garni d'une petite porte en fer, sur le foyer l. Il verse les cendres sur le cendrier l, au moyen de la grille l, et il dégage sa fumée par la cheminée n, vers l'extrémité du tube n; il répand sa flamme autour du récipient $b\,b$, dont il met presque en ébullition l'eau qui s'y trouve; cette eau envoie sa vapeur par le cou d, dans la caisse métallique $c\,c\,c\,c$, où cette vapeur échauffe l'eau qui remplit la chaudière $e\,e\,e$, et dans laquelle sont plongés les cocons préparés et destinés à être filés. Elle raréfie et échauffe l'air contenu dans la concamération $p\,p$, qui est en contact avec la caisse $c\,c\,c\,c$ au point o. Cette vapeur, se développant à l'ouverture q, s'élance sur le point correspondant du moulin et des écheveaux de soie qu'il supporte, comme on le voit à la *fig.* 4, *pl.* V, ce qui contribue à sécher la soie. On peut, et même il faut adapter dans un point commode de la caisse *c c c c*, un thermomètre pour reconnaître souvent la température de la vapeur et la graduer au besoin, en élevant le feu ou en le diminuant. Dans ce cas, le tuyau mobile *r*, qui donne de l'eau fraîche, peut en distribuer par le robinet *s*, soit dans le récipient par le bassin *h*, soit dans la chaudière *e e e*, soit sur les mains des fileuses.

On pourrait, avec le même récipient et le même foyer, mettre en œuvre deux autres machines et appareils semblables en attachant à droite et à gauche de ce récipient *b b*, deux autres masses et deux autres cous, semblables au cou *d*; et en employant en même temps trois roues et le triple des ouvrières, on obtiendrait le triple de soie, sans que les ouvrières fussent gênées entre elles, ou que leur travail en souffrit. L'on pourrait chauffer l'eau des bassines en faisant passer un tuyau à vapeur longitudinalement à travers de leur bas-fond, mais ce moyen gênerait le travail de la pêcheuse, et donnerait une température inégale.

6°. *Forme, dimension et matière des chaudières et des bassins.*

La forme des chaudières propres aux fours dont nous parlons est pour le four qui est représenté à la *fig.* 3, *e*, *a*, dont le fond est légèrement concave; nous voudrions en voir le grand côté tourné vers le dos de la roue et de la ligue des aiguilles à filer, pour donner plus d'aisance aux fileuses, et offrir un plus grand espace à un plus grand nombre de cocons, qui doivent concourir par le dévidage à la formation du fil de soie.

Quant à la chaudière du four *fig.* 4, sa forme doit être oblongue et à angles droits du côté de la roue et des aiguilles ; elle doit être demi-ronde du côté du récipient et du foyer. Le fond peut en être plat, mais il vaudrait mieux qu'il fût un peu concave ; car on pourrait plus facilement y réunir et en retirer les cocons précipités au fond et les chrysalides en chemise ou dépouillées.

Il faut composer les chaudières de fer battu, ou de tolle de fer bien forte et étamée ; elle est ainsi un bon conducteur du calorique et s'oxide moins. Le cuivre mince, jaune ou rouge également étamé, est préférable, parce qu'il se maintient chaud plus long-temps que le fer.

7°. *Des roues, de leur forme, de leur dimension, et des bois propres à leur construction.*

Les bois qui conviennent à la construction des moulins à tirer la soie, sont : l'orme, le hêtre, le chêne vert et le rouvre, ou robre. La substance ligneuse de ces arbres, desséchée graduellement par l'œuvre du temps, est toujours d'un succès certain.

La forme ne peut être que circulaire, et la disposition doit être telle que sur la *fig.* 11, *pl.* II, qui est composée de huit rayons fixés sur l'axe à cylindre, ou hexagone, ou rond comme l'axe *c c, fig.* 1o, même planche, et l'assurer au point supérieur A , et par le cercle octogone c. Un diamètre de quatre à cinq pieds au plus suffit pour les grands moiulns ; un diamètre de trois pieds et demi pour les moyens, et un diamètre de trois pieds pour les moulins à filer les cocons doubles , les cocons conglutinés et les filoselles. On ne peut employer à ce dernier qu'une personne, et on ne peut faire qu'un écheveau ou deux au plus.

Les roues grandes et moyennes peuvent être soutenues des deux côtés par un affût comme à la *fig.* 11. Celui-ci aura ses deux grands côtés joints vers le four plus bas que l'autre, comme le soutien de la *fig.* 1o , même planche, et il sera lié à droite et à gauche. Chaque rayon de la roue aura à son extrémité une petite traverse à dos extérieur rond. Ces traverses seront assujetties par deux petits morceaux de bois très-solides , qui partiront ensemble d'un point du rayon , et iront vers les extrémités de la traverse, comme on le voit à la *fig.* 1o.

L'axe de la roue est pris et fixé de même que l'axe *a a, fig.* 1o , par les deux poignées *b b ;* la manivelle *d* le fait tourner pour envelopper la soie avec plus ou moins de rapidité autour de la roue , comme le fil *d* de la *fig.* 11 , et afin que l'on puisse, lorsque le travail sera terminé, retirer les écheveaux facilement et sans désordre; il faut disposer un ou deux rayons de la roue, de manière qu'au moyen d'une ingénieuse charnière en fer, ils puissent se courber à volonté et diminuer la tension des écheveaux ; mais si l'on veut enlever l'écheveau de la roue, manier facilement le moulin et en maîtriser même le poids, il faut adapter au soutien de la roue et de la manivelle *d*, de la *fig.* 10, un cric pareil au cric A A de la *fig.* 11 ; avec cette petite machine on élève l'axe qu'elle-même saisît solidement, au moyen d'une forte vis, adaptée transversalement à la poignée supérieure E, A. La roue étant fixée sur le soutien où elle est attachée, montera par le moyen de la manivelle *e*, *fig.* 10, qui, en s'élevant vers le point *b*, ouvrira un passage vers la poignée du côté opposé ; de sorte qu'on pourra enlever par-là les écheveaux sans embarras et sans perte de temps.

La multitude de roues produit souvent, lorsqu'on tire la soie, du désordre, de l'inégalité et de l'irrégularité dans le volume de la soie, dans toute sa longueur même dans les grandes filatures ; mais le nombre que nous avons indiqué produit homogénéité dans le travail et perfection dans la soie. L'expérience apprend qu'il suffit d'un grand moulin pour une once de semence, et un moulin de troisième proportion pour tirer la soie des cocons flasques, irréguliers et percés, mais non déchirés.

§ II.

1°. *Du bois combustible.*

Le combustible forme un objet important dans

les filatures de soie : c'est un moyen indispensable ;
il faut en économiser et en régulariser la combustion pour lui faire donner constamment la température déterminée nécessaire aux différentes méthodes employées pour tirer la soie et en former
différens fils. Parmi les combustibles qu'on emploie le plus généralement dans les foyers de ces
filatures, on brûle ordinairement du bois incommode pour la forme et le volume, de différente
nature, plus ou moins compacte, trop vert, ou trop
humide, et quelquefois pourri.

Il faut préférer les bois compactes et résineux,
l'olivier, le frêne, l'orme, le hêtre, le chêne, le
châtaignier, le rouvre et d'autres espèces. La
forme et le volume de chaque morceau de bois
doivent être bien déterminés pour le manier et
l'introduire facilement dans le foyer. On le disposera sur les grilles, on placera les morceaux les uns
sur les autres, de manière qu'ils s'entrecroisent.
C'est ainsi qu'ils développeront la combustion et
qu'ils la soutiendront. On remplacera ce qui sera
consumé selon le besoin.

Un morceau de bois d'un pied et demi de longueur, cylindrique ou prismatique, ayant trois ou
plusieurs côtés, ou bien seulement rond, et qui
ait dans les deux cas trois pouces et demi ou quatre de diamètre, c'est la forme la plus convenable
et celle qui réunit toutes les conditions nécessaires
pour les fours dont nous avons parlé. Il faut d'ailleurs, quelle que soit sa nature, qu'il soit assez sec

pour qu'il n'y ait pas trop d'humidité et qu'il puisse s'allumer facilement. Aussi, est-il à propos d'en faire l'emplette d'avance, de le couper comme nous l'avons indiqué, et de l'exposer aux rayons du soleil et à l'action de l'atmosphère, jusqu'à ce qu'il soit parvenu à un degré de sécheresse, où on puisse le disposer en piles de quatre pieds carrés de surface et de cinq de hauteur; et le placer dans un endroit non humide et pourvu d'un courant d'air. Le bois qu'on aura conservé ainsi brûlera on ne peut mieux, lorsqu'on le transportera dans la filature.

2°. *Du charbon de bois.*

Le charbon végétal doit être préféré au bois comme plus commode pour soutenir un feu égal, constant et durable; surtout pour les petites filatures, et lorsqu'on dévide des cocons conglutinés, doubles, flasques et imparfaits.

3°. *Du charbon fossile.*

Le charbon fossile épuré est excellent et d'une grande économie; celui qui n'est pas épuré est d'une plus grande économie, parce qu'il coûte moins cher; mais sa vapeur bitumineuse est incommode pour les ouvrières, et toutes les fois qu'il contient du sulfure, comme du schiste, il est insalubre. Cependant de quelque manière qu'il soit et quelque degré d'homogénéité qu'il possède, il faut dans tous les cas le réduire en petits morceaux pour s'en servir utilement et faire un feu régulier. Malgré cela il est encore nécessaire d'y ajouter et entremêler quelques morceaux de bois, sans quoi il s'allumerait difficilement, et la combustion s'interromprait.

Mais quelque importantes que soient la nature, la forme et les conditions du combustible, la combustion est d'un plus haut intérêt. Il faut savoir produire un feu convenable et gradué, développer la température qu'il faut, la soutenir, la varier au besoin, soit en l'augmentant ou en la diminuant. Comme les conditions des climats du nord sont différentes de celles du midi, les précautions et les soins qu'il faut avoir doivent être différens selon l'impulsion du climat, surtout du froid, pour mitiger sa nuisible influence et modérer la rapidité de la combustion.

Il est plus facile de conduire la température avec le four à vapeur qu'avec les fours dont le feu agit immédiatement sur les parois de la chaudière, à cause de la différente intensité du combustible, qui peut donner en un instant plus ou moins de feu, échauffer l'eau irrégulièrement et altérer par-là la nature de la soie. La vapeur au contraire étant enfermée dans la capacité qui la reçoit, agit modérément vers les points avec lesquels elle est en contact. Aussi recommandons-nous de préférer les fours à vapeur à tout autre, et engageons-nous ceux qui sont chargés de la combustion, pour de semblables appareils, à bien connaître les lois de cette opération. C'est par elle qu'ils obtiendront un effet constant et qu'ils éloigneront de la soie toute altération et tout dommage provenant de l'influence d'une chaleur fréquemment variée et surtout trop haute.

§ III.

1°. *Des fileuses.*

La fileuse ou le fileur sont la principale, et l'on peut dire, l'unique cause des différentes qualités de la soie. L'irrégularité de son volume, de sa consistance, de sa composition, de sa connexité, de sa conglutination et de son éclat, de l'utilité et du profit que l'on en retire, dépendent d'une attention constante de l'art de la fileuse, et du soin bien entendu et suivi qu'elle apportera à son travail. Il est donc essentiel de se procurer une fileuse intelligente, laborieuse, probe, adroite, non dissipée, en état de prévoir facilement ce qu'il faut et de l'exécuter sans embarras et sans retard. Il faut encore qu'elle soit affable pour ses compagnes, afin qu'elles lui obéissent sans effort. On trouve ces qualités chez les femmes de vingt à trente ans; celles qui sont grasses, d'une petite structure, les asthmatiques, celles qui souffrent, les paresseuses, celles qui sont trop folles ou trop apathiques, qui s'irritent, ou manquent d'énergie, celles-là ne produisent qu'un fort mauvais travail.

2°. *De la préparatrice des brins de soie.*

On perdrait son temps si la fileuse devait chercher en même temps les fils sur les cocons, s'en saisir et les employer pour composer sa soie. Ces nombreuses occupations, quoique n'ayant pour but que des objets minimes, la dérangeraient et rendraient imparfaite la qualité et le volume de son fil. Il est donc important qu'une autre personne placée auprès d'elle s'occupe avec un petit balai métallique, ou composé de végétaux, ou même avec une branche ou faisceau de bruyère ou racines de riz, comme la *fig.* 9, *pl.* VII, à rechercher les brins simples des cocons, à les préparer et à les présenter à la fileuse. C'est cette personne que nous nommons *préparatrice.*

Cette personne devra éloigner les cocons difficiles à dévider, ceux dont le tissu est conglutiné, ou qui sont flasques, parce qu'ils pourraient, en sautant, troubler le travail de la fileuse, l'interrompre, lui faire perdre son temps, causer des frais inutiles, et lui faire produire une soie mauvaise. Les femmes du même âge que les fileuses conviennent à cet emploi, si elles réunissent les mêmes qualités. Leur paie devra être moindre d'un tiers, parce que leur travail est moins pénible et qu'il demande moins de savoir.

3°. *De la pécheuse des chrysalides et des cocons flasques ou troués.*

Ses fonctions sont très – importantes, puisqu'elle coopère à hâter la séparation des cocons rejetés par la *préparatrice*. La personne dont nous indiquons les attributions, doit s'en emparer de suite et les faire infuser dans d'autres vases, pour la fileuse des cocons imparfaits, conglutinés, flasques, doubles ou troués.

Il faut charger la même personne du maniement du combustible et de l'entretien du feu, comme aussi de procurer l'eau et de la distribuer. Celle-ci veillera encore à prendre et à déposer dans le vase qui leur est destiné, les chrysalides dépouillées; elle se servira à cet effet d'une raquette réticulaire, concave, de trois pouces de diamètre, faite en fil de fer ou en fil de laiton, pareille à la *fig.* 2, *pl.* VII. Toute fille intelligente et de bonne volonté, de huit à dix ans, pourra remplir cet emploi; on lui donnera la moitié du salaire qu'on donne à la fileuse, car son travail est très-simple et nullement pénible.

CHAPITRE II.

Choix des cocons préparés et destinés à être dévidés.

§ Ier.

Des cocons parfaits.

Quoique nous ayons parlé du choix des cocons dans le troisième paragraphe de la troisième période de la vie du ver chrysalide, il est à propos de passer minutieusement en revue cette opération, et d'entrer dans de plus grands détails pour éviter tout désordre, toute confusion, toute irrégularité dans l'œuvre du dévidage, toute perte de temps, toute cause de mauvais produit et de faux frais.

Il faut vérifier la masse des cocons destinés à être dévidés, les faire visiter par un certain nombre d'ouvrières qui prépareront de nouveau chaque cocon, et en enlèveront le plus petit fil inutile et appartenant à la bourre que le ver a établie comme fondement de son tissu; elles examineront si le fil véritable est parfait, plus ou moins fin, consistant, régulier, simple; ou si le cocon est à un seul ver ou à deux, flasque, taché, ou percé. Lorsqu'elles s'en seront assurées, on déposera les parfaits avec les parfaits, ceux à un ver avec ceux à un ver et les doubles avec les doubles.

Lorsqu'on aura terminé ce choix, et que la séparation aura été effectuée, on remettra la masse des cocons parfaits aux fileuses qui doivent travailler à la grande roue, pour laquelle on peut employer une première et seconde fileuse, une femme qui prépare les brins de soie des cocons, et une qui pêche les chrysalides. La masse des cocons moins parfaits sera remise aux fileuses de la roue moyenne, où il y aura autant de personnes qu'à la première. Enfin la masse des cocons doubles sera remise à la fileuse de la roue de trois pieds de diamètre; cette personne seule suffira pour chercher les fils, se les préparer et éloigner les chrysalides. Si dans chaque masse la fileuse, ou celle qui prépare, trouvent des cocons conglutinés, et par conséquent difficiles à être dévidés, elles les consigneront à celle qui est chargée de filer ces cocons. On remettra les cocons flasques et mous à la fileuses de la petite roue; on lui recommandera aussi de filer la filoselle.

Nous voici enfin arrivé à la plus intéressante de nos opérations, à l'exposition de l'art de faire la soie. Persuadé de l'importance de cet art, qui est le complément des travaux du magnanier et la vraie et dernière cause du profit du propriétaire, nous allons en donner dans le paragraphe suivant les règles les plus détaillées.

§ II.

Appareil des fours et des roues.

1°. On doit, avant tout, examiner attentivement si la roue est bien établie et si elle est bien en équilibre sur son propre soutien ; il faut voir en outre si elle est assez près de l'appareil des fileuses, afin qu'elles ne soient pas obligées de s'allonger d'une manière incommode , lorsqu'elles doivent attacher le bout de leur fil composé aux cornes de la roue. On observera encore si, dans son mouvement de rotation , la roue se meut régulièrement, perpendiculairement et à la moindre impulsion. Il faut encore examiner l'appareil du four et s'assurer si le récipient à vapeur est bien assis sur le bord du four ; si le feu peut bien opérer en contact de sa superficie extérieure ; si le combustible est de bonne qualité et propre à bien développer la combustion ; s'il est placé de manière à élever doucement au besoin l'activité de l'évaporation ; si le cendrier est en état , si les cendres en ont été vidées de manière à offrir un libre cours à l'air nécessaire à la combustion ; si les portes du foyer et du cendrier sont bien disposées et faciles à s'ouvrir et à se fermer ; si le conduit de la fumée est bien fixé, si on en peut aisément tourner la clef, dans le cas où l'on voudrait augmenter ou diminuer le courant d'air ; si la vapeur du récipient qui se développe et qui se loge dans la caisse métallique y est bien enfermée, si elle ne s'en échappe pas par quelque fente cachée, si la vapeur circule bien autour de la chaudière qui soutient le four pour l'échauffer constamment, si elle parcourt le tuyau appliqué au point *o*, *fig.* 4, *pl.* V, si elle pénètre bien jusqu'au centre *a a* de la chaudière, pour échauffer l'eau qu'elle contient ; si le robinet *a*, *fig.* 2, *pl.* V, ouvre et ferme aisément l'entrée à la vapeur ; si la vapeur passe jusqu'à la capsule métallique, où les cocons sont en infusion, pour les pénétrer et les préparer à un dévidage facile, si le couvercle de la capsule s'ouvre bien, et surtout s'il ferme bien et s'il se joint bien sur son bord, pour qu'il ne laisse pas échapper la vapeur ; si une petite quantité de vapeur s'insinue et se développe de l'entonnoir plat, placé au point *e* de la caisse métallique *c c c c*, *fig.* 4, *pl.* IV, du côté rectangulaire de la chaudière *e e*, comme on l'observe au point *o*, *fig.* 4, *pl.* V, qui s'élève au-dessous de la traverse *d d*, garnie des aiguilles à filer, pour tenir humides les fils à extraire.

Il importe de s'assurer encore si la masse du combustible rassemblé suffit pour tout un jour, si les outils sont prêts, si les robinets tournent bien ; si l'eau est de bonne qualité, si elle est purifiée de matières hétérogènes ou de matières en putréfaction ; si elle est fraîche, claire et limpide ; si le récipient et la chaudière sont pleins jusqu'aux deux tiers de leur capacité intérieure ; si le soutien *d d* de la traverse, garni d'aiguilles à filer *c c c c*, *fig.* 4, *pl.* V, est bien ajusté et bien fixé , de manière à ne pas s'ébranler dans la manœuvre , et si le va et vient *m m* de la même *fig.* est aussi bien établi aux points *e e* , sur la traverse à filer *d d* , au moyen des fils de fer *d d* , pointus aux extrémités *r r* , et si ce va et vient est garni de quatre anneaux de métal , sur le bord *n n* , qu'on voit disposés comme les fils de soie *c c c c* , et traversés par eux en courant au point *f* de la roue *g g*.

2°. L'inspection dont nous avons parlé ayant été terminée , et l'ensemble de l'appareil conduit au point convenable , on animera le feu et on commencera à filer , aussitôt que les cocons de la capsule préparatoire paraîtront pénétrés par la vapeur et bons à être dévidés au moyen de l'eau élevée , presque à la température de l'ébullition , c'est—à—dire de soixante-quinze à soixante — dix-sept degrés de Réaumur , au plus , dans les climats froids. Alors les fileuses en tireront les parties convenables , et les replongeront dans la chaudière toutes les fois qu'il en sera besoin. Celle qui prépare les cocons , en les y débattant adroitement , saisira les fils simples et les présentera aux fileuses ; celles-ci , après avoir bien vissé l'entonnoir *fig.* 2 , *pl.* V , du point *b* de la chaudière *a a* , *fig.* 4 , au point *o* , et après avoir examiné le jeu du robinet *a* de l'entonnoir , prendront , chacune en particulier , trois bouts ; elles les tordront entre leurs doigts , et les passant à travers les trous et les anneaux du va et vient , elles les assujettiront sur le dos de la roue ; et lorsque chaque fileuse aura établi deux fils, et lié les bouts aux cornes de la roue qui est près d'elle, on fera tourner graduellement le moulin, on continuera à tirer et à soutenir les fils triples de soie *i i i i*, *fig.* 4, remplaçant avec promptitude, au besoin, les bouts qui cesseraient d'aller de concert avec les autres, pour que le fil soit toujours égal. Il faudra le même soin pour les fils de quatre, cinq, six, sept et huit brins. Telles seront constamment les fonctions des femmes qui préparent les cocons et qui pêchent les chrysalides, et il faudra toujours le même nombre de fileuses et d'assistantes pour les roues grandes et les moyennes.

§ III.

Premières et dernières heures où l'on file et dévide les cocons dans le cours de la journée.

Au lever du soleil, les ouvrières doivent être à leur métier pour préparer ou commencer leur ouvrage; pour jouir de l'agréable température du matin; pour porter énergiquement leur travail jusqu'au premier repas, le recommencer avec autant d'activité jusqu'au second, le reprendre de même jusqu'au troisième : de sorte que dans les intervalles des trois repas, fixés, réguliers et non trop abondans, surtout en boisson, dans les climats chauds, on pourra terminer l'ouvrage depuis le lever du soleil jusqu'à son coucher. Alors on enlèvera les écheveaux de soie de dessus le moulin; on les arrangera, on les pliera suivant l'usage des soieries et on les consignera au propriétaire.

§ IV.

Différentes méthodes employées pour dévider les cocons avec facilité, utilité et économie.

PRÉLIMINAIRE.

Tout le monde sait tirer et filer la soie en Italie, en France, disent certains économistes mal informés ; et cependant les tisserands et les entrepreneurs de soieries, en Italie comme partout ailleurs, reprochent continuellement aux chefs des filatures, de ne recevoir d'eux que des produits dont on ne vient à bout que péniblement, et qu'il est difficile d'employer pour les différentes espèces de tissu qu'on demande. Outre l'irrégularité et l'inégalité dans la force et dans le volume, leur soie est souvent velue. Mais ces chefs de filatures, sourds à leur voix, n'ayant pas les connaissances nécessaires pour connaître les défauts et les obstacles qui s'opposent à un plus grand profit, à une prospérité plus solide et aux progrès de l'art, mettaient de côté toutes les observations ; d'où il résultait que leurs entreprises ne pouvaient que dégénérer et leur commerce se détruire.

Des accidens ruineux s'étant souvent reproduits, les capitalistes et les entrepreneurs de soieries se persuadèrent enfin que la cause de ces malheurs provenait de l'imperfection de la soie, et de la manvaise méthode qu'on suivait pour la tirer et pour la filer. Ils furent encore convaincus que c'était pour la même cause, que les tisserands ne cherchaient pas à produire des tissus mieux confectionnés et plus jolis, que les teinturiers concertaient avec indifférence leurs couleurs, et que par conséquent les acheteurs ne faisaient pas grande consommation de ces étoffes. La difficulté de se défaire de ces tissus, les valeurs restées sans profit, les faillites des capitalistes, le découragement des ouvriers, engagèrent à chercher et à vérifier les véritables causes de ces désastres. On fit des expériences pour découvrir, en les comparant, les raisons qui les produisaient; on recueillit des exemples et des principes, et on établit des règles certaines et la véritable connaissance de moyens sûrs pour élever les vers à soie et pour cultiver le mûrier.

On vit des voyageurs intelligens parcourir dans cette seule intention des pays où l'on manufacturait la soie, et où l'on élevait les vers à soie, et rechercher en France et en Italie les magnaniers, les cultivateurs de mûriers, les fileurs, les tisserands et les teinturiers pour la soie. Ils fréquentaient les assemblées d'hommes entendus dans cette matière, et les individus qui les composaient, écoutant les uns avec patience, questionnant les autres avec empressement, pour découvrir dans les ténèbres quelque raison mal exposée, mais valable, et tenir compte de tous les faits et de toutes les expériences. Ils lisaient les ouvrages de ces mêmes hommes, pour en découvrir les défauts, rectifier les méthodes mal conduites, réveiller l'intelligence des ouvriers, combiner des faits sous leurs yeux et faire mieux qu'on n'avait fait.

Avec de la persévérance dans leur utile entreprise, ces instigateurs et ces restaurateurs du bien public, qui surent mettre en même temps à profit les secours de la physique, de la chimie, de la botanique, de la mécanique et de l'économie domestique et rurale, parvinrent à opérer une révolution dans l'art du magnanier, du cultivateur des mûriers, du manufacturier de soieries, du tisserand et du teinturier de ces étoffes. Leur impulsion salutaire poussa de tous côtés l'industrie des entrepreneurs en soierie vers la perfection. Cela fut si vrai, qu'en France, avec le secours des manufacturiers Turchetto et Narcisso, on parvint, sous une protection bien entendue et constamment prodiguée par François Ier, à produire d'excellentes et de magnifiques étoffes de soie, tant pour la beauté de la couleur que pour celle du tissu, du dessin et de la variété; le travail en était solide et économique, et la production prompte et facile. L'industrie du magnanier prit, dans la France méridionale surtout, une telle énergie, que les entrepreneurs obtenaient de vastes couvées et de très-grands profits.

Cette industrie et l'art de manufacturer la soie s'améliorèrent aussi en Prusse, au dire de quelques

savans de ce pays, parce que, disent-ils, les soins
du gouvernement y ont contribué beaucoup. Parmi
les estimables amateurs des sciences rurales, commerciales et des publicistes, il faut compter l'infati-
gable comte Rigal, de Crevelt (de ce peuple, le seul
qui soit grand manufacturier dans la Prusse), qui
dans ses voyages en Italie, en France et dans d'autres pays de l'Europe, recueillait avec discernement tout ce qui avait rapport à l'éducation du
ver à soie, à la culture du mûrier et du filage des
cocons. Il découvrit, par l'ignorance même des entrepreneurs qu'il interrogeait, des vérités utiles, des moyens économiques avantageux de l'art,
qu'il apprit et qu'il propagea, par son exemple et
ses paroles, et parmi les manufacturiers de son
pays. De cette manière, la tendance à la perfection dans cette branche de l'industrie, se développa avec un tel succès, parmi les manufacturiers
de Crevelt, que les Prussiens parvinrent au degré
désiré d'amélioration, dans la fabrique et le commerce qu'ils font des soieries.

Nous-même, dans les conversations agréables
et instructives sur l'économie rurale, domestique
et politique, l'agriculture, l'industrie manufacturière, la littérature et la politique, qui avaient souvent lieu dans le cercle familier d'amis dont cet
illustre amateur était entouré, nous avons eu l'occasion de recueillir un grand nombre d'idées utiles sur l'art de faire la soie, toutes les fois que nous
nous entretenions avec cet homme instruit, et que

nous le visitions pour soutenir sa santé affaiblie par les fatigues qu'il avait essuyées, soit comme membre du corps-législatif en France, soit comme sénateur, lorsque le pays de Crevelt appartenait à l'Empire français.

Mais malgré les soins des hommes qui ont bien mérité des sciences économico-rurales et dont les connaissances expérimentales, en fait de manufactures de soieries, sont très-recommandables, il faut un plus grand développement et une plus grande perfection pour que le profit soit exactement balancé avec économie, entre tous les individus occupés dans la division vaste de l'art des soieries. Le code de cette industrie manque aux exécuteurs des soieries et à ceux qui cultivent cette branche commerciale et qui l'administrent. Cependant il existe des hommes profondément versés dans ces matières, ils pourraient établir le travail fondamental, propre à fixer d'après l'expérience les bases de cet art; ils rectifieraient les erreurs anciennes, et jetteraient de nouvelles lumières dans des travaux si utiles et d'un profit si certain et si exclusif pour la France actuelle, où l'on produit de très-belles étoffes en soie, et un grand nombre d'autres travaux en soieries.

Il n'en est pas de même aujourd'hui de l'art de gouverner les vers à soie. Les expériences de cet ami éclairé des sciences naturelles, du comte Dandolo de Venise, ont rectifié en Italie les opérations mal dirigées de cette industrie, dans ce pays fortuné , où la nature a tout réuni pour le bonheur de ses habitans , surtout de ceux du Piémont , des Etats de la Lombardie , de Gênes , de l'antique sol de l'ancienne grande Grèce et de la Sicile , où les terres fomentées par les émanations volcaniques , fécondantes, sont très-fertiles, particulièrement dans la Campanie et dans les Deux – Siciles. Le comte Dandolo a donné le code du magnanier où il y avait quelques lacunes, que nous croyons avoir fait disparaître dans notre ouvrage ; mais il manquait encore le code de la culture du mûrier , et de l'art de tirer et de filer la soie , dont l'intérêt est si grand , et qu'on n'avait pas encore composés. Nous nous flattons de l'avoir enfin ébauché , dans l'intérêt de notre mère-patrie , et de tous ceux qui cultivent cette industrie ; heureux si le désir d'être utile ne nous a pas égaré dans notre création rurale, écrite en italien et en français !

Il est vrai cependant que toute mal conduite qu'ait été l'éducation du ver à soie , pour le passé , et que quoique les principes erronés , propagés par la seule tradition , parmi les familles agricoles , n'aient même jamais été examinés par les indolentes et bien répréhensibles personnes à qui on avait confié cette administration ; il n'en est pas moins vrai que les couvées de ces insectes réussissaient très-souvent dans les Deux-Siciles, parce que dans chaque famille on y faisait rarement éclore plus d'une ou deux onces de graines, et parce que, dans ce climat salutaire, la faculté du mûrier blanc ou noir est d'une heureuse influence. Or, combien les couvées pourront être plus avantageuses, si les familles villageoises, éclairées par les règles fondamentales de cette industrie, se chargeaient d'établir des magnaneries régulières! Et comme elles sauraient élever les insectes avec soin, intelligence et une économie bien entendue, le produit en serait sûr et très-lucratif à l'exportation, ce qui faciliterait les avantages des importations.

L'industrie du magnanier et celle des soieries seraient beaucoup plus lucratives, surtout si les soins multipliés qu'elles demandent, étaient encouragés par des prix, et dirigés vers le perfectionnement des soieries. Leurs variétés en deviendraient très-nombreuses, elles pourraient occuper avantageusement la classe pauvre et indigente de tous les peuples. Cet art se répandrait partout, et on l'établirait, et sous le rapport de l'agriculture et sous celui du commerce ; par de tels moyens, l'intelligence et la diligence assidue pourraient produire constamment de bonne soie, de toute composition et de toute qualité, jusqu'à la fine et la surfine.

Espérons que l'empressement du gouvernement, dans cette époque si remarquable par le progrès des sciences, secondera cette industrie en excitant son développement, par les secours de l'instruction et des prix distribués sagement et justement au vrai mérite, qui seul obtient les suffrages de l'opinion publique. En effet, ceux qui veulent faire véritablement du bien aux hommes, n'ont d'autre but que de propager l'industrie. Elle peut servir de soutien dans l'adversité, de consolation physique et morale, d'exercice innocent et utile. Elle aide à la prospérité sociale, générale et particulière des familles et des individus, et elle est l'aiguillon le plus vif, pour hâter le progrès des connaissances de l'esprit humain, seul garant de la félicité publique et privée.

Continuons donc à remplir notre engagement et à achever tout ce qui peut perfectionner l'art de tirer et de filer la soie, et le métier des fileuses, ainsi que le livre de la sétifice, ouvrage qui deviendra utile au magnanier, au cultivateur de mûriers, au propriétaire de cocons, à l'acheteur de la soie, au tisserand, au manufacturier des soieries et à ceux qui vendent ces étoffes; c'est aussi par ce traité que nous terminerons.

§ V.

De la sétifice ou de la composition du fil de soie.

1°. PRÉPARATIFS.

Chaque ouvrière de la filature de soie connaissant bien ce qu'elle doit faire, et s'étant assurée que les fours et les moulins sont en bon état, on mettra la main à l'œuvre pour obtenir le meilleur fil possible. On placera chaque ouvrière à son poste, d'abord la fileuse, ensuite la préparatrice, puis celle qui doit recueillir les chrysalides, enfin celle qui doit tourner la roue; dans le cas où une des fileuses ne pourrait s'en charger, les fileuses prendront une quantité de cocons suffisante pour couvrir à l'aise les deux tiers au moins de la superficie de l'eau de la chaudière. La préparatrice placera sur ces cocons un claie réticulaire en osier, d'un diamètre un peu plus petit que celui de la chaudière, afin de pouvoir la plonger dans l'eau à la profondeur de trois pouces au moins, et y retenir ainsi les cocons pendant deux ou trois minutes. La femme qui doit pêcher les chrysalides, retirera cette claie et l'éloignera. Pendant ce temps, la préparatrice pourra démener les cocons qui surnageront, pour en saisir les bouts; elle emploiera, pour les battre, un petit balai en racine de riz, ou de froment, ou de brin de bruyère, semblable à celui de la *fig.* 9, *pl.* VII.

Les bouts des brins de soie s'attacheront aux extrémités du balai, et la préparatrice les prendra un à un pour les distribuer aux fileuses (après toutefois avoir enlevé et mis de côté la soie grossière) ceux qui doivent composer le fil qu'on doit tirer à la roue. Les fileuses demanderont le nombre de brins qu'il leur faudra, au fur et à mesure qu'elles en auront besoin, pour conserver toujours le même nombre de fils composés, et elles dévideront les cocons jusqu'à ce qu'elles atteignent la seconde de ses trois enveloppes. Celle qui doit pêcher ces cocons s'en emparera aussitôt qu'ils s'offriront à elle dans cet état; elle les réunirait dans un bassin d'eau chaude, pour les remettre aux fileuses des cocons mous et imparfaits; car la soie de la première enveloppe du cocon étant tirée, la soie qu'on tirerait de la seconde et de la troisième enveloppe étant plus fine que la soie de la première, on ne pourrait continuer la composition du fil sans irrégularité de volume et de ténacité.

Nous avons dit, dans des pages précédentes, précisément au *paragraphe du choix des cocons destinés à être filés*, qu'en préparant les cocons, on devait les dépouiller attentivement de la bourre de soie, c'est-à-dire des fils du canevas au milieu duquel le ver s'est enfermé et s'est suspendu pour exécuter son travail; par ce moyen, en prenant une poignée de dix cocons ou plus, ils ne s'attachent pas les uns aux autres, et ne se pendent pas aux mains des ouvrières, mais on pourra les manier facilement, et on n'éprouvera aucune gêne en les remuant ou en les plongeant dans la chaudière. C'est là qu'on mettra d'un côté les cocons d'un tissu fin, d'un autre les cocons blancs, dont le tissu moins volumineux, que celui des cocons colorés, exige moins de soin; d'un autre côté, on aura les cocons doubles, et d'un autre les cocons faibles et mous, d'un autre enfin les cocons tachés. On filera chaque qualité séparément, d'abord les parfaits ou ceux d'un tissu fin, puis ceux d'un tissu moins fin, ensuite les moins parfaits ou flasques, puis les doubles et enfin les tachés. Il faudra un moulin particulier pour chaque espèce.

En tirant séparément chaque qualité de soie, il est essentiel de ne dévider les cocons que jusqu'à leur seconde enveloppe. Lorsqu'on sera parvenu à ce point, on les mettra de côté avec d'autres qui seront dans le même état. C'est en procédant ainsi pour toutes les qualités de cocons, et dans quelque état qu'ils soient, qu'on obtiendra des soies homogènes, en qualité et volume; ce qui donnera le moyen de n'employer que celle qui convient à sa destination, et d'en tirer ainsi plus d'avantage et de profit.

Soit qu'on fasse dévider suivant l'ordinaire les qualités de cocons qu'on aura choisis et préparés, par des ouvrières particulières et nombre de moulins proportionné, soit que les mêmes fileuses exécutent toute la besogne, voilà la méthode qu'il faut tenir, pour obtenir des qualités homogènes en volume, en ténacité, en couleur, et avoir de la soie choisie, propre à l'usage auquel on la destine et qui ne soit pas mélangée.

2°. *Dévidage des cocons de première et seconde qualité.*

Lorsqu'on aura fait avec soin un bon choix de cocons, on commencera à dévider d'abord les cocons de première qualité, ceux qui seront le mieux tissus, le mieux conformés, et les plus parfaits. On en formera la soie de la première qualité, qui sera composée de trois, de quatre brins, ou plus. Ensuite, on dévidera les cocons de second choix, et on aura de la soie de seconde qualité; on la composera de quatre, cinq, six brins, ou plus. On dévidera ensuite de la même manière les cocons blancs, et comme les fils en sont d'un volume plus fin, on devra employer un brin de plus que pour le dévidage des cocons colorés, si on le veut, afin de donner plus de force à leur soie. On filera ensuite les cocons doubles, et enfin les imparfaits, en suivant toujours le même procédé. La soie de la première et de la seconde qualité se dévidera avec des moulins de grandes dimensions, la troisième qualité avec des moulins de moyenne grandeur, et les cocons doubles et imparfaits avec des moulins de troisième grandeur.

On objectera que cette manière d'opérer ne peut avoir lieu que dans de grandes entreprises de magnanerie, et non pour des petites masses de cocons, donnés par les couvées d'une once de semence. Nous dirons que dans les petites comme dans les grandes entreprises, le choix des cocons doit avoir lieu, il faut de même dévider séparément les différentes qualités d'enveloppes des cocons, et comme la soie de la première enveloppe donne un fil uniforme en volume et en ténacité d'environ trois cent six pieds de longueur, et qui par conséquent diffère de celui de la seconde enveloppe, et celui-ci de celle de la troisième, il arriverait qu'on aurait à la fin un fil très-délié et même très-mince, en comparaison du premier. La soie du cocon parfait est plus régulière que celle du cocon moins parfait. Les cocons doubles donnant un produit utile, ne doivent pas être jetés; et si ces cocons et les cocons imparfaits étaient mêlés avec les bons, ils gâteraient la qualité de ceux-ci, ils impatienteraient les fileuses, et produiraient une soie hétérogène et rebutante à l'œil de l'acheteur, qui ne l'achèterait qu'avec mépris et à un prix si modique, que le propriétaire n'en retirerait que des frais et des pertes.

S'il y a impossibilité d'établir des roues convenables, et un assez grand nombre de fileuses dans les entreprises particulières peu considérables, on pourra parvenir au même but en faisant toutes ces opérations les unes après les autres, sur un même moulin, d'une dimension moyenne ou un peu plus grand que celui de la troisième proportion. Mais à quoi bon l'établir, puisque dans les pays où il y a des magnaneries, on établit des filatures de soie où l'on peut apporter chaque masse de cocons bien choisis et dont les qualités seront bien divisées? On pourra les y faire dévider, et on aura chaque qualité à part sans embarras ni gêne.

Dans une filature composée de quatorze roues, d'autant de fours simples, ou d'un four à vapeur pour toutes les roues, il suffit de six moulins pour dévider les soies de première qualité; on peut en employer trois pour dévider celles de la seconde espèce, deux pour les qualités les plus inférieures, un pour les cocons blans et les cocons doubles, et une roue seulement pour la soie des cocons tachés, dont on ne peut se servir que pour les étoffes de soie noire.

C'est ainsi que, dans les environs rians de Paris, nous avons obtenu une livre de cocons parfaits, par onze livres sept onces trois gros et demi d'excellent feuillage de mûrier, et une livre et six gros d'excellente soie par onze livres de cocons parfaits, et de quatre-vingt-six livres de cocons parfaits, huit livres trois onces deux gros et vingt-six grains de soie exquise. En consultant le tableau suivant, l'on peut vérifier les rapports des quantités métriques et anciennes de France, avec les quantités ou poids italiques de Naples, ainsi que les résultats de nos opérations bigattiques.

OBSERVATIONS.

Le moyen ordinaire et généralement usité pour tirer la soie des cocons, est leur infusion dans l'eau portée par les uns à la température de 70 à 80 deg. de l'échelle de Réaumur, et par d'autres, de 60 à 64. Nous l'avons fait dévider toujours à la température d'une très-douce évaporation, et toujours avec succès et grande économie de combustible et de temps.

L'on pourrait dévider les cocons avec facilité dans l'eau potable à la température ordinaire de l'air dans les climats chauds, et avec réussite et épargne de combustible non-seulement, mais de temps aussi, et avec plus de profit en qualité et en quantité de soie, parce que le cocon s'affaisse plus difficilement, et il se prête mieux au dévidage que dans l'eau très-chaude, où la matière gommeuse

rend le brin de soie plus agglutinant et difficile à
tirer.

	POIDS DE NAPLES. Une livre vaut 12 onces.	POIDS DE FRANCE. MÉTRIQUES.	POIDS DE FRANCE. ANCIENS. Une livre vaut 500 grains.	QUALITÉS DES MATIÈRES.
	livre. once. gros. grain.	kilo. hectogr. décagram. gramme.	livre. once. gros. grain.	
LE nombre de vers à soie qui est né d'......	0 1 0 0	0 0 2 6 7 50	0 0 6 61	de graine parfaite,
a mangé en feuilles de mûrier.........	999 3 4 0	320 7 7 2 6 25	641 8 5 57	d'excellente qualité.
Il a produit en cocons...	86 0 0 0	27 6 0 6 0 00	55 3 3 10	exquis.
sans compter,				
1°. Cocons imparfaits..	0 6 0 0	0 1 6 0 5 00	0 5 1 6	en partie tachés.
2°. Bourre fine......	6 0 0 0	1 9 2 6 9 00	3 13 5 4	une partie blanche et une jaune.
3°. Bourre ordinaire..	1 0 0 0	0 3 2 1 0 00	0 10 2 13	jaune en couleur.
Le rapport du poids des feuilles est de.....	11 7 3 30	3 7 2 9 9 14	7 7 2 62	feuilles de mûrier.
par............	1 0 0 0	0 3 2 1 0 00	0 10 2 13	des cocons.

	POIDS de Naples.	MÉTRIQUES DE FRANCE ET ANCIENS.		QUALITÉS DES MATIÈRES.
Il en résulte que.....	11 7 3 30	3 7 2 9 9 14	7 7 2 62	de feuilles de mûrier.
ont produit.......	1 0 0 0	0 3 2 1 0 0	0 10 2 13	de cocons parfaits.
et que...........	11 0 0 0	3 5 3 1 0 0	7 1 0 0	de cocons parfaits
ont produit........	1 0 6 0	0 3 4 1 0 62	0 10 7 23	de soie exquise.
et que les........	86 0 0 0	27 6 0 6 0 0	55 3 3 10	de cocons parfaits
ont produit........	8 3 2 26	2 6 6 6 4 84	5 5 2 44	d'excellente soie,
avec la seule quantité de	999 3 4 0	320 7 7 2 6 25	641 8 5 57	de feuilles de mûrier.

3°. *Bourre première ou canevas.*

La bourre ou canevas, au milieu duquel le ver

construit son cocon, est cette première filasse de soie qu'on enlève en préparant les cocons, et que dès-lors on met de côté. Cette bourre doit être exposée à l'action d'une température propre à la sécher soit au soleil, soit à la chaleur du poêle, ou à un courant d'air frais. Aussitôt qu'elle sera bien aride, on la battra sur des claies, on en séparera les matières grossières et étrangères, et quand elle sera ainsi préparée, on la filera comme on file le coton, sur des rouets, et on en tirera ainsi plus de profit que si on la destinait à faire de la ouate.

4°. *De la bourre fine.*

Outre la bourre qui enveloppe extérieurement le cocon, et qu'on enlève lorsqu'on prépare celui qui doit être filé, on ôte encore légèrement la première partie de la première enveloppe, qui forme presque le premier lit des fils, avec lesquels le ver détermine la périférie ovale de son cocon [1]. La matière de ces premiers fils étant beaucoup plus intense que celle du reste, il y aurait inégalité et irrégularité de volume, en dévidant toute cette première enveloppe. Cette soie serait peu agréable, on la mépriserait comme velue et on n'en retirerait pas grand profit. Aussi faut-il la séparer du cocon; on la soumet à l'ébullition pour la blanchir, et une fois qu'elle sera blanchie, on la fera sécher et carder ensuite; elle pourra servir de trame pour les étoffes de filoselle d'une qualité inférieure.

[1] Ce que les Français appellent *côtes* ou *frisons*.

5°. *Le fleuret fin.*

Ainsi que nous l'avons déjà dit, lorsque la soie de la première enveloppe, de seconde et troisième qualité, est entièrement dévidée, la soie des seconde et troisième enveloppes ne pouvant plus continuer le fil formé par celle de la première enveloppe, on l'en sépare, et l'on dévide cette soie à part avec d'autre soie pareille, ou bien on pourra la réunir à des cocons flasques et troués, qui, se précipitant au fond de la chaudière, ne se laissent pas dévider; on les fait bouillir tous ensemble pendant plus d'une heure, on les retourne pendant ce temps; par cette opération on en dissout autant que possible le trop grand mucilage, et on en délivre les chrysalides; on lave bien ensuite le tout dans de l'eau courante, pure et limpide, et une fois que tout est bien blanchi, on fait tout sécher, tout battre et tout carder, pour en tirer le fleuret, qu'on pourra facilement choisir sur les cardes mêmes, et le séparer en superfin et en bourrette. On pourra filer ensuite les soies de chacune de ces qualités, au moyen d'un rouet à fuseau de fer, pour tisser les étoffes qui seront teintes en noir.

6°. *Filoselle de première qualité.*

On peut tirer encore un autre parti des cocons reproducteurs qui ont été percés par les papillons Si on les laisse infuser dans de l'eau chaude, qu'on les écrase et qu'on les pétrisse avec les pieds, ils s'amollissent, se déchargent de leurs taches et de leur trop grand mucilage, de manière que lorsqu'ils ont passé par ces épreuves et qu'ils sont bien lavés, ils se développent à la main. On les fait sécher en cet état, et on les confie aux femmes, pour en extraire la filoselle de première qualité, au moyen de la quenouille. On peut s'en servir pour les plus beaux tissus de soie. Cette filoselle se vend en France de quatre à six francs la livre.

7°. *Bourre mixte.*

Enfin, on tire parti de toute espèce de fil qu'on peut extraire de toute sorte de cocons, quelle que soit leur qualité, et même de tous les résidus qu'on a rejetés comme ne pouvant que ternir la beauté des premiers matériaux. On réunit ces restes, on les carde, on en obtient une filasse qui peut se filer à la quenouille, ce qui donne un fil avec lequel on fait des bas d'une excellente qualité. Ce fil, quand il est bien fait, se vend en France jusqu'à soixante-quinze centimes, ou quinze sous la livre. Mais rien n'est aussi surprenant, en fait de filature, que les produits qu'obtient M. le baron Didelot de toutes ces matières et restes de soie mélangée, par ses nouvelles machines établies à grands frais rue Piepus, faubourg Saint-Antoine, à Paris.

§ VI.

Blanchissage de toute qualité de fil de soie.

Après avoir fait connaître à fond la pratique du sétifice, il ne sera pas superflu d'exposer un dernier procédé essentiel. Il a pour but d'apprendre à blanchir facilement toute espèce de soie ; on y parviendra avec économie, et le succès en sera certain ; ce sera aussi le complément de notre ouvrage. Cette dernière opération demande si peu d'attirail, qu'elle peut être faite par qui que ce soit. Il ne faut que mettre quatre onces de savon blanc homogène, dans toute sa masse, dans une quantité suffisante d'eau bouillante, on y plongera une livre de soie dévidée, de quelque qualité que ce soit ; on l'y laissera bouillir régulièrement sans un feu véhément, pendant trois heures et plus, on retirera ensuite la soie et on la soumettra au jet d'un fort courant d'eau claire, on la lavera jusqu'à ce qu'elle ne rende plus l'eau trouble, on la fera sécher ensuite par degré et *sans effort*, au moyen d'un courant d'air à l'ombre, ou dans une chambre légèrement chaude. On pourra, en répétant ce procédé autant de fois que les masses de soie qu'on aura employées l'exigeront, blanchir quelque quantité de soie que ce soit, et la rendre propre à prendre toutes sortes de couleurs.

La soie qu'ont donnée les cocons blancs, doit subir la même opération pour la dégraisser et lui

enlever sa gomme. La soie en devient plus moel-
leuse, elle conserve son éclat, tellement que lorsqu'on l'emploie pour les tissus les plus fins et les
couleurs les plus belles, on la distinguera à son
moelleux et à son brillant. Ce procédé seul pourra
donner une soie bien purifiée et bien adaptée aux
manufacturiers et aux teinturiers de ces étoffes :
mais pour que cette soie soit bien propre à bien
prendre et maintenir les couleurs, et les offrir
agréablement à l'œil, il faut la soumettre à l'action
de la vapeur simple de l'eau, moyennant un appareil propre à mettre facilement en évaporation
l'eau d'une chaudière proportionnée aux quantités
de soie que l'on veut manouvrer à la vapeur.

Cet appareil, que nous avons imaginé et nommé
blanchisseur, consiste en un four proprement dit
simple, garni d'un vase clos rempli d'eau, et indus-
trieusement surmonté d'un tuyau conducteur de
la vapeur vers un récipient en bois, qui peut s'ouvrir et se fermer à volonté, destiné à contenir la
soie préparée, suspendue dans ce récipient et isolée de manière à pouvoir être également péné-
trée par la vapeur, lui dissoudre les matières cras-
ses, les détacher, et qu'en se réduisant la vapeur
elle-même en eau puisse les transporter au dehors
du récipient. Cette soie passée une seconde fois
au jet d'un courant d'eau fraîche, claire et potable,
en la desséchant à l'ombre, devient d'une blancheur
ravissante et d'un brillant égal. Le linge fin acquer-
ra, par ce procédé éminemment économique et sans

réactif, une blancheur étonnante ; et la soie composée de deux jusqu'à quatre brins de soie peut
être bien blanchie par ce seul moyen.

Les autres procédés où l'on se sert d'acides et
d'alcalis purs, à cause des propriétés nuisibles de
ces corrosifs, ne peuvent qu'altérer la nature de
la soie, anéantir même le poli et le brillant de
son fil, et détruire la ténacité de sa substance en la
brûlant ; ce qui le rendra frangible, causera de l'ennui au tisserand, en lui faisant perdre beaucoup
de temps, de sorte que le travail de l'ouvrier ne
pourra être qu'irrégulier.

Ici se terminent nos recherches et les faits qui
constituent notre triple traité de la Sétifère, qui embrasse l'histoire et la culture des mûriers ; l'histoire
et l'éducation du ver à soie, et tout ce qui a rapport aux machines et à la filature. Nous croyons
nous être acquitté de notre devoir, et nous remet-
tons notre travail entre les mains des savans qui
forment l'institut royal d'encouragement des sciences naturelles de Naples ; c'est ici qu'il finit et
que finit la réponse que nous adressons volontai-
rement et *pro patriâ* à leur question de 1818.
C'est en partant de ce même terme, que les manufacturiers, réveillant leurs soins et leurs sollicitu-
des, pourront avoir les qualités de soie nécessaires
à leur entreprise. Les administrateurs de ces manufactures, instruits des moyens propres d'obtenir
des avantages et des profits certains, ne manque-
ront pas de les mettre en usage, et de faire attein-

(438)

dre à leur art le plus haut degré de perfectibilité.
Nous ne pouvons que leur promettre du succès et
des progrès, car leur art étant étranger à nos connaissances, il nous est impossible de les aider de
nos conseils.

FIN DE LA SÉTIFÈRE.

DICTIONNAIRE

DE

LA SÉTIFÈRE.

PRÉLIMINAIRE.

Ayant établi notre ouvrage sur un plan tout nouveau, et l'ayant travaillé d'après les secours des lumières actuelles, nous avons été obligé de créer quelques mots et d'en adopter d'autres qui, quoique usités dans la société, ne sont pas familiers à tous, et sont presque ignorés par le commun des agriculteurs. Pour éviter toute équivoque, nous avons cru nécessaire de les présenter alphabétiquement pour la commodité de ceux qui daigneront parcourir notre travail ; nous fixerons en même temps l'acception que nous leur donnons. Cette nomenclature sera courte, et sera, nous aimons à le croire, utile aux amateurs de l'agriculture, et ne sera pas désagréable, nous osons l'espérer, à ceux qui sont versés dans cette science ; ils doivent désirer de voir l'homme de la campagne entouré de livres utiles pour son instruction et faciles à comprendre.

A

Adipeux, gras.

Agronomie, théorie de l'agriculture.

Agronome, qui connaît, qui écrit sur l'agriculture.

Ambiant commun, atmosphère terrestre où nous sommes plongés.

Analyse, décomposition.

Anatomie, science de l'organisation.

Anémoscope, index des vents, ou girouette.

Antenne, palpe, appendice articulée, etc.

Antidote, contre-poison.

Apogée, la plus grande distance.

Asphyxie, suspension de la respiration.

B

Bigattique, art d'élever les vers à soie.

Bigattologie, traité de l'éducation des vers à soie.

Bigattologue, qui professe l'art d'élever les vers à soie.

Biver, cocon double.

Blanchisseur, appareil pour blanchir la soie, etc.

Bombice, papillon.

C

Calorifère, conducteur de la chaleur.

Cardiaque, qui appartient au cœur, etc.

Chrysalide, aurélie, nymphe, fève, état de la chenille.

Clinique, connaissance des maladies.

Collectif, qui est propre à recueillir le tout.

Combustion, action de brûler.

Concomittant, qui accompagne.

Concentrique, qui a le même centre.

Conglutiner, cimenter avec une matière gluante.

Consistance, état de solidité ou épaississement.

Corné, e, qui a la dureté de la corne.

Corolle, ensemble des pétales, partie la plus apparente des fleurs.

Cric, instrument pour lever une masse très-pesante.

Cylindre, figure longue, solide rond, long et droit.

Cylindrique, comme la figure du cylindre.

D

Décroissement, déclin, diminution.

Diagnostic, caractère distinctif, qualification.

Dioïque, fleurs mâles séparées des femelles, et portées par des individus différens.

Digité, e, à forme de doigt, composé de plus de trois folioles.

E

Économie, épargne, règle, ordre dans la dépense.
Efflorescence, enduit salin, fleuraison d'une plante.
Électromètre, instrument explorateur de l'électricité.
Électromètre, lucide de Jeicker.
Électromètre simple de Coulon.
Ellipse, courbe ovale.
Embryon, germe, rudiment d'une nouvelle plante.
Entomologie, science des insectes.
Entomologue, qui professe l'entomologie.
Épisthotonos, tétanos, contraction du corps courbé en avant.
Épiderme, première peau, et la plus mince de l'animal.
Excrétion, sortie naturelle des humeurs.
Excrétoire, des excrétions.
Exotique, qui n'est point du climat, qui vient de l'étranger.
Éthiopie, Abyssinie, pays dans l'Afrique.
Étouffement, cessation de la respiration.

F

Fécondation, acte par lequel l'organe du mâle communique au germe le mouvement de la vie.
Fomenter, favoriser, aider.

G

Germination, premier développement du germe de la plante.

H

Herbivore, qui se nourrit d'herbes.
Homogène, de même nature ou disposition.
Homogénéité, qualité de même nature.

Houpe, organe des sens.

Hydropisie, infiltration d'humeurs.

Hygiène, règle pour conserver la santé.

Humeur, les liquides contenus dans les organes du corps.

I

Incubatoire, armoire pour l'incubation.

Incubation, l'opération qui fait éclore les œufs.

Indigène, né dans le pays.

Inertie, indolence, propriété des corps de se mouvoir ou de rester en repos.

Insalubre, nuisible, malsain.

Insalubrité, nuisibilité de l'air, etc.

L

Larve, premier état de l'insecte sortant de l'œuf, chenille.

Lentes, puce, vermine, morpion.

Lobe, portion arrondie.

Lobée, partagée en lobes.

M

Maturité du ver a soie, état du ver où il abandonne l'aliment et se dispose à commencer le cocon.

Médian, e, qui est au milieu.

Méphitique, malfaisant.

Méphitisme, qualité de ce qui est méphitique.

Métamorphose, transformation.

Météores, tout changement atmosphérique.

Météorologie, science des météores.

Météorologique, qui concerne les météores.

Monoïque, plante dont les sexes séparés sont sur le même individu.

Monosperme, qui a une semence.

Morique, l'art de cultiver les mûriers.

Momie, cadavre desséché, sec, aride.

Momie-faite, convertie en momie.

Mue, changement alternatif.

Mûreraie, plantation régulière de mûriers.

Mousse, barbe végétale.

N

Nymphe, chrysalide.

O

Œsophage, partie supérieure du canal des alimens, arrière-
bouche.

Ovipare, qui se reproduit par les œufs.

Ovipération, opération de la ponte, action de pondre.

P

Palpe, barbillon, appendice articulé.

Papille, houppe nerveuse.

Patognomonique, caractéristique.

Pêcheuse, la personne qui pêche dans l'eau les chrysalides et
les mauvais cocons.

Pénultième, avant-dernière.

Périphérie, circonférence, contour.

Périphérique, du contour.

Période, espace de temps, cours.

Péristaltique, mouvement des intestins, comme celui d'un
ver qui rampe.

Permutation, échange.

Pétales, feuilles d'une fleur.

Pétiole, queue qui soutient les feuilles des plantes, pédicule.

Phénomène, apparition extraordinaire, apparence sensible.

Pneumatique, machine pour former le vide.

Potable, bon à boire.

Prédisposition, le passage de l'état de santé à celui de maladie.

Prélude, avant-coureur, annonce, commencement.

Prémisses, prévention.

Préparatrice, la personne qui apprête et choisit les brins de soie des cocons.

Pullulation, multiplication rapide.

Putréfaction, corruption.

Putréfier, corrompre, décomposer.

R

Raquette, cuiller réticulaire en fil de fer ou de ficelle.

Réactif, substance propre à opérer un changement sur le corps auquel on la mêle.

Réticulaire, rétiforme, qui ressemble à un réseau.

Rouilleux, se, couleur de rouille, tacheté couleur de rouille.

S

Sanieux, qui tient du pus séreux.

Saturation, état où un liquide ne peut plus dissoudre la matière qu'on veut lui mêler ou combiner.

Sécrétion, filtration et séparation d'humeurs.

Symptôme, accident, altération, signe.

Symptomatique, accident, qui appartient à un autre signe ou cause.

Sétifère, l'art de produire la soie.

Sétifice, l'art de tirer la soie des cocons.

Sphacèle, mortification d'une partie vivante.

Sphéroïde, qui approche du rond du globe.

Synthèse, méthode de composition.

Systaltique, qui se contracte et se dilate alternativement.

Suffocation, difficulté de respirer, asphyxie, propre à meurtrir.

Spermatique, attenant à la semence.

Sporadique, qui règne de tous temps et partout.

Stigmate, petite ouverture ou trachée des chenilles, d'où elles respirent.

Stipule, appendice attaché par le pétiole.

Structure, arrangement, disposition, manière dont un corps, un édifice est formé ou composé.

T

Tégument, la peau de l'animal.

Thermomètre, instrument indicateur des degrés de la température actuelle du froid ou du chaud.

Théorique, attenant à la démonstration, à la spéculation.

Théorie, contemplation d'une science, spéculation.

Translation, action de transférer d'un lieu à un autre.

Transplantation, action de transplanter des arbres.

Triple, trois fois le même nombre.

U

Univerme, cocon tissu par un seul ver.

Ustensiles, toutes sortes de petits meubles.

V

Va et vient, traverse mobile de bois, cylindrique ou prysmatique, semblable à celle *e e*, *fig.* 4, *pl.* V.

Valve, porte.

Vapeur, liquide transformé en état de fluidité ou aériforme.

Vaporifère, qui produit et conduit la vapeur.

Varioval, ovale irrégulier.

Velu, couvert de poils.

Vide de Boyle, vase privé d'air par la machine pneumatique de Boyle.

FIN DU DICTIONNAIRE.

TABLE

DES MATIÈRES

DE LA SÉTIFÈRE.

SÉCONDE PARTIE DE LA SÉTIFÈRE.

TROISIÈME PARTIE.

FIN DE LA TABLE.

Macerata 2 Giugno 18[...]

Sig. Dottore Ottavio

[illegible]

Sig. Ottavio

[signature]

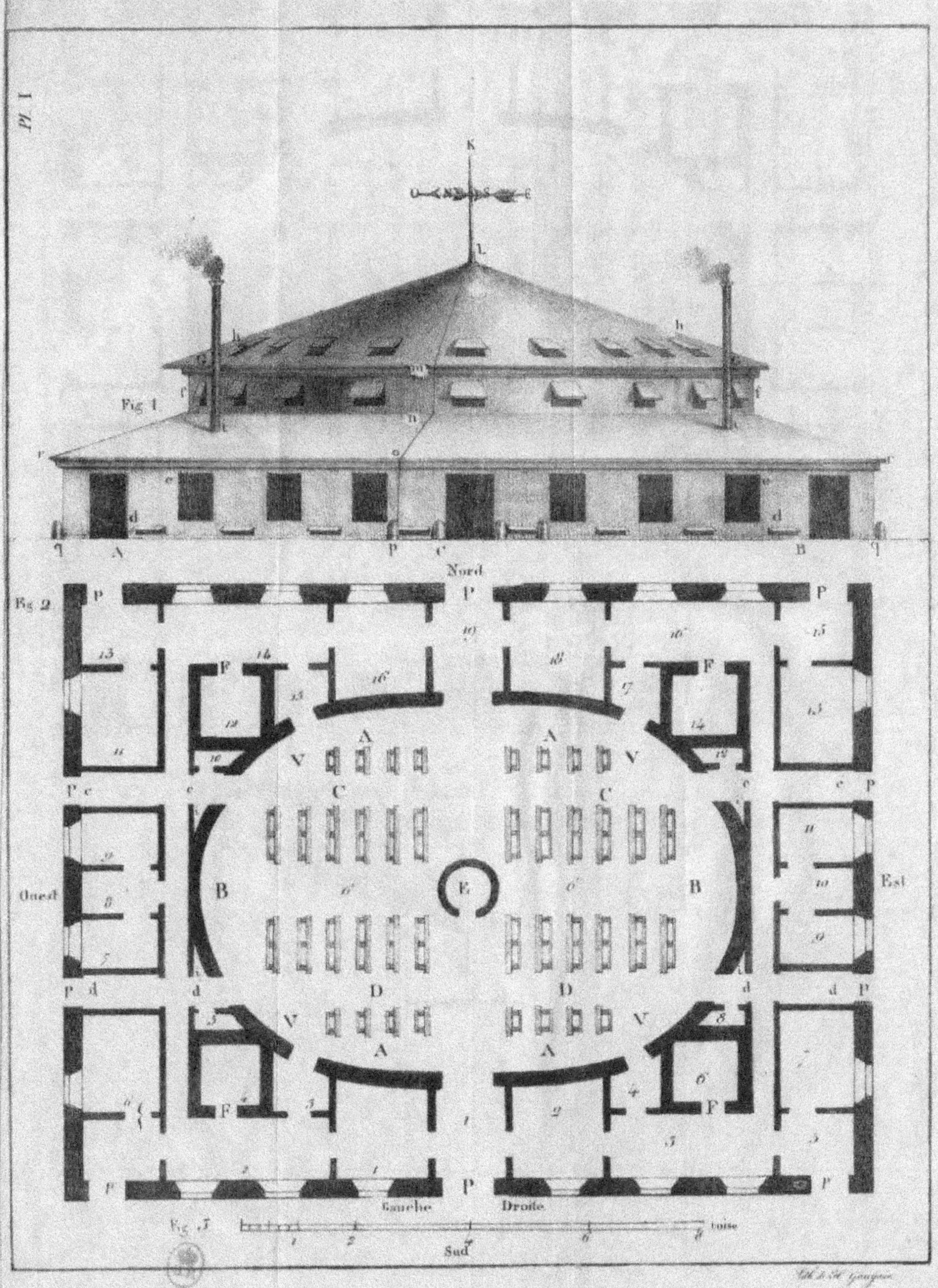

Pl. I
Fig 1.
Fig 2.
Fig. 3.
Nord
Sud
Ouest
Est
Gauche
Droite
toise
A
B
C
D
E
F
V
P
K
L

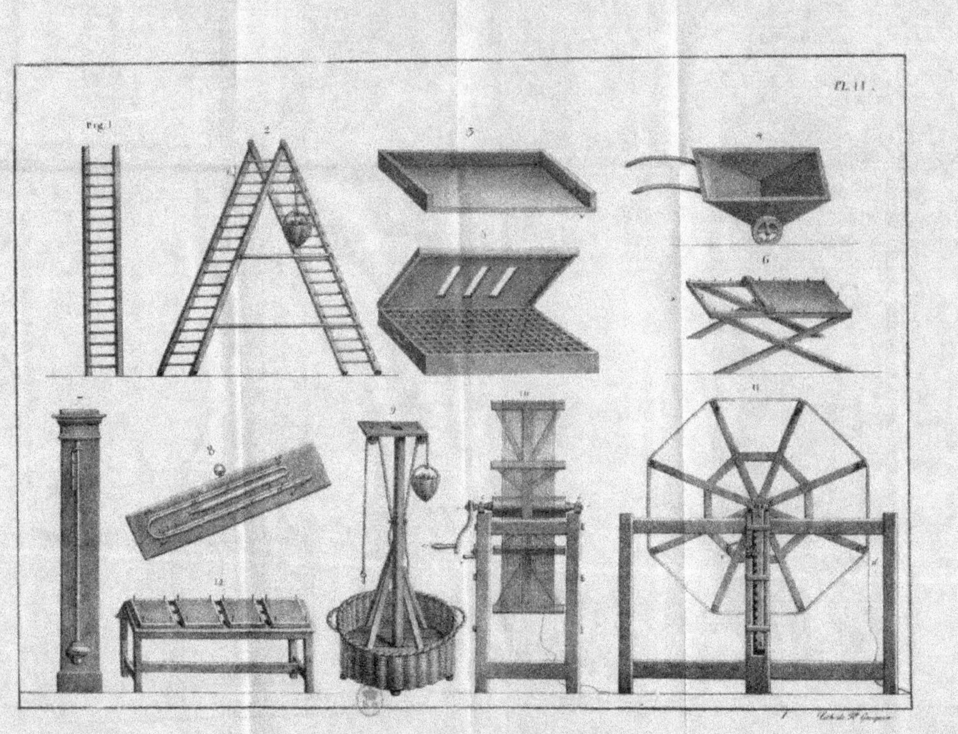

Pl. II.
Fig. 1

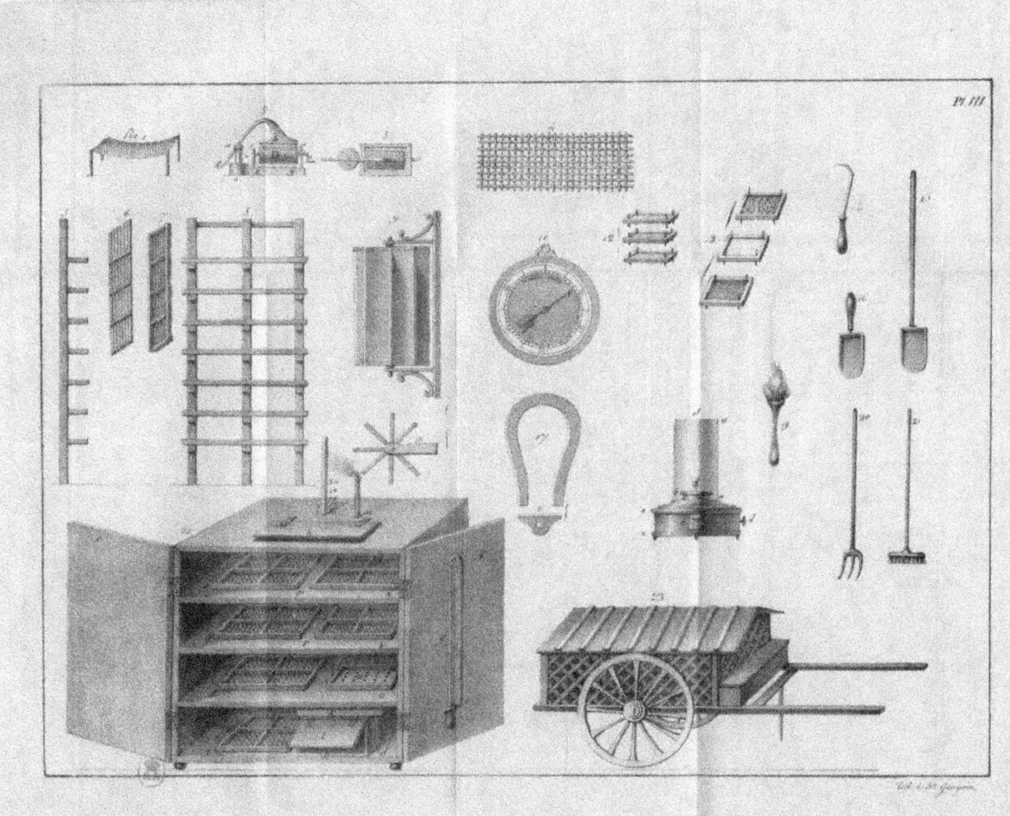

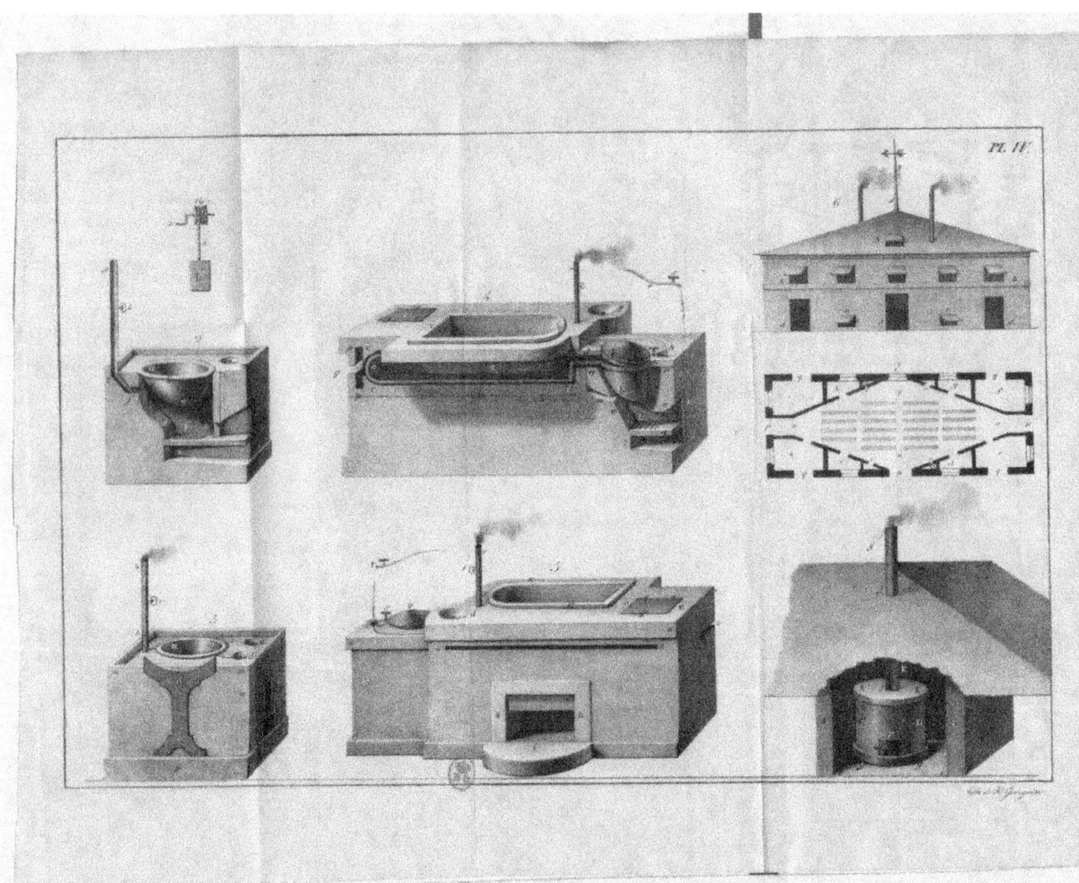

Pl. IV.

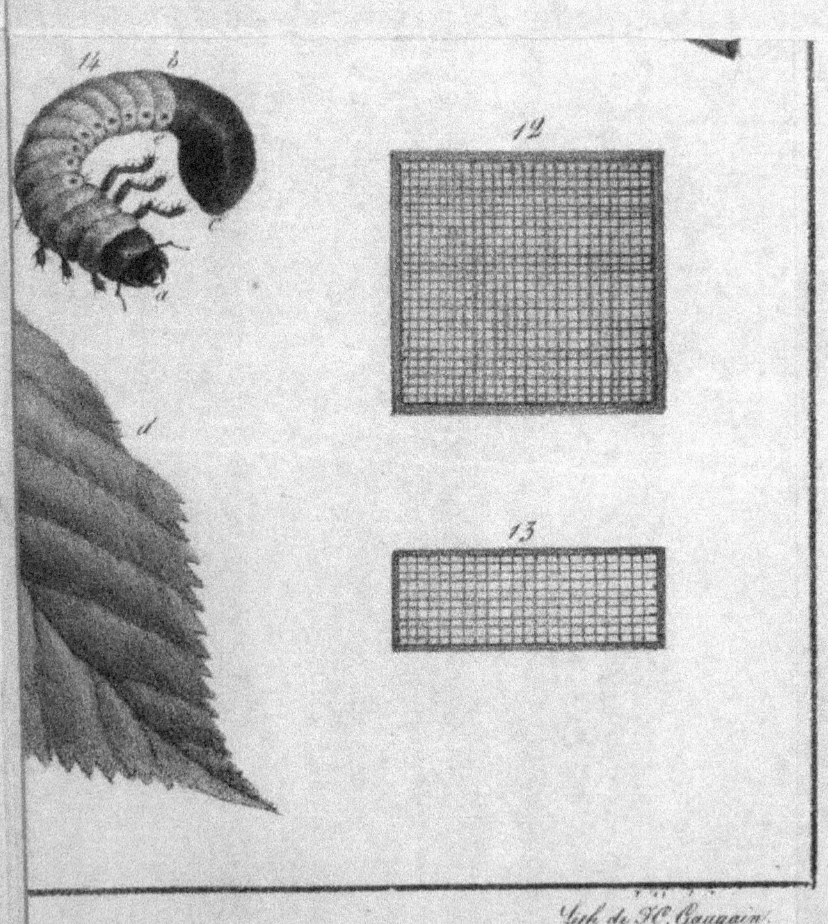

14
b
c
a
d
12
13
Lith. de J.C. Gaugain.

Fig. I.
Pl. V.

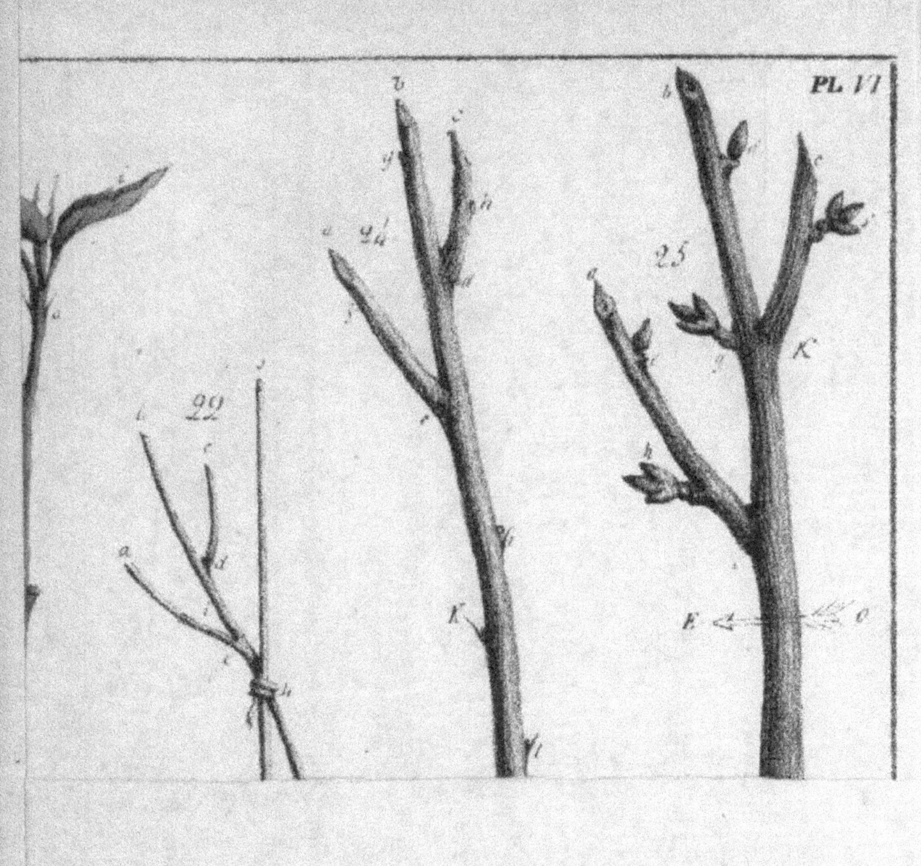

PL. VI
22
24
25
K
E
O

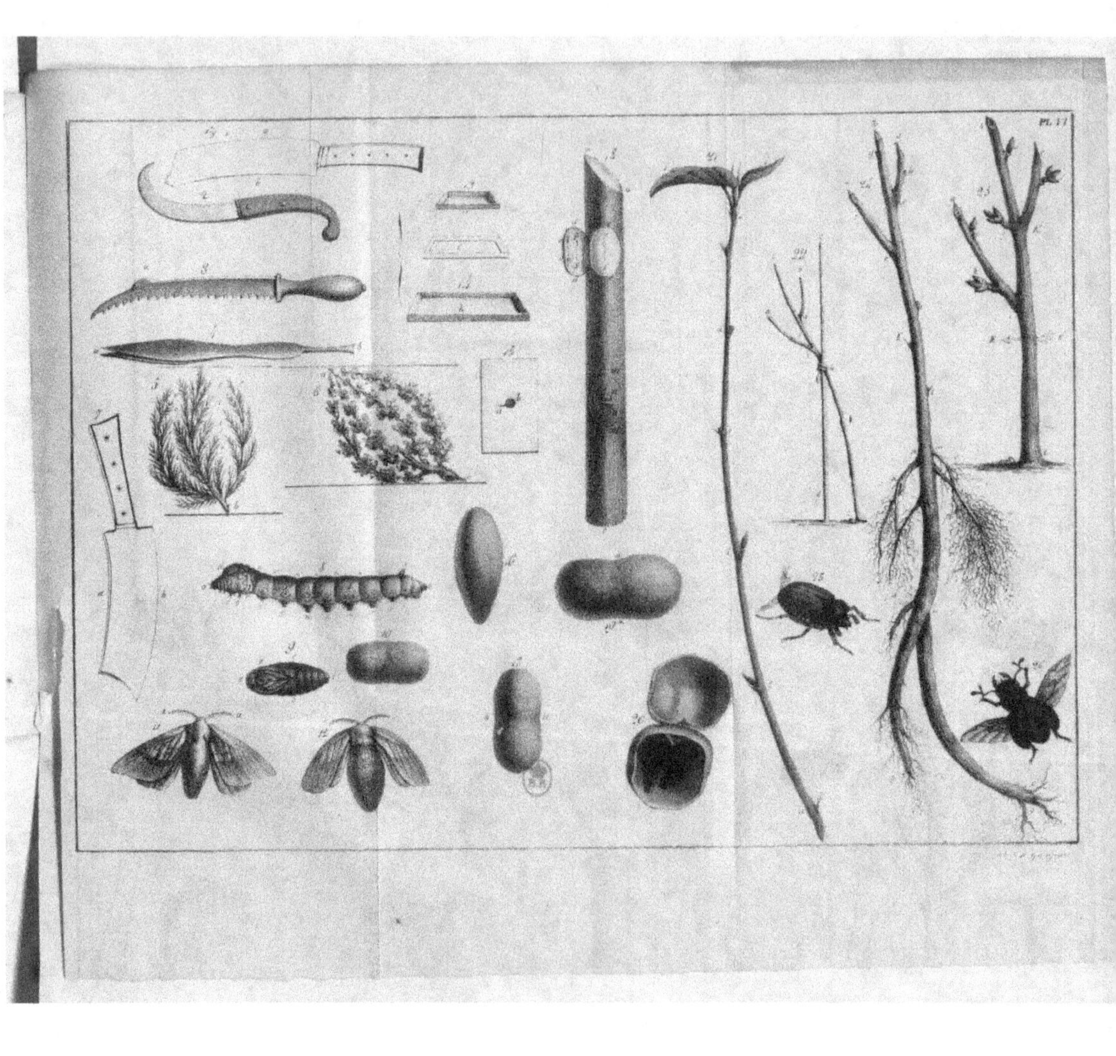

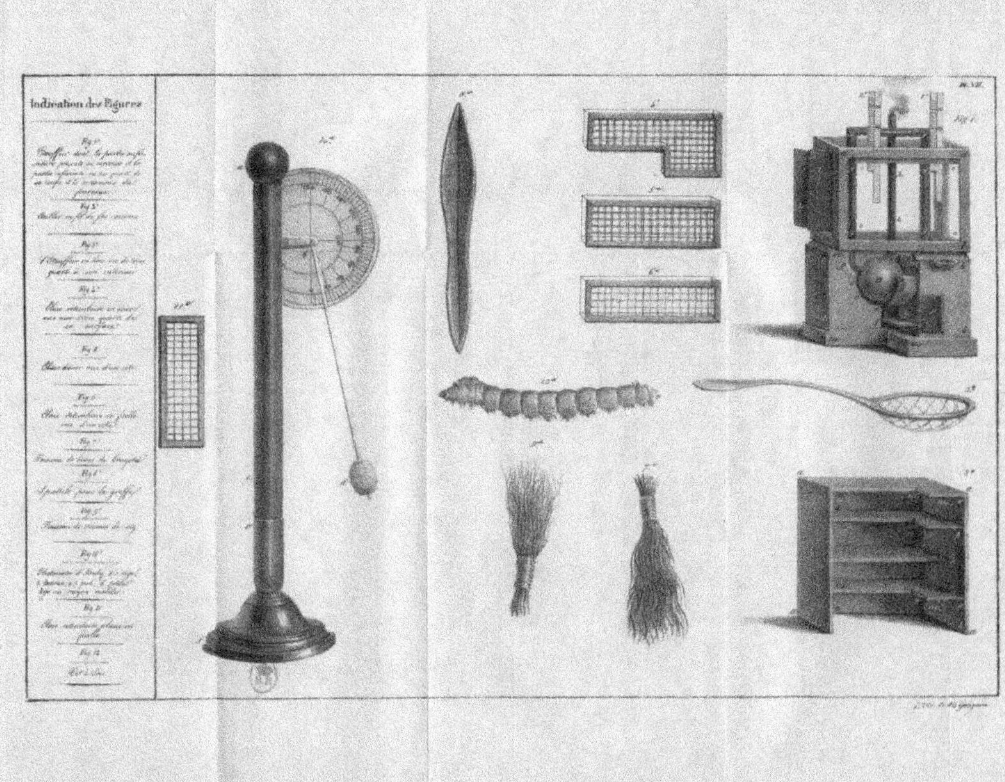

Indication des Figures
Pl. XII.